Symmetrie in Geistes- und Naturwissenschaft

SYMMETRIE

in Geistes- und Naturwissenschaft

Hauptvorträge und Diskussionen
des Symmetrie Symposions
an der Technischen Hochschule Darmstadt
vom 13. bis 17. Juni 1986
im Rahmen des Symmetrieprojektes
der Stadt Darmstadt

Herausgegeben von
Rudolf Wille

Mit 193 Abbildungen

Springer-Verlag
Berlin Heidelberg New York
London Paris Tokyo

Rudolf Wille
Fachbereich Mathematik, Technische Hochschule Darmstadt
Schloßgartenstraße 7, 6100 Darmstadt

ISBN-13: 978-3-540-16909-3   e-ISBN-13: 978-3-642-71452-8
DOI: 10.1007/978-3-642-71452-8

CIP-Titelaufnahme der Deutschen Bibliothek
Symmetrie in Geistes- und Naturwissenschaft: Hauptvorträge
u. Diskussionen d. Symmetrie-Symposions an d. Techn.
Hochsch. Darmstadt vom 13.–17. Juni 1986 im Rahmen d.
Symmetrieprojektes d. Stadt Darmstadt/hrsg. von Rudolf Wille. –
Berlin ; Heidelberg ; New York ; London ; Paris ; Tokyo : Springer, 1988

NE: Wille, Rudolf [Hrsg.] ; Symmetrie-Symposion ⟨1986, Darmstadt⟩;
Technische Hochschule ⟨Darmstadt⟩

Dieses Werk ist urheberrechtlich geschützt. Die dadurch begründeten Rechte, insbesondere die der Übersetzung, des Nachdruckes, des Vortrags, der Entnahme von Abbildungen und Tabellen, der Funksendung, der Mikroverfilmung oder der Vervielfältigung auf anderen Wegen und der Speicherung in Datenverarbeitungsanlagen, bleiben, auch bei nur auszugsweiser Verwertung, vorbehalten. Eine Vervielfältigung dieses Werkes oder von Teilen dieses Werkes ist auch im Einzelfall nur in den Grenzen der gesetzlichen Bestimmungen des Urheberrechtsgesetzes der Bundesrepublik Deutschland vom 9. September 1965 in der Fassung vom 24. Juni 1985 zulässig. Sie ist grundsätzlich vergütungspflichtig. Zuwiderhandlungen unterliegen den Strafbestimmungen des Urheberrechtsgesetzes.

© Springer-Verlag Berlin Heidelberg 1988

Satz, Druck, Einband: Konrad Triltsch, Graphischer Betrieb, Würzburg
2144/3140-543210

Vorwort

Symmetrie hat wie kaum ein anderer Begriff Bedeutung in fast allen Wissenschaftsbereichen. Wenn auch diese Bedeutung unterschiedlich gesehen wird, reizt das Symmetriephänomen die Wissenschaftler doch immer wieder, sich mit ihm auseinanderzusetzen. Wie stark heute dieser Anreiz ist, zeigt die große Beteiligung an dem Darmstädter Symmetrie Symposion, dessen Hauptprogramm mit diesem Band dokumentiert wird.

Das Symmetrie Symposion war Teil eines breit angelegten Symmetrieprojektes, das die Stadt Darmstadt gemeinsam mit der Technischen Hochschule Darmstadt im Frühjahr und Sommer 1986 durchgeführt hat. Zu der umfangreichen Symmetrie-Ausstellung, die auf der Darmstädter Mathildenhöhe gezeigt wurde, ist ein dreibändiges Katalogwerk erschienen. In dem vorliegenden Band sind die Hauptvorträge und (leicht gekürzt) die Podiumsdiskussionen des Symposions in chronologischer Reihenfolge wiedergegeben. Die Themen der mehr als fünfzig Vorträge in den dreizehn Workshops sind in dem Programm des Symposions am Ende des Bandes aufgeführt. Auf die Wiedergabe der Poster und weiterer Beiträge zum Symposion mußte verzichtet werden.

Im Rahmen des Symmetrieprojektes ist das Symposion über einen Zeitraum von zwei Jahren vorbereitet worden. Ein Vorsymposion im Dezember 1984 hat dabei wesentliche Anregungen gegeben. Die ersten Planungen für das Symposion wurden in der „Projektgruppe Symmetrie" diskutiert und konkretisiert, der vom Institut Mathildenhöhe Bernd Krimmel, Guerino Mazzola und Klaus Wolbert sowie von der Technischen Hochschule Heiner Knell und Rudolf Wille angehörten. Das Anliegen des Symposions wurde von der Projektgruppe folgendermaßen umrissen:
- Es sollte das Faktum und die Problematik des Symmetriephänomens in Kunst, Natur, Wissenschaft und Gesellschaft dargelegt und diskutiert werden.
- Es sollte die wissenschaftliche Auseinandersetzung mit der Symmetrie und ihren Bedeutungen intensiv weitergeführt werden.
- Es sollte ausgehend von der disziplinären Fachkompetenz zu einer fächerverbindenden Zusammenschau am Thema „Symmetrie" kommen.

Um die wissenschaftliche Auseinandersetzung über die Fächergrenzen hinweg anzuregen, wurden die Hauptvortragenden gebeten, ihre Vorträge in Podiumsdiskussionen mit anderen Wissenschaftlern weiter zu behandeln und zwar in Verbindung mit übergreifenden Themen, die wie folgt vorgeschlagen wurden:

- Die Bedeutung der Symmetrie für das Denken und Fühlen des Menschen
- Symmetrie und Symmetriestörung in der belebten und unbelebten Natur
- Ordnung und Orientierung durch Symmetrie
- Die Rolle der Symmetrie für das Verhältnis von Form und Substanz

Für die zusammenfassende Schlußdiskussion wurde als Thema formuliert: „Die aktuelle Bedeutung von Symmetrie". Die Vortragenden gingen bereitwillig auf die Vorschläge der Projektgruppe ein und stimmten auch den vorformulierten Diskussionsthemen zu. So war ein Rahmen vorgegeben, der sich besonders im Hinblick auf das fächerverbindende Anliegen des Symposions bewährt hat. Für die mehr fachspezifische Auseinandersetzung mit dem Symmetriethema wurden zahlreiche Workshops angeboten, die entsprechend dem behandelten Fragenkreis unterschiedlich organisiert wurden. Ein „Treffpunkt Symmetrie" lud abends zu mehr informellem und spontanem Informationsaustausch ein.

An der fruchtbaren und inhaltsreichen Auseinandersetzung mit dem Thema „Symmetrie" beteiligten sich aktiv durch Vorträge und Diskussionsbeiträge mehr als hundert Wissenschaftler aus den unterschiedlichsten Fachgebieten. Insgesamt kamen zu dem Symposion mehr als 1300 Teilnehmer, von denen viele, obwohl die Tagungssprache überwiegend deutsch war, aus dem Ausland kamen. Die Möglichkeit, die große Symmetrie-Ausstellung auf der Mathildenhöhe besuchen zu können, hat sicherlich mit zur Attraktivität des Symposions beigetragen.

Nachhaltiger Dank gilt allen, die durch ihre Beiträge das Symposion zu einem Erfolg gemacht haben, wobei insbesondere alle Vortragenden zu nennen sind. Gedankt werden soll aber auch allen Helfern in der Organisation, die einen reibungslosen Ablauf des Symposions ermöglicht haben; dieser Dank gilt vor allem Frau Irene Holstein, die sowohl in der Vorbereitung wie auch während des Symposions das Tagungssekretariat geführt hat. Ermöglicht wurde das breit angelegte Symposion durch die großzügige finanzielle Förderung der Stadt Darmstadt, die auch durch einen namhaften Zuschuß die Drucklegung dieses Bandes unterstützt hat. Der Dank für finanzielle Förderung gilt neben der Stadt Darmstadt auch der Deutschen Forschungsgemeinschaft, dem Land Hessen und der Technischen Hochschule Darmstadt. Schließlich ist dem Springer-Verlag für die vorbildliche Zusammenarbeit bei der Veröffentlichung dieses Bandes zu danken.

Im Februar 1988   Rudolf Wille

Inhaltsverzeichnis

Rudolf Arnheim Stillstand in der Tätigkeit 1
Helga de la Motte-Haber „Sie bildet regelnd jegliche Gestalt/
   Und selbst im Großen ist es nicht Gewalt" –
   Regelmaß und Einmaligkeit als ästhetische Prinzipien 17
Heinz-Otto Peitgen Symmetrie im Chaos –
   Selbstähnlichkeit in komplexen Systemen 30
Diskussion zu den Vorträgen von Rudolf Arnheim, Helga de la Motte-
   Haber und Heinz-Otto Peitgen in Verbindung mit dem Thema
   „Die Bedeutung der Symmetrie für das Denken und Fühlen
   des Menschen" 50

Hermann Haken Die Rolle der Symmetrie in der Synergetik:
   Spontane Entstehung von Strukturen in der Natur 58
René Thom On the Origin and Stability of Symmetries 73
Michael S. Gazzaniga Aspects of Brain Asymmetry 79
Diskussion zu den Vorträgen von Hermann Haken, René Thom
   und Michael Gazzaniga in Verbindung mit dem Thema „Symmetrie
   und Symmetriestörungen in der belebten und unbelebten Natur" . . 89

Sir Ernst H. Gombrich Symmetrie, Wahrnehmung und künstlerische
   Gestaltung 94
Frei Otto Symmetrie zwischen Biologie und Architektur 120
István Hargittai Real Turned Ideal Through Symmetry 131
Diskussion zu den Vorträgen von Sir Ernst Gombrich, Frei Otto
   und István Hargittai in Verbindung mit dem Thema
   „Ordnung und Orientierung durch Symmetrie" 162

Adolf Max Vogt Rotunde und Panorama –
   Steigerung der Symmetrie-Ansprüche seit Palladio 169
Louis Michel Symmetry in Physics 182
Elmar Holenstein Symmetrie und Symmetriebruch in der Sprache . . 192
Diskussion zu den Vorträgen von Adolf Max Vogt, Louis Michel
   und Elmar Holenstein in Verbindung mit dem Thema „Die Rolle
   der Symmetrie für das Verhältnis von Form und Substanz" 209

Nicolaas G. de Bruijn Symmetry and Quasisymmetry 215
Schlußdiskussion zum Thema „Die aktuelle Bedeutung von Symmetrie" 234

Programm des Symposions 241
Vortragende und Diskussionsteilnehmer 247

Stillstand in der Tätigkeit

Rudolf Arnheim

Für das Tympanon des Westportals in der romanischen Kathedrale von Autun meißelte der Bildhauer Gislebertus eine Reliefdarstellung des Jüngsten Gerichts. Dem halbkreisförmigen Rahmen des Tympanons entspricht eine ebenso symmetrische, um eine senkrechte Mittelachse gruppierte Bildkomposition. Das Thema des Jüngsten Gerichts erforderte gerade eine solche Anordnung. Unparteiisch wie eine Waage läßt der höchste Richter in der Mitte beiden Seiten die gleiche Gerechtigkeit zukommen. Für das Auge des Beschauers verbildlicht sich diese seine Haltung durch seinen Standort und seine Körperstellung. Wie die ihn umgebende aufrechte Mandorla, so ist auch er selbst vollkommen symmetrisch. Die Gebärde seiner rechten Hand spiegelt die der linken. Dieser Ausgleich schafft einen Stillstand, der aber keineswegs undynamisch ist. Die Arme dringen seitlich als zwei von der Mitte ausgehende kraftvolle Vektoren in ihre Umgebung ein. Dabei wird aber ihre einseitige Wirksamkeit von ihrem gemeinsamen Ursprung in dem zentralen Kraftzentrum der Mitte völlig ausbalanciert.

Jeder Arm für sich ist ebenso tätig wie das, was um ihn herum vor sich geht. Ringsherum ist alles im Profil. Eine lebhafte Tätigkeit biegt und beugt die Figuren. Zur Rechten Christi werden die erkorenen Seelen ins Paradies geleitet; zur Linken stößt man die Sünder in die Hölle. Dabei ist zu bemerken, daß die Gesamtsymmetrie der Szene den Beschauer dazu führt, die beiden Seiten zu vergleichen und damit den Gegensatz zwischen Gut und Böse ausdrücklich anzuerkennen. Die Symmetrie dient also zur Unterstreichung des Unsymmetrischen.

Der Unterschied zwischen Stillstand und zielstrebiger Tätigkeit hat eine deutliche Beziehung zum Begriff der Zeit. Die Gestalt des Richters ist durch ihren Standort in der Mitte und ihre gleichgewichtige Form außerhalb der Zeitdimension placiert. Er ist jenseits von allem Wechsel, während alle die Anderen unterwegs sind. Dieser Unterschied zwischen Symmetrie und Asymmetrie wird in unserem Beispiel durch das zum Ausdruck gebracht, was in der das Tympanon umgebenden Kette von Medaillons vor sich geht. Diese einunddreißig kleinen Rahmenornamente stellen die zwölf Monate und die Sternbilder des Tierkreises dar. Von links nach rechts gelesen, bezeichnet die Kette den linearen Verlauf der Zeit. Als Halbkreis im Raum aber sehen wir einen symme-

Abb. 1. Tympanum der Westfassade von Autun (Grivot und Zarnecki)

trischen Bogen, dessen Höhepunkt mit der Mittelachse zusammenfällt. Ebendort, auf derselben Senkrechten wie die Christusfigur, ist der astronomische Ablauf von der einzigen symmetrisch-frontalen Darstellung in der ganzen Reihe unterbrochen, und zwar von einem hockenden Männlein, das als *Annus* bezeichnet ist und also das Jahr darstellt.

Durch ihre zentrale Stellung und symmetrische Haltung läßt die Figur des Männleins uns wissen, daß sie nicht in den zeitlichen Ablauf gehört. Vielmehr stellt sie den Begriff der Zeit als solcher dar, der zwar das Kommen und Gehen in der Welt zum Gegenstand hat, selbst aber zeitlos ist. So wie der göttliche Richter thront auch der vom Menschengeist geprägte Begriff über allem irdischen Geschehen. Er ist wie ein Abbild der platonischen Idee.

Die Symmetrie beansprucht also ihren Platz in bezug auf das zwiefache Wesen der menschlichen Lebenserfahrung, das heißt, auf die ewige Zweiheit von Sein und Werden. Einerseits ist da der mehr unmittelbar erlebte Heraklitische Wechsel, der zeitliche Fluß von der Vergangenheit in die Zukunft, der in manchen Fällen einen Anfang und ein Ende hat. Andrerseits haben wir die mehr distanzierte Vorstellung von einem andauernden und ewigen Dasein, von unwandelbaren Wesenheiten und den sie beherrschenden Naturgesetzen. Einerseits also stellt sich die Welt dar als bloße Geschichte in der Erscheinungen Flucht, andrerseits als ein Kosmos fester Formen, für den die zeitlichen Veränderungen nur eben ein kaleidoskopisches Nebengeräusch sind. In der Kunst spiegeln sich diese entgegengesetzten Weltanschauungen etwa im Tumult der Figuren auf römischen Sarkophagen oder in gewissen Breughelszenen, aber auch wohl in den abstrakten Geweben eines Jackson Pollock. Das andere Extrem proklamiert unanfechtbare Dauer in Herrscherporträts, in den Statuen der

Abb. 2. Römischer Sarkophag. Museo delle Terme, Rom

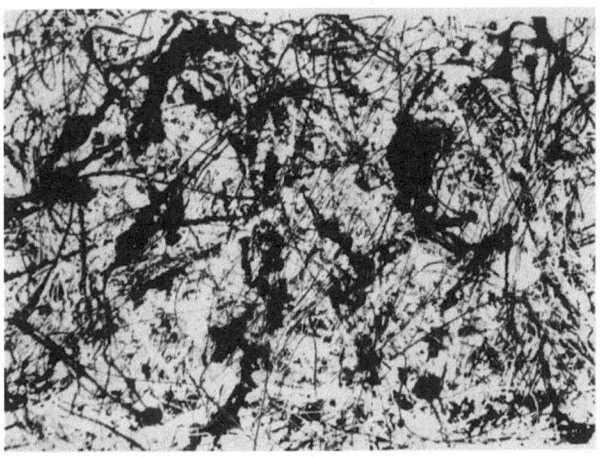

Abb. 3. Jackson Pollock: Black and White. 1913

ägyptischen Pharaonen, in Holbeins Heinrich VIII oder den offiziellen Photographien unserer Präsidenten und Industriekapitäne.

Die meisten dieser Bildnisse sind durchaus symmetrisch. Es fragt sich also, worauf denn die spontane Symbolik beruht, welche symmetrische Formen als Unbeweglichkeit und Zeitlosigkeit erscheinen läßt. Die Antwort hat damit zu tun, daß in der physischen Welt Symmetrie zustandekommt, wenn gleiche Kräfte einander ausbalancieren, so daß keine weitere Veränderung stattfinden kann. Mein Lieblingsbeispiel stammt von dem belgischen Physiker Joseph Plateau, der im Jahre 1873 nachwies, daß wenn man ein Quantum Öl mit einer farbigen Mischung von Alkohol und Wasser zusammenbringt, die letztere Flüssigkeit in der Gestalt einer vollkommenen Kugel zum Stillstand kommt. Die Symmetrie der Kugel ist das anschauliche Ergebnis des Gleichgewichts, das zwi-

Abb. 4. Hans Holbein: Porträt Heinrich VIII.
Palazzo Barberini: Galleria Nazionale d'Arte
Antica, Rom

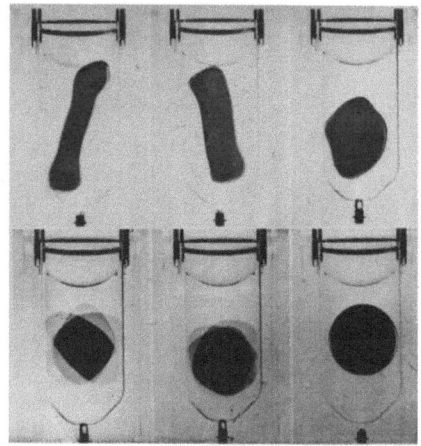

Abb. 5. Plateau-Experiment
(Arnheim: Entropie)

schen den physikalischen Kräften in den beiden Flüssigkeiten zustandekommt. Ein Minimum an Spannung ist erreicht, und keine weitere Veränderung ist in dem System möglich.

Ähnliche Kräfte beleben visuelle Formen, mit dem erfreulichen Unterschied, daß während physikalische Kräfte uns nur mittelbar durch ihre Wirkungen bemerkbar sind, ihr visuelles Gegenstück direkt wahrgenommen wird. Visuelle Formen erscheinen uns als Gruppierungen zielstrebiger Kräfte, und auf dieser Dynamik der Wahrnehmungen beruht aller künstlerische Ausdruck. So sind die Arme der Christusfigur in Autun nicht einfach geometrische Formen, sondern sie sind die Träger einer nach außen gerichteten Spannung. Ganz ebenso steht es mit allen anderen wahrnehmbaren Formen. Was es nun mit Symmetriebeziehungen im besonderen auf sich hat, wird deutlich, wenn man zum Beispiel die senkrechte Mittelachse der Christusfigur mit ihrer seitlichen Ausdehnung vergleicht. In der Senkrechten, wo keine Symmetrie herrscht, zieht ein genügend widerstandsfreier Vektor die ganze Figur nach oben, während in der Breite allenfalls eine seitliche, aber sonst ungerichtete Ausweitung zu beobachten ist.

Diese Feststellung genügt aber noch nicht. Wir müssen uns weiterhin klarmachen, daß Symmetrie nicht nur eine Art von Form unter vielen anderen ist. Sie ist darüber hinaus die Grundform, auf die alle anderen hinzielen und von der sie alle abgeleitet sind. Plateaus Experiment zeigt das schon im Physischen. Wir sahen ja, wie die zufälligen Ausgangsformen der Flüssigkeit in der vollkommenen Kugelform zur endgültigen Ruhe kommen. Das kann uns ermutigen, ganz im allgemeinen alle Formen als Zwischenstadien anzusehen, die auf ihrem Wege zur vollkommenen Symmetrie aufgehalten worden sind.

Umgekehrt ist die vollständige Symmetrie auch die Matrix, von der sich die anderen Formen ableiten. Was den Bereich der Physik anlangt, so brauchen wir uns hier nicht auf die vielerlei Vermutungen über den Ursprung des Weltalls einzulassen. Im Organischen aber können wir mit einiger Sicherheit sagen, daß die Entwicklung allenthalben vom Symmetrischen zum Unsymmetrischen geht. Unter einfachen Umständen beginnt sie etwa mit den Kugelformen winziger Seetierchen wie den Radiolarien. Die Symmetrie ist der Urzustand, „fondue", wie Blaise Pascal sagt, „sur ce qu'il n'y a pas de raison de faire autrement". Das heißt also, daß Symmetrie überall da vorherrscht, wo es keinen Grund gibt, sich anders zu verhalten.

Im Biologischen wird die ursprüngliche Symmetrie so weit aufgegeben, als äußere Kräfte es erfordern. Das Wachstum von Pflanze und Tier erfolgt unter dem Einfluß der Schwerkraft, die dazu führt, daß sich die primäre Rundheit im Sinne der Senkrechten verformt. Und die sagittale Doppelseitigkeit des Körpers bei den höheren Tieren und dem Menschen ist ihr Zugeständnis an die Zielobjekte in der Außenwelt, auf die man hinstrebt oder von denen man entflieht. Hierauf weist schon der Astronom Johannes Kepler in seiner spielerischen Abhandlung über die sechseckige Schneeflocke hin, in der er die Frage aufwirft, was die Tiere mit dem Schnee gemeinsam haben. „Da der Schnee kein Leben hat", sagt Kepler, „hat er für diese Richtungsdimensionen keine Verwendung". Bei der Schneeflocke „liegt die Formungskraft [vis formatrix] in der Mitte und verbreitet sich von dort gleichförmig nach allen Seiten aus".

Entwicklungen wie die im Organischen finden sich auch in der Architektur, wenn die ursprüngliche Zentralsymmetrie von Gebäuden zu bloßer Zweiseitigkeit reduziert wird, um den Zugang der Besucher zu befürworten. Ich nenne hier als Beispiel die Anfänge der buddhistischen Architektur in Japan. Der ursprüngliche Rundbau in einem Tempelkomplex, die Haupthalle oder Pagode, ist turmartig, rund oder viereckig oder auch achteckig. Sie dient als Behälter des Sakralen und darf daher nicht von Beschauern betreten werden. Sie ist nur für sich selbst da und „hat keinen Grund, sich anders zu verhalten". Der Architekturhistoriker Mitsuo Inoue schreibt über die Pagode von Horyuji in Nara, daß sie abgesondert von der Außenwelt ihren eigenen Bereich schafft. „Nichts

Abb. 6. Japanische Pagode in Nara oder House of Dreams im Tempel Horyu-ji in Nara und die Tempelfassade von Todai-ji, Nara

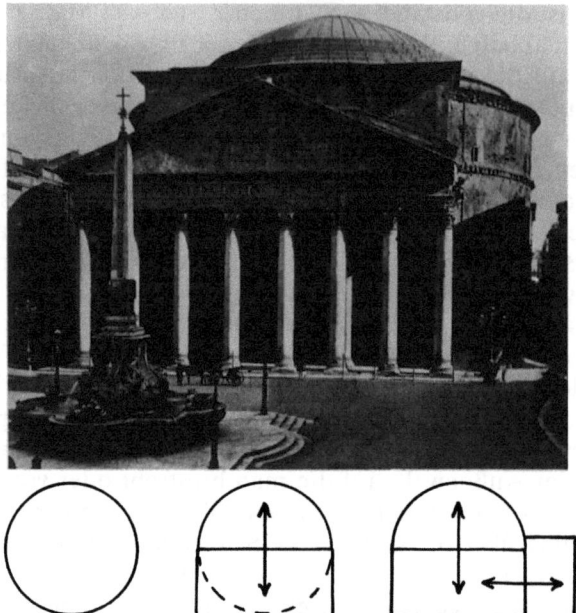

Abb. 7. Photographie des römischen Pantheons und architektonisches Diagramm

zeigt an, daß sie die Gläubigen einlädt und willkommen heißt." Später jedoch, wenn der Buddha dem Publikum zugänglich gemacht wird, ist dies in einer ausdrücklichen Eingangspforte sichtbar gemacht, die in der Mitte einer zweiseitig symmetrischen Fassade angebracht ist.

An anderer Stelle habe ich diese historische Entwicklung mit einer entsprechenden psychologischen verglichen. Schematisch vereinfachend kann man sagen, daß die architektonische Vorstellung von einem Gebäude mit dem bloßen Behälter beginnt, also mit einer kugelförmigen Kapsel (Abb. 7). Dies im leeren Raum der Vorstellung schwebende Gehäuse muß nun zweifach in seinen räumlichen Zusammenhang eingefügt werden. Einerseits muß das Gebäude in Anpassung an die Schwerkraft senkrecht mit dem Boden verankert werden (b). Andrerseits eröffnet es in der Horizontalen den Zugang zum Verkehr mittels einer Tür oder Vorhalle (c) wie etwa beim römischen Pantheon. Das Pantheon ist übrigens in der Tat ebenso hoch wie breit und in diesem Sinne also kugelartig und eignet sich daher besonders gut als Beispiel für mein Schema.

Eine ziemlich gradlinige historische Entwicklung von archaischen Anfängen zu einem raffinierten Spätstil findet sich in der griechisch-römischen Bildhauerkunst. Die frühen Kouros-Figuren respektieren die Symmetrie des menschlichen Körpers, indem sie ihn in frontaler Grundstellung darbieten. Obwohl die Doppelseitigkeit der Figur durch den Schritt vorwärts etwas belebt ist, erscheint sie uns dennoch als einsam, unbeteiligt und zeitlos. Wenn dann etwa fünfhundert Jahre später die Darstellung des Körpers ihre höchste Vielfältigkeit erreicht, wie zum Beispiel in der Laokoongruppe aus dem ersten Jahrhundert vor Christus, wird die komplizierte Anordnung dem Auge des Beschauers

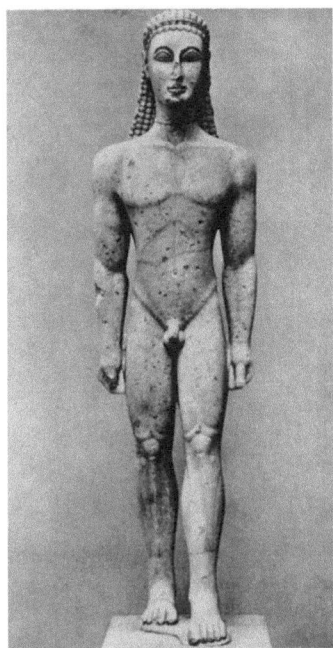

Abb. 8. Frühgriechische Kouros-Statue. Metropolitan Museum, New York

Abb. 9. Laokoongruppe, Vatikan, Rom

dennoch zugänglich gemacht, indem sie immer noch auf die symmetrische Urform, wie sie sich etwa im Kouros verkörpert, zurückführbar ist. Trotz ihres manierierten Überschwangs erleichtert die Laokoongruppe unsere Sicht, indem sie sich in der Vorderfläche entfaltet. Die giebelartige Symmetrie mit dem Vater in der Mitte und den kleineren Söhnen links und rechts bleibt deutlich wahrnehmbar. Auch die Verbiegungen der Körper halten sich immer noch in den Grenzen, die sie uns als Abwandlungen der ursprünglichen Symmetrie lesbar machen. Ja, die dramatische Hochspannung in diesen hellenistischen Figuren kommt nur dadurch zustande, daß sie als Verformungen der symmetrischen Grundhaltung wahrnehmbar sind, ähnlich etwa wie die Dynamik in der diatonischen Musik durch den Bezug auf die Tonika zustandekommt.

Das Ausgehen von der symmetrischen Grundform auf einer frühen Entwicklungsstufe findet sich nicht nur in der antiken Plastik. Vielmehr liegt es im Wesen der menschlichen Erkenntnis ganz im allgemeinen, daß sie mit dem Erfassen einfacher Urstrukturen beginnt. Man sieht das zum Beispiel in frühen Kinderzeichnungen. Die menschliche Figur wird frontal gegeben, bevor man sich an die Darstellung tätiger Handlungen wagt. Auch kann ich hier auf den Rückzug zur Symmetrie in der Bildnerei vieler Geisteskranker verweisen. Andrerseits aber vergnügen sich manche Künstler und Fotografen damit, die Glieder des menschlichen Körpers so radikal zu verwickeln, daß unsere Anschauung sie kaum noch entwirren kann.

Die Symmetrie behauptet sich also in der Wahrnehmung und Darstellung wie auch in der physischen Welt soweit die auszuführende Tätigkeit es zuläßt. Der Tierkörper bewahrt seine sagittale Zweiseitigkeit, weil die symmetrische

Abb. 10. Frühe Kinderzeichnung. Symmetrische Frontalfigur eines Menschen

Abb. 11. Symmetrisches Ornament

Gewichtsverteilung eine solide Basis für das Ausbalancieren der Bewegung schafft. Auch in der Kunst liefert die Symmetrie, wie wir sahen, ein Gegengewicht zu der zielstrebigen Dynamik der Wahrnehmungskräfte. Andrerseits jedoch hat man schon immer gewußt, daß die Vorteile der Symmetrie auch bedenkliche Nachteile mit sich führen. Der Stillstand der visuellen Kräfte kann eine leblose Erstarrung hervorbringen. In diesem Sinne bezeichnet Roger Caillois in einer Arbeit über Asymmetrie die Symmetrie als die Tätigkeit, die das Zustandekommen der Phänomene abbremst, wohingegen Asymmetrie sie befördert; und er zitiert die bekannte Äußerung des Physikers Pierre Curie: „Ce qui est nécessaire c'est que certains éléments de symétrie n'existent pas." Eine notwendige Vorbedingung für alles Entstehen und Geschehen ist also, daß gewisse Symmetrie-Elemente abwesend sind. Ähnlicher Meinung ist ein anderer Physiker, Hermann Weyl. In seinem Buch über Symmetrie zitiert er den Kunsthistoriker Dagobert Frey, der gesagt hat, daß Symmetrie Ruhe und Bindung bedeutet, Asymmetrie hingegen Bewegung und Lösung. Ordnung und Gesetz in jener, Willkür und Zufall in dieser; Erstarrung und Zwang in jener, Lebendigkeit, Spiel und Freiheit in dieser.

Aus diesem Grunde ist in den Künsten die reine Symmetrie, selbst in ihrer schwächeren Fassung als bloße Doppelseitigkeit, hauptsächlich auf zwei Anwendungen beschränkt, nämlich Ornamentik und Architektur. Diese zwei Formen der angewandten Kunst können sich ausdrückliche Symmetrie leisten, weil es nicht ihre Aufgabe ist, die menschliche Lebenserfahrung in ihrem ganzen Umfang darzustellen. Vielmehr haben sie als bloße Teilkomponenten unserer Umwelt eine engere Funktion. In Ornamenten spiegelt sich eine übermenschliche Vollkommenheit, Harmonie und Ordnung. Sie sind Inseln erfreulicher Ruhe, zu denen der Mensch aus seiner unvollkommenen und mißtönenden Welt flüchtet. Auf ähnliche Weise zeigt uns die gleichgewichtige Form von Gebäuden an, daß auch sie Zufluchtsorte sind, in denen man Unterkunft, Schutz und Frieden findet. Auch hier liefert die Lebhaftigkeit des Umweltbetriebes die erforderliche Ergänzung.

Abb. 12. Fassade von Santa Maria Novella, Florenz

Abb. 13. Christusmosaik in der Apsis der Kathedrale von Cefalù, Palermo

In der Malerei und Plastik ist dies notwendigerweise anders. Wir sahen schon in der frühgriechischen Skulptur, daß selbst der Kouros einen belebenden Schritt vorwärts tut. Auch die zwingend frontale Gestalt des Christus als Pantokrator im Apsismosaik der Kathedrale von Cefalù ist merkbar aufgelockert. Die zwei Hände sind verschieden beschäftigt: die eine segnet, die andere hält das offene Buch. Die Falten des Gewandes sind links und rechts verschieden, und die Augen belebt eine seitliche Ablenkung.

Besonders wird auch die erfrischende Unregelmäßigkeit von Landschaften beeinträchtigt, wenn man sie in die Zwangsjacke der Symmetrie steckt. Das gespiegelte Doppelbild der Berge in Ferdinand Hodlers *Silvaplanersee* würde sich zwar recht gut für die Form eines auf der Seite liegenden Kelches eignen, aber als Landschaft wird die Wiederholung um die horizontale und die vertikale Symmetrieachse der lebendigen Vielfalt der Alpen nicht gerecht. Oder man vergleiche etwa zwei Aufnahmen des Fujiyama. Die Verdopplung in der Senkrechten ist besonders unnatürlich, weil sie dem von der Schwerkraft erzwungenen Unterschied zwischen oben und unten widerspricht. Auch macht sie die Einzigartigkeit des heiligen Berges zunichte, die ja gerade in der abstrakten

Abb. 14. Zwei Fotos des Fujiyama

Symmetrie des vulkanischen Kegels besteht und durch die er sich gegenüber seiner Umgebung auszeichnet. Diese seine Besonderheit käme in einer anderen Ansicht durch den Unterschied zwischen Vordergrund und Hintergrund zur Geltung.

Wie ich schon sagte, können sich Ornamentik und Architektur eine hochgradige Symmetrie leisten, weil diese durch die Vielfältigkeit der Umwelt ergänzt wird. Eine solche Umgebung aber steht der Malerei und Plastik selten zur Verfügung. Altarbilder zwar, deren Ort und Funktion im Kirchenraum festgelegt waren, eigneten sich für ausdrückliche Symmetrie, wie wir sie von byzantinischen oder gotischen Heiligenbildern her kennen, ja sie bedurften ihrer sogar, um ihre religiöse Aufgabe zu erfüllen. Ein gerahmtes Gemälde aber oder eine Plastik, die überall und nirgendwo zuhause ist, muß der menschlichen Lebenserfahrung vollständiger gerecht werden. Dies nun stellt den Künstler vor die Aufgabe, herauszufinden, wie sich eine geeignete Beimischung von Symmetrie in eine vielfältige Komposition einfügen läßt. Das Problem besteht vor allem darin, daß die Gleichgewichtigkeit einer Form sie zugleich um so selbständiger macht, so daß sie sich um so schärfer von ihrer Umgebung isoliert. Wir sahen, daß Zentralbauten wie die Pagoden jeden Zutritt zu verweigern scheinen. Ebenso steht es mit Kreis- oder Kugelformen. Sie passen sich weder an, noch sind sie beeinflußbar, und sie eignen sich daher fast nur für eine beherrschende Stellung in der Mitte. Man sieht das zum Beispiel an den Rosettenfenstern mittelalterlicher Kirchenfassaden, um die sich die übrigen Architekturelemente untergeordnet gruppieren.

Abb. 15. Cimabue: Thronende Madonna, Uffizien, Florenz

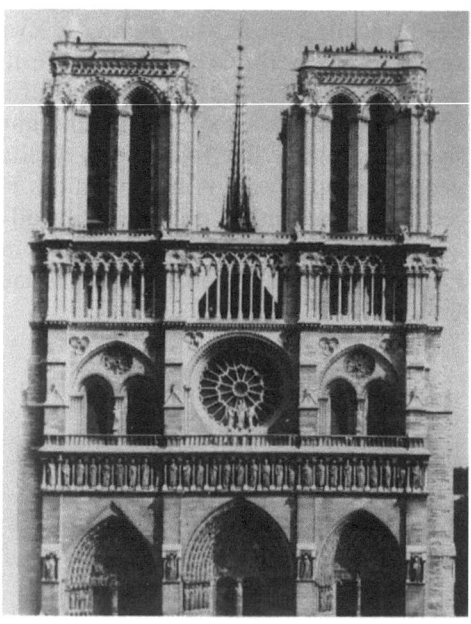

Abb. 16. Fassade von Notre Dame, Paris

Abb. 17. Leonardo da Vinci: Abendmahl. Santa Maria delle Grazie, Mailand

Abb. 18. Antoine Watteau: Italienische Komödiantentruppe, National Gallery of Art, Washington, D.C.

Hochgradige Symmetrie findet sich etwa in Altarbildern, die als Brennpunkte in ein Kircheninneres eingegliedert sind, oder in den Mittelstücken symmetrischer Gesamtkompositionen wie zum Beispiel in Leonardos *Abendmahl* oder in Watteaus *Komödiantentruppe*. Hier ist zu bemerken, daß es sich in diesen beiden Beispielen nicht um Episoden aus dem Alltagsleben handelt, sondern bei Leonardo um eine religiöse Zeremonie und bei Watteau um den Höhepunkt einer Theatervorstellung. Und in beiden Fällen gipfelt das doppelseitige Treiben in der Stille der Mittelfigur.

Wo eine solche Doppelseitigkeit nicht angebracht ist, kann nur ein sehr gewandter Künstler symmetrische Elemente glaubwürdig in den Fluß der Hand-

Abb. 19. Ferdinand Hodler: Frühling. Folkwang Museum, Essen

lung einfügen. In Hodlers Bild *Frühling* zum Beispiel wirken die zwei Figuren starr und beziehungslos in ihrer affektierten Feierlichkeit. Den Jüngling hält die Frontalsymmetrie seines Gesichts im Bann, und auch das reine Profil des Mädchens kann man symmetrisch nennen, wenn auch nur als Halbform im dreidimensionalen Raum. In Frühstilen, die sich auf solche Grundformen beschränken, etwa in altägyptischen Reliefs, würde so eine Reduktion nicht erstarrend wirken. Wohl aber tut sie das im mehr realistischen Stil, dem die ganze Fülle der Zwischenansichten zur Verfügung steht.

Abb. 20. Altägyptisches Relief mit Profilfiguren

Abb. 21. Vermeer: Mädchen mit Weinglas. Museum Braunschweig

Abb. 22. Fra Angelico: Verkündigung. San Marco, Florenz

Eine geschicktere Verwendung von Symmetrie findet sich zum Beispiel in einem von Vermeers Bildern. Die Folge der drei Figuren beginnt in der Tiefe mit der Stille des sitzenden Soldaten. Sie spielt sich dann zu den verführerischen Körperwendungen seines Kameraden hinauf und erreicht im Frontalgesicht des Mädchens und der Profilstellung ihrer Figur ihren Höhe- und Ruhepunkt. Dies Beispiel bringt uns auch eine bisher noch nicht erwähnte weitere Wirkung der Frontalsymmetrie zum Bewußtsein, nämlich die direkte Zuwendung zum Beschauer, den Blick aus dem Bilde, wie Alfred Neumeyer sie genannt hat. Eine Frontalfigur, die sich schon an sich von ihrer Umgebung absondert, wird nun außerdem in symmetrischer Gegenüberstellung an den Beschauer gefesselt. Die starre Unwandelbarkeit dieser Haltung erzeugt den hypnotischen Bann, den William Blake in seinem bekannten Gedicht als die „fearful symmetry" eines Tigergesichts beschreibt.

Schon weiter oben habe ich von teilweiser Symmetrie gesprochen, so wenn zum Beispiel in der Szene des Jüngsten Gerichts die zwei Seiten einander symmetrisch entsprechen, dabei aber den Gegensatz von Gut und Böse ausdrücken. Bei jeder Doppelseitigkeit geht es ja um eine Zweiheit, und die zwei Seiten sind immer versucht, sich voneinander freizumachen und sich unabhängig zu entwickeln. Dafür gibt es in der Kunst viele Beispiele. Wenn etwa eine *Verkündigung* paarig angeordnet ist, so unterstreicht diese symmetrische Entsprechung den Unterschied zwischen dem überirdischen Bereich des Engels und dem irdischen der Jungfrau. In einem inhaltlich sehr anderen Beispiel betont Picasso im *Massaker in Korea* den Gegensatz zwischen Angreifer und Opfer durch die symmetrische Konfrontierung der beiden Gruppen. In der Tat ist Symmetrie eine notwendige Vorbedingung für die Darstellung der Polarität.

Von Annäherungen an die Symmetrie und Abweichungen von ihr war ebenfalls schon die Rede. Ich erinnere an die in der Laokoongruppe erkennbare Giebelform. Ähnliches zeigt sich in Darstellungen der drei Kreuze auf dem Hügel von Golgatha, wo die Grundstruktur der Anordnung ebenfalls sichtbar

Abb. 23. Pablo Picasso: Massaker in Korea. 1951. Paris

bleibt, auch wenn sie im besonderen Fall überwachsen und abgelenkt ist. Ich verweise hier auch auf Heinrich Wölfflins bekannten Vergleich zwischen Renaissance und Barock in ihrer Behandlung der Symmetrie.

So spukt also Symmetrie überall in der Kunst, und doch ist sie weder unentbehrlich noch immer anwesend. Das bringt ein seltsames Problem auf, mit dessen Betrachtung ich diesen Vortrag beschließen möchte. Wir haben gesehen, daß symmetrische Strukturen auf einem Gleichgewicht beruhen, in dem zusammengehörige Vektoren einander zu einem Ruhezustand ausbalancieren. Nun ist aber ein solches Gleichgewicht nicht auf symmetrische Formen beschränkt. Es ist vielmehr eine notwendige Vorbedingung für jede visuelle Komposition, ein Endzustand, ohne den keine künstlerische Aussage vollständig ist. Was also haben unsymmetrische Kompositionen mit symmetrischen Formen gemeinsam und was unterscheidet sie von diesen?

Es ist lehrreich, hier auf den Unterschied zwischen dem Endzustand zeitgebundener Kunstformen und dem einer fertigen Malerei oder Plastik hinzuweisen. Ein Theaterstück oder eine Sinfonie ist was die Physiker ein offenes Sy-

Abb. 24. Abstraktes Gemälde von W. Kandinsky. 1913

stem nennen, insofern als alle die zielgerichteten Kräfte, die der Dramatiker oder Komponist zu Anfang mobilisiert hat, um das Werk in Gang zu bringen, sich am Ende verflüchtigen. Wenn der Vorhang fällt, ist das Problem, von dem das Stück handelt, gelöst, oder es hat die von ihm Betroffenen umgebracht. Der Held hat sein Ziel erreicht oder ist daran zugrundegegangen. Die Handlung hat sich abgewickelt, und die Spannung ist auf Null gesunken. Nicht so in der Malerei oder Plastik. Dort ist im fertigen Werk das Kräftesystem der Formen und Farben voll gegeben. Alle Ausdruckswerte sind im Höchstmaß gegenwärtig. Zugleich aber sind alle diese Wahrnehmungskräfte so ausbalanciert, daß ihrer Erscheinung nichts Zufälliges oder Momentanes anhaftet. Sie sind in einem Zueinander befangen, in dem kein Bestandteil sich von seinem Platz rühren könnte, selbst wenn er rein physisch beweglich wäre. Wegen dieser ihr innewohnenden Unbeweglichkeit eignet sich eine solche Anordnung für ein zeitloses Darstellungsmittel wie die bildende Kunst.

Dieser Zustand einer abgebremsten Tätigkeit ist in symmetrischen Anordnungen nur eben am deutlichsten sichtbar. Ich möchte daher behaupten, daß der Unterschied zwischen Symmetrie und Asymmetrie in der Kunst nur ein gradmäßiger ist. In einer symmetrischen Struktur ist das stillstandbefördernde Gleichgewicht zwischen zugeordneten Elementen unmittelbar sichtbar. Die ausgestreckten Arme des Christus in Autun halten einander unmittelbar die Waage. In einer typisch unsymmetrischen Komposition wie dem Kandinskybild dagegen gibt es keine Paare von Elementen, die das bewerkstelligen. Nur die Komposition als ganze unterliegt einem Gleichgewicht, in dem sich alle Tätigkeit kompensiert. Diese Wirkung ist so indirekt, daß sie jedem Bestandteil die Freiheit läßt, ungehemmt und tätig auszusehen, solange man ihn einzeln betrachtet. Dies verleiht dem Werk als ganzem den Charakter lebhafter Betriebsamkeit.

Was Symmetrie von Asymmetrie unterscheidet, ist also offenbar das bloße Verhältnis zwischen Gleichgewicht und gerichteten Kräften. Im einen Extremfall würde dies Verhältnis die Starre des gänzlichen Stillstandes mit sich führen, im anderen Extrem die ebenso furchterregende Formlosigkeit des Chaos. Irgendwo aber auf der Stufenleiter zwischen diesen beiden Extremen findet jeder Stil, jeder Einzelne und jedes Werk seinen eigenen, besonderen Platz.

Literatur

Arnheim, Rudolf: Entropie und Kunst. Ein Versuch über Unordnung und Ordnung. Köln: DuMont, 1971. S. 15

Arnheim, Rudolf: Die Macht der Mitte. Eine Kompositionslehre für die bildenden Künste. Köln: DuMont, 1983, S. 217

Arnheim, Rudolf: The Artistry of Psychotics. American Scientist, January/February 1986, vol. 74, pp. 48–54

Caillois, Roger: La Dissymétrie. Paris: Gallimard, 1973, p. 58

Fritsch, Vilma: Links und Rechts in Wissenschaft und Leben. Stuttgart: Kohlhammer, 1964

Dorfles, Gillo: Il Problema dell'Asimmetrico e i Rapporti tra Arte e Psicologia. Ricerche di Psicologia, 1982, Nr. 21

Grivot, Denis and Zarnecki, George: Gislebertus, Sculptor of Autun. New York: Orion, 1961

Inoue, Mitsuo: Japanese Architecture. New York: Weatherhill, 1985
Kepler, Johannes: The Six-Cornered Snowflake. Oxford: Clarendon, 1966
Neumeyer, Alfred: Der Blick aus dem Bilde. Berlin: Mann, 1964
Pascal, Blaise: Pensées. Montréal: Variétés, 1944. Part I, Nr. 28
Weyl, Hermann: Symmetry. Princeton University Press, 1952, p. 16
Wölfflin, Heinrich: Kunstgeschichtliche Grundbegriffe. München: Bruckmann, 1920. Kapitel 3

*„Sie bildet regelnd jegliche Gestalt
und selbst im Großen ist es nicht Gewalt"*

Regelmaß und Einmaligkeit als ästhetische Prinzipien

Helga de la Motte-Haber

Einleitung

Indem ich über Kunst spreche, erzeuge ich Symmetrie, weil ich versuchen werde zu ordnen, Beziehungen sichtbar zu machen, zu klassifizieren und zu gruppieren, kurzum das Zueinander zu klären und selbst da, wo die Unterschiede hervorgekehrt werden, Ähnlichkeiten bedenken muß. Es ist der Makel und die Aufgabe der Kunstbetrachtung, das Fremde und Unerwartete, das nicht der Regel Entsprechende von Kunstäußerungen zu erklären und damit auf einen Verstehenscode zu beziehen, in dem sich zu spiegeln, auch die Überschaubarkeit des Unberechenbaren gewährleistet.

Die Kunstbetrachtung gleicht darin aller Reflexion, auch derjenigen, die unsere alltäglichen, sich oft einfach wiederholenden Tätigkeiten begleitet. Die Kunst selber kann sich jedoch – sogar dann, wenn sie uns in ihren Harmonien schön erscheint – diesen Denkfiguren widersetzen, was den Betrachter veranlaßt, nach möglichen inneren verborgenen Zusammenhängen zu forschen, welche oftmals (wie die Anhäufung von Interpretationen beweist) entweder unergründlich sind oder nicht existieren. Das Denken in geregelten Ordnungen ist jedoch Voraussetzung für das Verstehen oder vielleicht auch für das Erleben dessen, was an Kunst einmalig sein kann.

Eine kokette Einleitung, die sich herausfordernd verhält zu den Vorstellungen der klassischen Ästhetik, Vollkommenheit könne nur durch Harmonie erklärt werden. Ich versuche, die ketzerische These der Einleitung zu präzisieren.

Symmetriestörungen als Prinzip klassischer Kunstproduktion

Ebenmaß ist durch im Raum oder in der Zeit sich wiederholende Elemente bestimmt. Im Fall der Architektur sind damit oft (und wenn wir in das Frankreich des 18. Jh. blicken sogar immer) bilaterale spiegelbildliche Symmetrien gemeint; in anderen Künsten spielen kompliziertere harmonische Proportionen eine Rolle, die jedoch irgendwie sich wiederholende Gruppierungen bedeuten. Nach dem Prinzip recht einfacher Symmetrien wurden im 19. Jahrhundert die Formen begriffen, die notwendig waren, um die nicht länger durch das Wort geregelte Instrumentalmusik zu beschreiben. Ohrenfällig präsentierte sich im Großen mit der Wiederkehr der Reprise die Architektonik der Sonatenhauptsatzform als ebenso symmetrisch wie die der einfacheren ABA-Formen. Der Zusammenschluß wiederkehrender schwerer und leichter Zeiten entspricht auf kleinem Raum dieser symmetrischen Gestaltbildung. Geradezu zum Paradigma für musikalische Symmetrie wurde die aus dem Zusammenschluß von 4 und 4 Takten bestehende Periode begriffen. Symmetrien sind bei zeitlichen Abläufen am leichtesten an Wiederholungen wahrnehmbar, wiewohl das perfekte Spiegelbild die musikalisch rückläufige Figur des Krebses ist. Durch solche Wiederholungen prägt sich die schwebend ruhige ebenmäßige Schönheit der Melodie aus dem langsamen Satz von Schuberts großer C-Dur-Symphonie selbst dem naiven Konzertgänger ein. Ein Blick in die Noten bestürzt, denn in welche Regionen des Irregulären begibt sich Schubert: Ein Anfang von 7 Takten, auf den 3 Takte folgen, dann weitere 6 Takte, die mit den dreien zusammen 9 ergeben, vielleicht aber doch auch 10 Takte ausmachen. Möglicherweise ist mit dieser Symphonie ein extremer Fall angesprochen! Die „himmlischen Längen" — Schumanns bewundernde Rüge —, die sich an Dehnungen innerhalb eines Satzes feststellen lassen oder an Hinzufügungen (etwa durch die Wiederholung von Schlußtakten) schließen aus, daß periodische Gleichmäßigkeit (durch die gleiche Zahl einander zugeordneter Takte) jene „Ordnung", Wohlgestaltung und jenes „Ebenmaß" hervorbringt, in der der Schöpfer der ersten Lehre von der musikalischen Form, nämlich Adolf Bernhard Marx, die Grundlage des Komponierens erblickte. Aber allein schon Marxens Kritik an Mozart (in dessen Werken die periodische Achttaktigkeit oft zugunsten von siebentaktigen Sätzen zurücktritt) weist darauf hin, daß asymmetrische Bildungen nicht etwas sind, was zu einem Schubertschen Personalstil zu rechnen wäre. Sie stellen keine Ausnahme dar. Für die unendliche Linie, die an den Werken von Bach und Wagner gerühmt wurde, ist der Mangel an Symmetrie geradezu zum Merkmal der Definition geworden.

Die Forderung einer meßbaren Regularität findet sich mit der Idee der Aneinanderreihung periodischer Bildungen bereits in den Formbetrachtungen, die vor den Formenlehren im engeren Sinn — der Begriff taucht um 1827/28 auf — entstanden sind. Sie fand durch jenen Komponisten, der im Mittelpunkt der Formbetrachtung des 19. Jh. stand, eine Unterstützung. Denn in der Tat scheint im Werk von Beethoven das symmetrische Schema der Periode eine gewisse Verbindlichkeit zu haben. Und Ausschweifungen und Freiheiten der Phantasie, die uns in seinen berühmtesten Kompositionen immer entgegentreten, werden gebändigt in strengen Ordnungen. Nehmen wir als Beispiel die Sturm-Sonate, die gegen alle Regeln zeitlicher Ordnungen mit 2 + 5 Takten beginnt, so münden doch die uferlos erscheinenden ersten Gedanken in der strengen Symmetrie eines periodischen zweiten. Die Regularität der Metrik scheint die Balance herzustellen für jenes Mittel, das vielleicht das Werk von Beethoven wie kein zweites bestimmt, nämlich den motivischen Kontrast. An den Diabelli-Variationen läßt sich aber beobachten, daß, wo solche asymmetrischen Kontraste nicht vorliegen, statt dessen die schlichte Wiederholung eines Themas als Vorlage für eine Variation diente, metrische Asymmetrie geschaffen wird durch die Hinzufügung von Takten.

Asymmetrische Abschnittbildungen waren den Theoretikern der Form unwillkommen, selbst dann wenn sie versuchten, den künstlerischen Gedanken keine Gefängnisse zu verordnen, wie der erwähnte Adolf Bernhard Marx. Hugo Riemann [5], ein anderer großer Musiktheoretiker, hat es unverblümt ausgesprochen mit der Forderung der Zurückführung „alles musikalischen Gestaltens auf die Normalgrundlage des durchaus symmetrisch aufgebauten achttaktigen Satzes". Ist Symmetrie ein Phantom, das das Denken über Formen beherrscht? Und lebt hingegen die Kunstproduktion nicht weit mehr von der Störung der Symmetrie? Entsprechen die Beobachtungen, die an der Musik gemacht wurden, nicht jenen Irregularitäten, die, wenn man genau nachmißt, an der Architektur und an der Malerei festgestellt wurden, obwohl auch hier die Proportionen dem Betrachter so harmonisch erscheinen?

Die musikalischen Formenlehren sind in der Nachfolge der „Morphologie der Pflanzen" entstanden, d. h. von der Idee einer formschaffenden Natur angeregt, von der es bei Goethe heißt: „sie bildet regelnd jegliche Gestalt/und auch im Großen ist es nicht Gewalt." Aus Goethes Anschauungen gingen Anregungen hervor für ein musiktheoretisches Denken, das Gleich- und Regelmaß betont, hinter denen die Asymmetrie und der Kontrast als Mittel der künstlerischen Gestaltung zurückzutreten hatten. Goethe hat wohl das andere Prinzip bedacht, denn zu der zitierten Stelle aus dem Faust II fügte er hinzu: „ . . . äolischer Dünste Knall, Kraft ungeheuer / durchbrach des alten Bodens flache Kruste, / daß neu ein Berg sogleich entstehen mußte". Die spontane eruptive Kraft als einmaliges Ereignis bestimmte jedoch eine Welt der Formen, die ihn irritierte. Aus den Reisebeschreibungen über Böhmen wissen wir, daß die Hügel, deren Ursprung vulkanischer Natur war, eher seine Abneigung erregten. Es ist hier der falsche Platz, um weiter über Goethes Kunstanschauungen nachzudenken. Denn die Blüte musiktheoretischer Lehren ist gewiß nicht nur dem Eindruck eines großen Dichters zu verdanken. Vielmehr waren aus den individuellen musikalischen Formen Gesetzmäßigkeiten verallgemeinerbar und als musiktheoretische Regeln zu beschreiben. Dazu gehörte die erwähnte periodische Taktordnung. Die mit diesen Regeln postulierten Symmetrien erinnern jedoch an das überaus ebenmäßige Gesicht, das Galton durch Mehrfachfotografien erzeugte: Alles Individuelle war getilgt, die Harmonie perfekt, aber nicht mehr empirisch auffindbar. Ähnlich irreal sind die musikalischen Normen über symmetrische Taktbildungen. Sie in einem einzelnen Musikstück zu entdecken, setzt Abstraktionsleistungen voraus, die das Besondere negieren.

Zu einer Zeit, da für Künstler die Idee der Einmaligkeit eine verbindliche Prämisse war, mußten im einzelnen Werk die symmetrisch geregelten Satzbildungen zurücktreten. Sie hatten in den Kunstwerken, die der Maxime absolut individueller Entfaltung gehorchten, keinen Platz. Die oft unregelmäßigen, instabilen Systeme verleihen den symphonischen Formen ihre spannungsvolle, zur Entwicklung drängende Dynamik.

Daß wir dennoch ein wohlausgewogenes Ebenmaß empfinden, hängt damit zusammen, daß die Asymmetrien in Balance gebracht wurden. Ich möchte dies nicht als ein Prinzip bezeichnen, das in einem übertragenen Sinne noch auf Symmetrien zu beziehen wäre, weil in der Kunstbetrachtung oft die Unterschiede mehr zählen als die Gemeinsamkeiten. Im Sinne der eingangs erwähnten strukturierenden Kraft begrifflicher Beschreibung sind die von den Theoretikern abstrahierten Normen einem interpretierenden Nachvollzug zu verdanken, der Symmetrie durch Abstraktion auch schafft. Manchmal wurde solches Regelmaß der Musik aufgezwungen. Riemanns Deutungen und Umdeutungen der Beethovenschen Werke sollen sogar der Interpretationspraxis des ausgehenden 19. Jahrhunderts entsprochen haben.

Halten wir zunächst als Zwischenergebnis fest: Aus den Störungen von Symmetrien, aus der Störung von Regeln — Regeln, die dennoch lehrbuchhaft verankert werden konnten — ziehen die klassischen Werke die Kraft des Einmaligen.

Die Erfindung von Symmetrien in der Kunst des 20. Jahrhunderts

Die Idee, daß der Verstoß gegen Regeln ein ästhetisches Kriterium sei, weil damit die Automatismen der Wahrnehmung durchbrochen werden und Besonderes, Einmaliges zum Vorschein kommen kann, macht das Kernstück der sogenannten Verfremdungstheorie des russischen Formalismus aus. Victor Šklowsky gilt hierzulande als ihr wichtigster Vertreter. Oft wurde diese Theorie als eine im 20. Jh. neue und auch für dies Jahrhundert typische Theorie empfunden. Als ihr künstlerisches Pendant im Bereich der Musik erscheint das Werk des mittleren Strawinsky.

In der Tat lassen sich viele Züge gerade der Geschichte vom Soldaten auf dem Hintergrund der sogenannten Verfremdungstheorie erklären. Dazu wäre die Bitonalität zu rechnen oder auch formale Paradoxien, wie die, daß die Introduktion mit einer Schlußwendung beginnt. Spezielle Techniken des Montierens, Hinzufügungen, Dehnungen, Einschübe, Umstellungen werden verständlicher im Hinblick darauf, daß die gewohnte Regelhaftigkeit deformiert werden soll. Kunst verstanden als ein Verfahren der Deformation widersetzt sich den gängigen Vorstellungen der klassischen Ästhetik. Die russischen Formalisten hatten auch die Kunst des 20. Jh. im Auge, wo immer und immer wieder Neoklassizisten und Neoromantiker aus alten Formen und Techniken neues künstlerisches Leben zu pressen versuchten, dies heißt, Regeln benutzten, ohne ihnen zu genügen. Die Theorie der russischen Formalisten ist jedoch umfassender gedacht. Sie meint, daß für die einmalige Erscheinung der klassischen Werke die Aufhebung von Normen die Voaussetzung sei. Šklowsky zeigte das Durchbrechen gewohnter Regeln an den großen russischen Romanen, etwa Tolstois Anna Karenina. Abgesehen von den zahlreichen „Neos" scheint auch, was an Verfremdung gemahnt untypisch für die Kunstproduktion des 20. Jh. Dies unterscheidet sie von den klassischen Werken.

Denn wie immer sperrig im Verhältnis zu den Wahrnehmungsgewohnheiten, so zielen die zahlreichen Konstruktivismen, wie unterschiedlich sie sich auch ausprägten, nicht auf den Verstoß gegen Regeln wie die klassischen Werke, sondern auf die Erfindung von Ordnungen. Bereits das Jugendstilornament mit seiner Lösung vom Gegenständlichen läßt ahnen, daß Symmetrie zu erzeugen eine große Rolle zu spielen beginnt. Als die Kunst im 20. Jahrhundert nicht mehr einen von der Wirklichkeit abgesonderten Ort darstellen wollte oder die Wirklichkeit gar nachzuahmen hatte, sondern aus den disparaten Teilen und fragmentierten Ansichten eine neue Realität montiert oder collagiert werden sollte, mußten sogar zwangsläufig Ordnungen hergestellt werden, die dem, was zerstückt schien, einen Zusammenhang verliehen. Die Ordnungen wurden von den Künstlern fast immer theoretisch reflektiert. Ich wage einen Ausflug in die bildende Kunst einmal, weil dort viele solcher theoretischer Äußerungen in der Form von Manifesten vorliegen, und zum zweiten auch, weil die Betrachtung dieser neuen Ordnungen, die die bildenden Künstler vor allem in der Musik zu finden hofften, den allgemeinen Begriff der Symmetrie zu definieren hilft.

Die Maler – gleichgültig, ob sie in den Umkreis der russischen Konstruktivisten oder zum Bauhaus gehörten – waren sich darin einig, daß die Ordnungen der alten Tafelbilder ausgedient hatte, wenn nicht gar verlogenen Schein produzierten. Deren um den Mittelpunkt orientierten Symmetrieachsen wurde mißtraut, nach neuen Regeln allerdings intensiv gesucht. Als unumgängliche Bedingung für die Konstruktion empfand El Lissitzky die Bewegung. Was damit gemeint ist, hat Gropius 1919 direkter in seiner Eröffnungsrede für das Bauhaus mit dem Hinweis auf die Musik thematisiert. Die Liste der Maler, die sich die Ordnungen der Musik zum Vorbild nahmen, Klee, Kandinsky, Feininger und andere ist unendlich lang. Es entstanden „Kompositionen", die weit entfernt von den Symmetrien der Tafelbilder, mittelachsenfeindlich, eher rhythmische Konfigurationen boten, bis dahin, daß in den Rollenbildern der späten 10er Jahre – den Vorformen der experimentellen Filme – die Organisation disparater Erscheinungen auch tatsächlich eine sukzessive Wahrnehmung verlangte anstelle der Betrachtung achsensymmetrischer Verhältnisse.

Die Differenzierung eines zeitlichen und räumlichen Symmetriebegriffs ist notwendig, um diese Neuorientierung als Neukonstruktion von Symmetrien in der Malerei besser zu verstehen und, wovon noch zu sprechen sein wird, die gleichzeitige parallel und gegensätzlich verlaufende Neuordnung der Musiker zu sehen.

Visuell ist Symmetrie in ihrer einfachsten Form definiert als spiegelbildliches Verdoppeln. Das Spiegelbild ist nur in der Umkehr mit seinem Original identisch. Musikalisch bedeutet Symmetrie hingegen die rhythmische Periodizität, die unmittelbare Wiederholung in einem zeitlich gerichteten Ablauf. Die Teilhabe von Bildern an Bewegungen meint somit die Teilhabe an einem anderen Prinzip der Symmetrie, nämlich der sich in der Zeit entfaltenden, sich wiederholenden Periodizität. Solche rhythmische Wiederkehr im Bild setzte die Preisgabe von statischen Achsensymmetrien zugunsten eines dynamischen Prinzips der wechselnden Wiederkehr voraus. Theoretisch wurde dies übrigens auch so formuliert – von Ludwig Klages –, dessen hymnisch verquollene Sprache die Zeitgenossen besser verstanden als wir heute. Seine Auffassung „Vom

Wesen des Rhythmus" trug er 1922 in Berlin auf der „Tagung für künstlerische Körperschulung" vor: „Die räumlich-rhythmische Gliederung, gleichgewichtig neben die zeitliche tretend, begreift nun in sich die Wechselständigkeit, die wir verwirklicht finden in jeder natürlichen Symmetrie". Die deutschtümelnde Formulierung „Wechselständigkeit" müssen wir uns heute übersetzen in Periodizität. Klages Vortrag erschien 1926 gedruckt. Über seine Reichweite ist nichts bekannt. Wie prominent aber dieser Autor war, der als beste räumliche Gliederung eine den zeitlichen Konfigurationen abgeschaute rhythmisch-periodische Wiederkehr ansah, läßt sich vielleicht einfach am Umstand ablesen, daß ihm Robert Musil mit der Gestalt des „Propheten" Meingast im „Mann ohne Eigenschaften" ein literarisches Denkmal setzte.

Auffällig von Ordnungen bestimmt, die nicht mittelpunktorientiert sind, keine direkten Spiegelungen enthalten, ist die aus der Künstlergruppe de Stjil hervorgegangene Malerei. Daß es über der Preisgabe von nur in einem orthogonalen Verhältnis stehenden Linien zum Bruch zwischen Mondrian und van Doesburg kam, hindert nicht, diese protestantisch-puristische Strömung eines rigorosen Elementarismus gemeinsam so zu begreifen, wie sie van Doesburg [1] charakterisiert hat, nämlich als Überwindung der traditionellen Symmetrie. Er würdigt als historische Leistung Mondrians die „allmähliche Aufhebung des Mittelpunktes und jeder passiven Lehre. Die Komposition entwickelt sich in entgegengesetzte Richtung statt auf die Mitte zu, zur äußeren Peripherie ... Der Elementarismus ist die reinste und zugleich unmittelbarste Ausdrucksweise des menschlichen Geistes, die weder links noch rechts, weder Symmetrie noch Statik kennt". Mondrian selbst, ein passionierter Jazzliebhaber, hatte in seinem Manifest 1917/18 „Die neue Gestaltung in der Malerei" vom Rhythmus, von Farb- und Maßverhältnissen gesprochen: Dieses Bildgeschehen konnte über den Rahmen expandieren. Das besondere Vorrecht der Malerei – um Mondrian zu zitieren –, daß sie Beziehungen frei darstellen kann, „weil sie reine Beziehungen darstellt", hob die Differenz zwischen Raum und Zeit in „Gleichgewichtsbeziehungen, in Harmonien" auf, so daß Rhythmen zu Bildern wurden, die einen Anspruch erhoben, universelle Gesetze zu symbolisieren.

Bei der Erfindung neuer Ordnungen, die den alten wie immer verfremdeten Regeln entgegengestellt werden konnten, zeigen sich nicht nur Anleihen der Malerei bei der Musik, vielmehr eigneten sich die Komponisten auch Symmetrien an, die räumlich sinnvoller wirken als bei einer Darstellung zeitlicher Prozesse. Als Augenmusik wurden einmal die kontrapunktischen Künste von Umkehrung und Krebs im 18. Jahrhundert gerügt. Sie bilden jedoch die entscheidenden Elemente jener musikalischen Konstruktivismen, die weniger von der Absicht der Neukonstruktion der Welt geprägt waren als durch eine Entwicklung, die die eingangs zitierte Steigerung der ästhetischen Vorstellung von der Einmaligkeit dahingehend steigerte, daß weitgehend alle auf Wiederkehr und Periodizität gegründeten Regeln außer Kraft gesetzt wurden. Die 12-Ton-Reihen bei Webern, oft in sich spiegelbildlich zurückgeworfen, die als Umkehrungen um eine fiktive Horizontale nach unten gekippt oder als Krebs rückläufig verwendet werden konnten, sind optisch leichter zu entziffern als hörbar zu machen. Ähnliches gilt auch für die seriellen Stücke der ersten Hälfte der 50er Jahre, die diese Prinzipien von der Tonhöhe auf alle anderen musikalischen Dimensionen übertrugen. Ob diese Ordnungen überhaupt hörbar sein sollen, ist als Frage nicht berührt.

Wo es gar um ewige Ordnungen geht, ist die Frage einer Differenzierung von zeitlicher und räumlicher Symmetrie irrelevant. Davon legt Messiaen's Orgelstück „Livre d'orgue" Zeugnis ab. Bestimmend sind nicht nur rückläufig umkehrbare Rhythmen, die er 'nicht umkehrbar' nannte, vielmehr ist der ganze erste Satz regelrecht achsensymmetrisch als Spiegelbild konzipiert. Nichts als Struktur, die facettenreich umgekehrt, gewendet, gedreht, transponiert wurde, entstand kein buntes, aber wohl ein symmetrienreiches Kaleidoskop. Das Netzwerk von Tönen, das Boulez mit den Structures von 1951 konstruierte – um das exemplarischste Beispiel zu nennen – ist mit seinen Abläufen von Reihen, Umkehrungen, Krebsen und Krebsumkehrungen einer Kombinatorik verpflichtet, die weit entfernt vom rhythmisch-periodischen Fluß musikalischer Prozesse ist. Das Schlüsselwort für Boulez war, wie er in seinem Musikdenken heute offenbarte, der Begriff Struktur, der auf Einflüsse des französischen Strukturalismus verweist. Die Dreiecksanordnungen, die Boulez zum Verständnis der Webernschen Stücke entwarf, die Schachbrettanordnung, auf die sich seine Structures zurückführen ließen, wie er lange vor Ligetis berühmter Analyse in einem in den USA 1952 publizierten Aufsatz selbst darlegte, machen zusätzlich deutlich, daß Prinzipien, die im engeren Sinne musikalisch sind, preisgegeben worden waren. Die Schemata, aus denen musikalische Vorstellungen gewonnen wurden, verweisen auf den visuell gegenständlichen Bereich.

„Hin und Zurück" war auch ein Thema, das Paul Hindemith aufgriff. Im Oktober 1927 wurde jene Kurzoper dieses Titels im Hessischen Landestheater uraufgeführt. Im Wohnzimmer von Robert und Helene spielt sich eine Eifersuchtstragödie ab, der Liebhaber bringt seine Geliebte und anschließend sich selber um. Damit ist das Stück aber erst zur Mitte gelangt, ein weiser Mann erscheint aus der Versenkung vom Harmonium begleitet und spult das Geschehen zurück; es endet im Anfangsbild, das durch ein Haptschü der niesenden Großmutter eröffnet worden war. „Ein Sketch mit Musik", der von den Möglichkeiten des Rücklaufs beim Film inspiriert worden war. Es laufen jedoch überwiegend nur die Handlung und die Bewegung der Schauspieler zurück, nicht aber in sich auch Sprache und Musik. Soweit ging Hindemith bei der Übertragung visueller Symmetrien nicht. Wie gesagt, ein Sketch – wohl auch mit Musik –, aber nicht belastet und gequält von den theoretischen Reflexionen, wie denn mit neuen Regeln Verbindliches konstruiert werden könne.

Die neuen Regeln, Rhythmen in Bildern, Achsensymmetrien in der Musik, erschwerten das Verständnis beim Publikum. Dies ist der Ausgangspunkt für meine Differenzierung von optischen und akustischen Symmetrien. Störungen von Regeln als Voraussetzung ästhetischer Komplexität gehörten zum Verständnis des auf die Maxime der Originalität verpflichtenden Publikums. Sie gehörten schlichtweg zum Charakter der Kunst. Das Publikum verfügte über den Kanon der Regeln wie immer nur implizit; es konnte damit die Symmetriestörungen in die Symmetrien einordnen. Die Kraft der Phantasie galt in der neuen Kunst hingegen nicht mehr der Abwandlung von Symmetrien, sondern der Neuerfindung von Regeln, die einen Zusammenhang der Elemente gewährleisten sollten. Diese neuen Gesetzmäßigkeiten aber waren ob ihrer Herkunft aus einmal getrennten Kunstgattungen nicht unbedingt augen- oder ohrenfällig. Das erschwerte das Verständnis. Daß sie nicht mehr als normatives Regelsystem der Kunst vorgeordnet waren – gegen das zu verstoßen Einmaligkeit ausmachte – bewirkte, daß in der neuen Kunst Regelmaß, Symmetrie, Periodizität und Wiederholung zu der jeweils einmaligen Ordnung eines Kunstwerks wurde. Aus den neu erfundenen Symmetrien in der Kunst des 20. Jahrhunderts waren keine Regeln verallgemeinerbar, die einem bequemen Publikum zur leichten Orientierung hätten dienen können.

Das Denken in Ordnungen

Ich erlaube mir einen Ausflug in die Psychologie, womit jedoch nicht nur Symmetriebildungen in unserem Denken dargestellt, sondern auch Schlußfolgerungen gezogen werden sollen, warum die so oft so harmonisch erscheinende klassische Kunst so viel Symmetriestörungen aufweisen kann, wohingegen Symmetrien zu erfinden, die Kunstproduktion im 20. Jahrhundert anregte.

Informationen, die auf uns einströmen, werden klassifiziert. Wir verwandeln Reizungen der Retina durch Zuordnungen zu Kategorien in wenige Farben und Formen. Aus den mehr als 3000 Ansprechmöglichkeiten der Basilarmembran gewinnen wir 12 Töne und etwa 5 Lautstärkeeindrücke. Diese kategoriale Zuordnung ist ein elementarer Prozeß. Dies meint man zumindest daran ablesen zu können, daß das ständig vergleichende relative Urteil zurücktritt zugunsten eines absoluten. Bittet man Personen, Töne als höher oder tiefer als ein vorgegebener Ton zu beurteilen, so verlassen sie diese Form der Einschätzung schnell zugunsten einer, die schlicht auf den Angaben hoch oder tief beruht.

12 Töne und 5 Lautstärken – das weist auch darauf hin, daß zu klassifizieren Reduktion von Information bewirkt. Die Welt erscheint uns geordnet, und dies um so mehr, wenn verbale Benennungen zur Verfügung stehen. Das Gewimmel der Gestirne wird übersichtlich als Großer Bär oder Kleiner Wagen. Mit dem Prozeß des Kategorisierens verbindet sich eine Überschätzung von Ähnlichkeiten. Die spontanen Organisationstendenzen der Wahrnehmung und des Denkens sind in verschiedenen Disziplinen und Richtungen der Psychologie Gegenstand der Forschung geworden. Über die Fachgrenzen hinaus wurden vor allem die Experimente der Gestalttheoretiker – überwiegend zur visuellen Wahrnehmung – bekannt. Wurden sie bekannt, weil sie nicht nur Demonstrationen in schönen Exemplen vorlegten, sondern zugleich auch eine die Erkenntnis der Welt erklärende und damit Eindrucksfülle reduzierende Theorie? In erster Linie allerdings boten die Gestalttheoretiker Deskriptionen, die zu mehr als über hundert Aussagen über die form-konstituierenden Prozesse der Wahrnehmung führten. Beschrieben wurden Tendenzen zur Einfachheit, Geschlossenheit, Prägnanz, mit Hilfe derer wir Informationen in sinnvolle Gestalten transformieren. Wir gruppieren, so würde ein allgemeineres Gesetz hinter diesen Organisationstendenzen besagen, nach einem Prinzip der Ähnlichkeit. Durch diese Zusammenfassung erscheint uns eine Reizkonfiguration des-

halb immer in ihrer einfachsten, regelmäßigsten und symmetrischsten Verteilung. Auch die bildlichen Ordnungen, die wir den Gestirnen am Himmel zuschreiben, folgen den Prinzipien, die in der Wahrnehmung Harmonie und Ebenmaß erzeugen. Dabei erfolgen durchaus erhebliche Eingriffe durch die Aktivität der Wahrnehmung. Drastisch zeigt sich dies in Situationen, in denen wir eine stochastische Reizsituation zu bewältigen haben. Wir deuten Ordnungen auch dann in ein Geschehen, wenn dieses sich im Zustand der Entropie befindet. Aus Rauschkulissen konstruieren wir rhythmische Prozesse, wir strukturieren diesen Eindruck solchen ständigen Rauschens eventuell zu bruchstückhafter Sprache, gelegentlich klingt darin sogar Musik an. Irgendwie können wir alle einmal in eine Erlkönigsituation hineingeraten, das heißt in Zustände, in denen zusätzliche Kontrollen ausfallen und uns die spontanen Organisationstendenzen der Wahrnehmung einen Sinn präsentieren, der nicht vorhanden ist. Daß unsere Meinungen über die Realität dennoch nicht auf bloßer Halluzination beruhen, dieses Problem wird in den verschiedenen Wahrnehmungstheorien verschieden gelöst. Ich möchte hier darauf nicht eingehen, zumal die Umarmung dieser verschiedenen Theorien durch einen ökologischen Ansatz heute möglich ist: Das heißt durch die Annahme, die Evolution habe Wahrnehmungsorgane hervorgebracht in der Weise, daß sie optimal auf die Realität abgestimmt sind. Die leichten Zweifel, die die konstruktivistisch orientierten Wahrnehmungspsychologen wecken, an der Möglichkeit die Welt zu erkennen, sind jedoch bei der Beschäftigung mit künstlerischen Phänomenen sicher nützlich.

Gute Gestalten haben wenige Alternativen (good patterns have few alternatives) — ein schöner Titel für einen berühmten Aufsatz [2], in dem gute Gestalten definiert wurden als symmetrisch. Sie lassen sich spiegelbildlich versetzen oder um einen Winkel von 90° rotieren. Gute Gestalten sind ob ihrer Regelmäßigkeit einmalig. Sie erscheinen daher in der Beurteilung auch ästhetisch als befriedigender. Den kognitiven Aktivitäten, die auf solche guten Gestalten ausgerichtet sind, entspricht somit auch noch ein emotionaler Wert. Wie immer Schlüsse von den einfachen Punktanordnungen, mit denen experimentiert wurde, problematisch sind und wie immer individuell Vorstellungen von Einzigartigkeit und Regelmaß differenziert werden, so scheinen sich in den psychologischen Experimenten die Postulate einer klassizistischen Ästhetik zu bestätigen. Es ist das Ebenmaß, das zu „ausgezeichneten" Vorstellungen führt.

Ist aber ein französischer Garten mit seinen strengen Symmetrien wirklich schöner als ein englischer? Die Fürsten und Könige, die sich in der Regel beides leisteten, konnten sich offensichtlich nicht so eindeutig entscheiden. Verlor das Non-plus-ultra antiker Architektur, die Propyläen der Akropolis, an Schönheit, als durch archäologische Funde klargestellt wurde, daß die Symmetrien, die in den nachzeichnenden Rekonstruktionen vorgenommen wurden — ganz im Sinne der ordnenden Tendenzen der Wahrnehmung und des Denkens — einfach falsch waren? Ich möchte, um bei den psychologischen Mechanismen zu bleiben, ein einfaches Experiment zitieren, um zu zeigen, daß die angedeutete kategorial ordnende Vereinfachung durchaus besteht, daß eine ihrer Funktionen aber auch darin besteht, sich zugunsten der Wahrnehmung von Komplexität auszuwirken.

Zum Experiment [6]: Versuchspersonen wurden acht Strecken dargeboten, die regelmäßig länger wurden. Die Strecken waren auf Kärtchen aufgezeichnet, die vier kürzeren waren mit dem Buchstaben A, die vier längeren mit dem Buchstaben B bezeichnet. Nach mehrmaligem Ansehen hatten die Versuchspersonen die Strecken in Zentimetern zu schätzen. Als Ergebnis war erwartet worden, daß sich die vorgegebene Kategorisierung A und B als Vergrößerung des Unterschieds zwischen der 4. und 5. Linie auswirkt und daß gleichzeitig die Ähnlichkeiten in einer Klasse überschätzt werden, beides Prozesse, die einen Gruppierungseffekt begünstigen, der mehr Ordnung als tatsächlich existiert erzeugen würden. Dies trat jedoch nicht ein. Wohl wurden die Unterschiede zwischen den Klassen A und B durchaus überschätzt, das heißt akzentuiert. Aber innerhalb einer Klasse wurden Differenzen keineswegs zugunsten von Ähnlichkeiten verdeckt. Auch in weiteren Experimenten fand man, daß Variabilität innerhalb einer Klasse fast immer gut reproduziert wurde. Ja es scheint, daß gerade dann, wenn eine Kategorisierung durch Prototypen möglich ist, Informationen über Abweichungen, Informationen über Einmaliges in unseren Vorstellungen verankert werden. Schematische Zeichnungen von Gesichtern, die in zwei Kategorien einzuordnen waren, führten dazu, daß eine verallgemeinerte, aus Ähnlichkeiten abstrahierte Vorstellung über die Gesichter gebildet wurde und zugleich die Varianten als Abweichungen vom Prototypus registriert wurden, so daß jedes einzelne Gesicht leicht erkannt werden konnte. Gleichzeitig mit jenem Prozeß vereinfachender Information reduzierender, gruppierender Kategorisierung, bei dem oft zuviel Regelmäßigkeiten und Symmetrien in Rechnung gestellt werden oder mit Akzentuierungen von Klassenunterschieden eher dem mathematischen Symmetriebegriff der Gruppierung genügt wird, gleichzeitig mit diesem Prozeß der Vereinfachung richtet sich unser Denken auf die Feststellung von Variabilität, von Abweichungen, von Unterschieden ein. Regelmaß erlaubt in der Tat, das Einmalige zu erkennen, wenngleich nicht als simple Gleichsetzung, sondern als Abweichung. Vielleicht klären diese sicher mit zwei Experimenten nur unzulänglich dargestellten kognitiven Prozesse auch etwas von den Symmetriestörungen auf, die wir zu Zeiten finden, da der Kunstproduktion prototypische Kategorien als Normen (z.B. in den Formenlehren) vorgeordnet sind. Deren starres, kaltes, vielleicht auch langweiliges Ebenmaß wurde in künstlerisch-individuellen Gebilden gebrochen. Denn eisig und tödlich, wie sie Hans Castorp im Zauberberg empfindet, würden wir wahrscheinlich die ständige Reproduktion von bekannten Symmetrien finden. Castorp glaubt zu verstehen, warum Tempelbaumeister der Vorzeit absichtlich und insgeheim Abweichungen von der Symmetrie in ihren Säulen angeordnet hatten. Die Vielfalt-Einigkeit − veeleenigheid, eine Wortschöpfung von Mondrian − die hingegen in der Kunst des 20. Jahrhunderts gestaltet werden sollte, nachdem die alten Normen zerbrochen waren, konnte nicht auf Prototypen zurückgreifen. Regelmaß und Symmetrien mußten konstruiert werden. Darin folgten die Künstler grundlegenden Mechanismen des Denkens, das zur Ordnung tendiert. Daß sie allerdings nicht den trivialen Gesetzmäßigkeiten der Alltagsanschauung folgten, muß nicht eigens begründet werden, zumal oftmals der Anspruch weiter bestand, einmalige Kunstwerke hervorzubringen.

Einmaligkeit im Zufall – ein radikales Gegenprinzip zur Symmetrie

Nehmt eine Zeitung. / Nehmt Scheren. / Wählt in dieser Zeitung einen Artikel von der Länge aus / die Ihr Eurem Gedicht zu geben beabsichtigt. / Schneidet den Artikel aus. / Schneidet dann sorgfältig jedes Wort dieses Artikels aus. / Gebt sie in eine Tüte. / Schüttelt leicht. / Nehmt dann einen Schnitzel nach dem anderen heraus. / Schreibt gewissenhaft ab / in der Reihenfolge, in der sie aus der Tüte gekommen sind. / Das Gedicht wird Euch ähneln. / Und damit seid Ihr ein unendlich origineller Schriftsteller mit / einer charmanten, wenn auch von den Leuten unverstandenen Sensibilität.

Sicher auch eine Brüskierung ist in dieser Anweisung zum Verfertigen von Gedichten gemeint. Tristan Tzara, gebürtig in Rumänien, im Schweizer Exil lebend und aktives Mitglied des 1916 in Zürich gegründeten Cabaret Voltaire propagierte jedoch damit ein radikal neues Prinzip der Kunstschöpfung: den Zufall. Hans Richter [4], dem wir eine ausführliche Beschreibung seiner Berührung mit den Dadaisten verdanken, bezeichnet das Zufallsprinzip als das Zentralerlebnis dieser revolutionierenden Kunstbewegung. Den Zufall zu akzeptieren heißt, die geplanten Ordnungen des gradlinigen Denkens außer Kraft zu setzen und Beziehungen aufzudecken, die außerhalb der gewohnten Kausalität stehen. Nicht die Symmetriestörung, sondern der Zufall bewirkt, daß jegliche Vorhersehbarkeit, jegliche Berechenbarkeit, die uns die ebenmäßig und harmonisch proportionierten Objekte erlauben, verlorengeht. Der Zufall ist das absolute Gegenprinzip zur Symmetrie, die vor allem in der Gestalt des achsensymmetrischen Spiegelbilds keinerlei Überraschung hervorruft. Und in unserem Denken, das so stark darauf ausgerichtet ist, Dinge und Ereignisse logisch, berechenbar und sinnvoll erscheinen zu lassen, versuchen wir, ihn zumindest dann rational aufzuklären, wenn der Anspruch (wie in der abendländischen Kultur) groß ist, mit den Mitteln einer individuellen Vernunft die Welt zu durchschauen. Wir scheuen nicht vor aberwitzigen Erklärungen zurück, um das Einmalige in eine Regel zu fassen, vorhersehbar zu machen: Schornsteinfeger bringen Glück.

In jener Radikalität, mit der ihn Tzara anordnete, nämlich durch den totalen Ausschluß eines kraft seiner Vernunft bewußt handelnden Subjekts, fand der Zufall denn auch bei den Züricher Dadaisten keine Verwendung. Die Schnitzel eines Bildes, die Hans Arp auf den Boden fallen ließ, um sie dann zu collagieren, waren noch immer seiner Kontrolle unterworfen, mag diese auch nur das blitzartige Aha-Erlebnis des Richtigen und Schönen gewesen sein. Zürich, wo die Psychologie von C. G. Jung die Luft schwängerte, war eher ein Ort, wo es nahe lag, an Denkformen zu glauben, die gegenüber den traditionellen Sichtweiten erweitert waren, aber doch an Ordnungen gebunden waren, wie immer außerhalb der gewohnten Kausalität. Solche alogischen, überraschenden Ordnungen wurden mehr und mehr respektiert. Denn an den Traumanalysen war ablesbar, daß außerhalb der Rationalität des Menschen in seinen unbewußten Tiefen magische Zonen vorhanden waren, die zu enträtseln oder einfach nur vorzuzeigen gerade auf dem Hintergrund der Jungschen Psychologie, die ein kollektives Unbewußtes kennt, mehr als nur einen subjektiven Sinn hatte. Der Verweis auf das Unbewußte als möglichen Ort eines anderen als den des gewohnten logischen Sinns taucht im Umkreis des Dadaismus auf und macht, wie immer von heftigen Krawallen und Schlägereien begleitet, seine spätere Integration in den Surrealismus verständlich. Die Suche nach einer Überrealität in den Tiefen des Unbewußten hatte begonnen, ehe sie von einer neu benannten Kunstrichtung in Manifesten beschworen wurde.

Der Zufall spielt denn auch in der zweiten Phase der surrealistischen Bewegung mit der Idee des objet trouvés eine große Rolle. Er wurde, und dies könnte die Hingabe an das psychoanalytische Vorbild des Traumwandelns verstärkt haben, bereits in den zehner Jahren theoretisch diskutiert. 1919 erschien ein Buch von Paul Kammerer, das mit seinem paradoxen Titel „Das Gesetz des Zufalls" darauf hinweist, daß möglicherweise sinnvoll von Gesetzen bestimmte Orte über oder neben der logisch überschaubaren Realität aufgefunden werden könnten. Konnten dies nicht bessere und schönere Orte sein als jene, in denen die Regeln der Logik galten? Die Erschütterungen des 1. Weltkriegs demonstrierten zur Genüge, daß der Welt der Rationalität kein Vertrauen geschenkt werden konnte.

„Soweit ist es nun tatsächlich mit dieser Welt gekommen / auf den Telegrafenstangen sitzen die Kühe und spielen Schach . . . .
Wille wau wau wau Wille wo wo wo wer weiß heute nicht
was unser Vater Homer gedichtet hat
ich halte den Krieg und den Frieden in meiner Toga aber ich / entscheide mich für Sherry Brandy Flip/
heute weiß keiner, ob er morgen gewesen ist
mit dem Sargdeckel schlägt man den Takt dazu."
Das „Ende der Welt" heißt dieses Gedicht von Richard Huelsenbeck, das auch darüber belehrt, daß es ein Ende haben muß mit den herkömmlichen Kunstäußerungen.
Füllest wieder Busch und Schloß,
pfeift der Rehbock, hüpft das Roß
(wer sollte da nicht blödsinnig werden).

War aber der Zufall jemals ein Prinzip europäischer Kunst? Zufall, der meint, daß außerhalb der geistigen Imagination des Menschen ein absolut Einmaliges, Unvorhergesehenes zu finden sei. Tzara gab wohl ein extremes Beispiel, aber dies entsprach seiner aktivistischen Neigung. Hugo Ball hat erschreckt reagiert. Er notierte: „Ich habe mich genau geprüft. Niemals werde ich das Chaos willkommen heißen." Die beiden von 1913 datierenden Errata musical von Marcel Duchamp haben im Kontext der Entwicklung und Einflüsse der amerikanischen Kunst eine geschichtliche Bedeutung erlangt, aber sie waren zunächst nur private Spielereien.

Vor allem an der Auseinandersetzung der europäischen Komponisten mit dem radikalen Zufallsprinzip von John Cage um 1960, einer Auseinandersetzung, die letztlich zu der absurden Idee — etwa bei Lutoslawski oder Boulez — eines determinierten Zufalls führte, wird deutlich, daß unser europäisches Verständnis von der zur Deutung der Welt geschaffenen Kunst — selbst wenn auf eine im Unbewußten schlummernde Intuition gehofft wurde — Ordnungen, Regeln, Symmetrien verlangt. Sie wäre sonst keine Sinnkonstruktion.

Wo der Zufall bedacht wurde, galt es ihn zu beherrschen, was durchaus die künstlerische Imagination beflügeln konnte. Dies demonstrierten aber nicht zum ersten Mal die Züricher Dadaisten. Hatte doch bereits Leonardo da Vinci empfohlen, auf bröckelndes Mauerwerk zu schauen, um durch diese zufälligen Konfigurationen die künstlerische Einbildungskraft zu stimulieren.

Unser Kunstverständnis ist Teil eines Weltverständnisses. Es ist (oder war?) begleitet vom Vertrauen auf eine Natur, von der Goethe sagte, sie bildet regelnd jegliche Gestalt. Die Kunst hatte sie darin noch an Vollkommenheit zu übertreffen. Die Maxime der Einmaligkeit, die im 18. Jahrhundert gesetzt wurde und bis zum heutigen Tage gilt, wurde — von ganz wenigen extremen Beispielen abgesehen — fast immer so verstanden, daß dieses Einmalige zugleich einer nachvollziehbaren Logik genügen müsse. Es folgte die Kunstproduktion einer grundsätzlichen geistigen Haltung, die die Erklärbarkeit aller Dinge voraussetzte und das Unvorhergesehene, Nicht-Berechenbare nur auf dem Hintergrund von Ordnungen als Regelverletzung duldete.

Zusammenfassung

Ich habe mich etwas der eingangs erwähnten Rolle des Kunstbetrachters widersetzt, der meist noch zusätzliche Ordnungen schafft, indem ich versucht habe, an der dem breiten Publikum eher verstörend chaotisch erscheinenden Kunst des 20. Jahrhunderts das Denken in Regeln zu betonen und für die gemeinhin harmonisch und symmetrisch erscheinenden klassischen Werke auf Symmetriestörungen hinzuweisen und am Ende meines Referats blieb die Frage offen, ob Symmetrien auch das Unvorhergesehene, Unberechenbare, das absolut Einmalige zum Ausdruck bringen können. Ist das Glück, so könnte man auch fragen, berechenbar?

Literatur

1. van Doesburg, Th.: Malerei und Plastik, De Stijl 75/76, 1926, zit. nach H. L. C. Jaffé, Mondrian und De Stijl, Köln 1967, S. 208
2. Garner, W. R.: Good Patterns have few Alternatives, American Scientist 58, 1970, 34–52
3. Marx, A. B.: Lehre von der musikalischen Komposition, 3. Bd. Leipzig 1838
4. Richter, H.: DADA – Kunst und Antikunst, Köln 1973
5. Riemann, H.: Große Kompositionslehre, 3 Bd., Berlin Stuttgart 1902/13, Band 2, S. 425
6. Taifel, H., Wilkes, A. L.: Classification and quantitative judgment, British Journal of Social Psychology 54, 1963, 101–114

Symmetrie im Chaos
Selbstähnlichkeit in komplexen Systemen

Heinz-Otto Peitgen

> "Chaos is the score upon which reality is written"
> Henry Miller

Prolog

Der offene Widerspruch im ersten Teil mildert sich auch dann nicht – ich hoffe erst recht nicht –, wenn man erfährt, daß unser Stoff aus Mathematik gemacht ist. Allerdings einer nicht ganz vertrauten Mathematik, der *experimentellen Mathematik*. Es scheint allerdings, daß wir mit dieser Feststellung gleich noch einen zweiten Widerspruch abzutragen haben, denn ist Mathematik nicht seit jeher synonym für das Antiexperimentelle?

Tatsächlich bedingen sich Chaos und experimentelle Mathematik, d. h. erst experimentelle Methoden haben Ordnung und Symmetrie im Chaos zutage gefördert. Typisch für experimentelle Wissenschaften sind Apparate, Messungen, Laboratorien und deshalb fast immer auch ein hoher Finanzbedarf. Experimente zwingen zu Kooperation und Realitätsnähe. In einem hervorragenden Experimentator ist die exzellente Durchdringung seiner Disziplin in der Regel komplementiert durch eine Palette von extremen kulturellen Fertigkeiten: beobachten, entwerfen, organisieren, planen, durchführen, koordinieren, finanzieren etc. So kreierte sich in den Experimentalwissenschaften ein Wissenschaftlertypus, der in der Mathematik relativ unbekannt ist.

Nicht, daß in der Mathematik das Experiment keine Rolle spielte. Mathematikproduktion ist seit jeher eng verknüpft mit sehr kunstfertigem *Gedankenexperimentieren*. Doch erst in den letzten Jahren bauen Mathematiker sich ihre Laboratorien und eröffnen mathematischer Forschung völlig neue, in vieler Hinsicht revolutionäre Perspektiven. D. R. Hofstadter, Autor des Bestsellers „Gödel, Escher, Bach", schreibt in „Spektrum der Wissenschaft" (Jan. 82): *In der Seefahrt, der Astronomie und auch der Elementarteilchenphysik gab es goldene Zeitalter, in denen sich Neuentdeckungen häuften, und vielleicht erleben wir gerade das goldene Zeitalter der experimentellen Mathematik.* Selbstverständlich steht ein beträchtlicher Teil der mathematischen Gemeinschaft den euphorischen Apologeten der neuen Möglichkeiten mit gesunder Skepsis gegenüber. Jedoch sind die Würfel längst gefallen. Wie Pilze schießen in den fortschrittsgläubigen USA Laboratorien aus dem auch dort eher grundständigen Mathematikboden und zu überzeugend sind die ersten bahnbrechenden Erfolge dieser noch so jungen Experimentierkunst.

Entscheidend für die Möglichkeit solcher Laboratorien ist neben dem immer noch steil ansteigenden Leistungsvermögen der Computer – bei gleichzeitigem Preisverfall – die Verfügbarkeit von computergrafischen Hilfsmitteln: spezielle Grafikprozessoren, hochauflösende Displays, Filmrecorder etc. Es wird den Leser nicht überraschen, daß ein mathematisches Experiment auf dem Computer für den Experimentator zunächst nichts als Zahlen hinterläßt. Diese Form der Registration von *Messungen* am mathematischen System, so natürlich und angemessen sie zunächst scheinen mag, begrenzte – z.B. alleine durch ihre gerade noch interpretierbare Anzahl – vielfach die Möglichkeiten in wahrhaft komplexe Systeme experimentell vorzustoßen. Erst die Codierung von Messungen in grafischer Form (Grauwert, Farbe) und ihre Repräsentation durch Bilder kreiert eine neue Situation im Hinblick auf das Studium eines komplexen Systems. Das grafische Experiment erlaubt neben der Hervorhebung wesentlicher Eigenschaften erstmals die Visualisierung gedanklicher Konstrukte ungesehener Komplexität. So werden mathematische Welten von hinreißender Ästhetik, die bisher nur von wenigen Wissenschaftlern alleine in gedanklicher Durchdringung erschlossen wurden, auch Laien zugänglich. Dadurch wächst der Mathematik ein Medium großer Reichweite zu, die allgemein in der Gesellschaft verbreitete Distanz zu und Distanzierung von Mathematik wenigstens zum Teil – und wenn nur durch Teilnahme am ästhetischen Genuß – zu überwinden.

Indem die grafische Codierung selbst in vieler Hinsicht willkürlich ist, gibt es nicht *ein* Bild zu *einem* Experiment, sondern durchaus sehr viele wesentlich verschiedene Repräsentationen bis hin zu künstlerischen Rezeptionen. Grafisches Experiment und implizierter Spielraum eröffnen neue Wege, mathematische Durchdringung durch visuelle und intuitive Kräfte des Verstehens zu komplementieren, ohne mathematische Strenge aufzugeben. Diese neuen Möglichkeiten sind in mehrfacher Hinsicht eine große Herausforderung an die Mathematik, an der sie weiter wachsen und viel von ihrem Stigma ablegen kann. Schließlich wird man sich in Zukunft wieder mehr daran gewöhnen müssen, daß wesentliche Entdeckungen – wie noch im letzten Jahrhundert – von Nichtmathematikern gemacht werden. In diesem Sinne wird Mathematik endlich die Exklusivität wieder verlieren, die leider manche Mathematiker bewußt kultivieren und die das gesellschaftliche Mißverständnis über Mathematik nur unnötig stimulieren.

Chaos und der Lorenzattraktor

Der Begriff *Chaos* wurde 1973 von dem amerikanischen Mathematiker James A. Yorke in eine mathematische Diskussion eingebracht. Die Absicht war, solchen dynamischen Systemen – also Prozessen, die sich in der Zeit entfalten – einen Namen zu geben, die sich unendlich komplex, wie zufällig – gewürfelt –, im Prinzip zwar berechenbar, aber praktisch doch unberechenbar entwickeln. Solche Systeme – z. B. Wettermodelle, turbulente Strömungen, Herzflimmern – waren zwar seit langem bekannt, wurden aber von den Theoretikern weitgehend ignoriert. Erst eine zunächst sehr merkwürdige Entdeckung des amerikanischen Meteorologen Edward Lorenz im Jahre 1962 brachte den Stein ins Rollen [L]. Merkwürdig deshalb, weil die Konsequenz seiner Entdeckung dem damaligen Mathematikbild widersprach. Denkwürdig deshalb, weil die Entdeckung einen Computer voraussetzte, wie ein Auto einen Motor und damit vielleicht zum erstenmal klarmachte, daß Mathematik durch Computerexperimente wesentlich bereichert werden konnte. U. Deker und H. Thomas schreiben in „Bild der Wissenschaft" (1, 1983): *Eine wissenschaftliche Revolution hält zur Zeit die Naturwissenschaften in Atem. Tiefverwurzelte und liebgewonnene Vorurteile über die Berechenbarkeit der Welt werden ihr wohl zum Opfer fallen. Überraschend ist, daß diese Revolution nicht – wie sonst in den letzten Jahrzehnten – Vorgänge in kosmischen oder submikroskopischen Dimensionen betrifft, sondern Phänomene, die unseren Sinnen unmittelbar zugänglich sind.* Die Lorenzsche Pioniertat hat einen gewissen Hintergrund in der Hydrodynamik und der Theorie der Wettermodelle. Wir wollen nun den Kern dieser Geschichte machenden Entdeckung, die inzwischen zu dem Paradigma für *deterministisches Chaos* geworden ist, kurz referieren.

Lorenz studierte das Langzeitverhalten der Lösungen eines scheinbar völlig harmlosen Systems von Differentialgleichungen, die in sehr grober Weise die Strömung einer Flüssigkeit in einer Zelle, die von außen erwärmt wird, modellieren sollten:

$$\dot{x}(t) = s(y(t) - x(t))$$
$$\dot{y}(t) = r x(t) - y(t) - x(t) z(t) \qquad (1)$$
$$\dot{z}(t) = x(t) y(t) - b z(t).$$

Dabei beschreiben $x(t)$, $y(t)$, $z(t)$ die Koordinaten eines Punktes in einem Raum zur Zeit t und $s = 10$, $b = 8/3$, $r = 28$ sind gewisse hydrodynamische Konstanten. Tatsächlich beschreiben x, y und z einen künstlichen mathematischen Raum, der strenggenommen nicht mit dem uns umgebenden Raum verwechselt werden darf (x beschreibt die Konvektionsströmung und y (bzw. z) messen die horizontale (bzw. vertikale) Temperaturverteilung). Da wir aber nicht voraussetzen wollen, daß der Leser mit dem Formalismus und der elementaren Theorie von Differentialgleichungen vertraut ist, stelle man sich einfach vor, daß (1) ein *Kraftfeld* beschreibt. Bringt man eine punktförmige Probe an irgendeinen frei gewählten Ort (= Anfangsbedingung) in das Feld ein, so beschreibt (1) im Prinzip nur, auf welcher Bahn sich die Probe im Laufe der Zeit t bewegen wird. In diesem Sinne ist (1) einfach das Bewegungsgesetz einer Probe zu allen möglichen Anfangsbedingungen. Tatsächlich entspricht (1) einem Bewegungsgesetz in dem – gewissermaßen durch Reibung – ständig Energie verloren geht, deren Verlust aber – ähnlich wie die Sonne auf unserer Erde die Kreisläufe von Wasser und Luft in Gang hält – durch einen äußeren Antrieb immer wieder kompensiert wird. Intuitiv erwartet man, daß die Bewegung einer Probe nach langer Zeit in einen einfachen End-Dauerzustand einmündet. Man sagt, das System läuft in einen *Attraktor* oder *die*

Dynamik hat einen Attraktor. Als mögliche Endzustände sind uns *Ruhelagen = Punktattraktoren* (die Bewegung kommt in einem Gleichgewicht zwischen Reibung und äußerem Antrieb zum Stillstand) oder *zyklische Attraktoren* (die Bewegung mündet in eine zyklische Bahn ein) gut vertraut. Lorenz fand aber in seinen Computerexperimenten einen ganz anderen und völlig fremden Befund vor. Die Bewegung kam auch nach langer Zeit niemals zur Ruhe, sondern hinterließ in einer bildlichen Darstellung stets eine Spur ähnlich der Plot 1, in der man zwei Blätter von spiraligen Kurven zu sehen scheint. Plot 1 gibt ein Bild des sogenannten *Lorenzattraktors,* der – zwar seit einem Vierteljahrhundert bekannt – immer noch in vieler Hinsicht den Mathematikern Rätsel aufgibt. Inzwischen sind in zahlreichen mathematischen Systemen sowie Phänomenen quer durch die Naturwissenschaften sogenannte *chaotische Attraktoren* nachgewiesen worden, von denen man glaubt, daß sie seit langem offene Probleme, wie z. B. das Problem der Turbulenz, klären können.

Die Symmetrie in Plot 1, die übrigens einer einfachen Symmetrie von (1) entspricht (wenn $x(t)$, $y(t)$, $z(t)$ eine Bahn ist, die (1) genügt, so offenbar auch $-x(t)$, $-y(t)$, $z(t)$), verbirgt den chaotischen Charakter der Bewegung eines Punktes entlang einer typischen Bahn. Die Linien zeigen, wie die Bewegung verläuft, wenn man sie über längere Zeit verfolgt. Ein Beobachter der Bewegung würde registrieren, daß eine typische Bahn immer wieder von einem Blatt in Plot 1 zu dem anderen Blatt in Plot 1 wechselt. Vor einem Wechsel spiralt die Bahn jeweils um das Zentrum des jeweiligen Blattes. In diesem Sinne gleicht die Bewegung dem Verhalten einer Fliege in einem

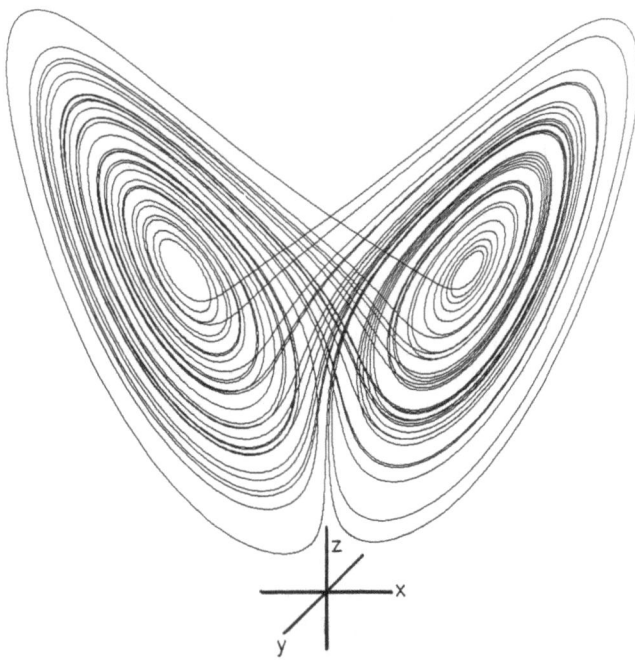

Plot 1. Lorenzattraktor

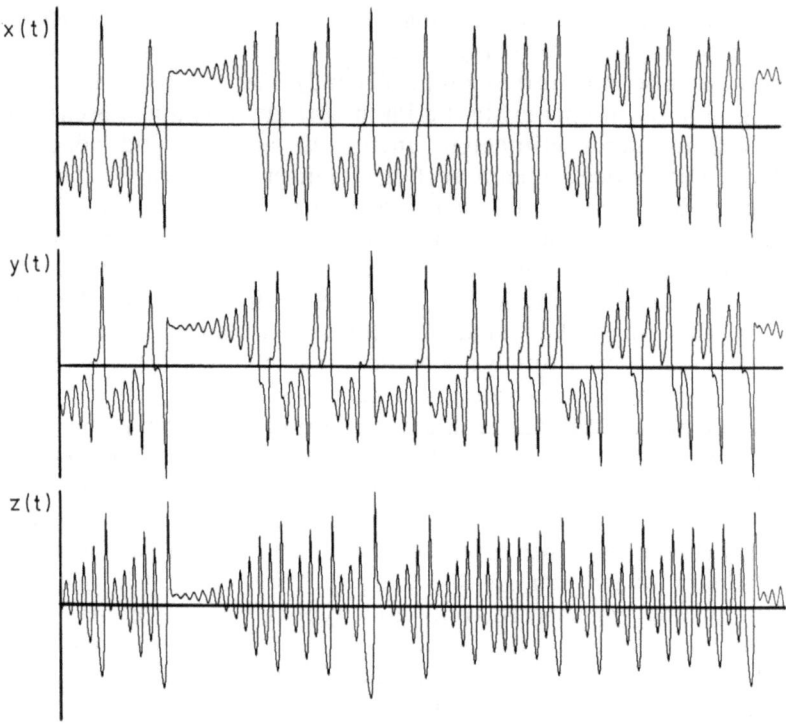

Plot 2. Entwicklung von *x*, *y* und *z* in der Zeit

Raum mit zwei Lampen. Für eine Weile kreist sie um die eine Lampe, nach unvorhersagbarer Zeit um die andere, dann wieder um die erste und so fort in unregelmäßigem Wechsel. Registriert man die Anzahl der Umkreisungen einer bestimmten Bahn um ein Zentrum vor dem jeweiligen Wechsel, so ergibt sich eine Zahlenfolge, die wie gewürfelt scheint. Zum Beispiel 3, 7, 156, 1, 3456, 23, 5, 68, ... Verfährt man genauso mit einer Bahn, die ihren Ursprung (Anfangswert) sehr nahe bei der ersten hat, so erhält man etwa die Folge 3, 5, 149, 15, 507, 287, 32, 17, ... Mit anderen Worten: Bahnen, die ungefähr den gleichen Ursprung haben, entwickeln sich in kurzer Zeit völlig unabhängig und unterschiedlich. Gleichzeitig halten sich jedoch alle Bahnen an das grobe symmetrische Muster von Plot 1, d. h. das System wird immer wieder vor die Alternative gestellt, sich für *rechts* oder *links* zu entscheiden, und immer wieder wird diese Entscheidung durch Kleinigkeiten beeinflußt. In diesem Sinne gleicht der Lorenzattraktor einem Schicksal mit Scheidewegen, an die der Lebenslauf in unregelmäßiger Folge zurückführt. In dieser bemerkenswerten Eigenschaft liegt die paradigmatische Botschaft des Lorenzattraktors. Trotz strengen Determinismus – hier sogar in Form einer einfachen Gesetzmäßigkeit (1) – sind Bewegungsbahnen *praktisch* unberechenbar. Denn bei jeder praktischen Berechnung sind kleinste Fehler prinzipiell unvermeidbar (z. B. führt jeder Computer nur endlich viele Stellen für die Darstellung von Zahlen). Solche kleinsten Abweichungen haben kurzfristig nur einen kaum merkbaren Effekt, führen aber alsbald zu dramatischen Abweichungen. Dies ist genau das Dilemma der Wettervorhersage. Noch in den 60er Jahren war man überzeugt, daß irgendwann eine langfristige Wetterprognose möglich werden würde, wenn man nur ein genügend dichtes Netz von Wetterstationen auf der Erde verteilt hätte und eine hinreichend große Rechnerleistung verfügbar wäre. Indem Mechanismen ähnlich dem des Lorenzattraktors für Wetter typisch sind, ist dieser Wunsch ein unerfüllbarer Traum. Lorenz selbst spricht von dem Flügelschlag eines Schmetterlings, der genügt, um die Wetterbildung nachhaltig zu beeinflussen.

Plot 2 entspricht einer vertrauten Messung an einem natürlichen chaotischen System, etwa an einer turbulenten Strömung und gibt so einen unmittelbaren Eindruck von dem chaotischen Verlauf auf dem Attraktor. Sie zeigt für eine typische Bahn die zeitliche Entwicklung der drei räumlichen Koordinaten $x(t)$, $y(t)$ und $z(t)$. Man sieht eine Entwicklung, die eher für ein verrauschtes Signal typisch scheint und die in dieser Form recht vertraut ist. Das führt zu der Frage, warum denn über so lange Zeit trotz hochentwickelter experimenteller Methoden in den Naturwissenschaften keine chaotischen Attraktoren beobachtet wurden? Wir hatten schon erwähnt, daß die Existenz chaotischer Attraktoren eigentlich kontraintuitiv war und deshalb nicht gesucht wurde. Ein anderer Grund liegt aber darin, daß es in einem komplexen natürlichen System zunächst unüberschaubar viele gleichberechtigte Freiheitsgrade zu geben scheint, die einen entsprechend hochdimensionalen Raum festlegen, in dem das System mathematisch lebt und in dem sich – wenn überhaupt – erst ein chaotischer Attraktor manifestieren kann. Chaotische Attraktoren – und damit Ordnung und Symmetrie im Chaos – schlummern also in einer verborgenen, an sich unsichtbaren Welt und können nur durch mathematische Analyse vereint mit Computergrafik *gesehen* werden.

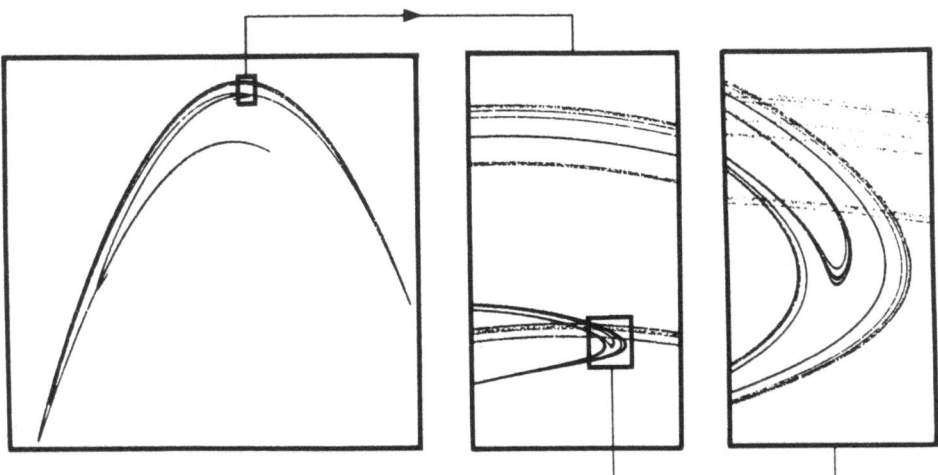

Plot 3. Chaotischer Attraktor und zwei Vergrößerungen

Plot 4a–d

Fraktale Struktur des Lorenzattraktors

Die chaotische Dynamik ist aber nur eine von vielen charakteristischen Eigenschaften des Lorenzattraktors oder allgemein von chaotischen Attraktoren. Eine andere ist seine *fraktale Struktur*. Verfolgen wir statt einer einzelnen Bahn gleich einen ganzen Schwarm für lange Zeit, so wird an den Scheidewegen ein Teil nach rechts gehen, ein anderer nach links; der Rest wird sich nicht gleich entscheiden können und überlegt sich die Sache. Der Schwarm wird dabei in die Länge gezogen, sein Zentrum hängt für eine Weile an der Weggabel fest. Nach mehr oder weniger ausgedehntem Ausflug über den Attraktor kehren rechter und linker Flügel des Schwarms an den Scheideweg zurück und jeder teilt sich erneut.

Plot 4. Verschiedene chaotische Attraktoren, © J. A. Yorke and C. Grebogi

An den Nachzüglern der ersten Runde vorbei laufen nun die schnell Entschlossenen des zweiten Durchgangs – in jede Richtung eine zweite Schicht. Längst hat der Schwarm seine ursprüngliche Form verloren, doch weiter geht dasselbe Spiel: in jeder Runde eine neue, immer dünnere Schicht, deren Zentrum am Scheidepunkt festhakt.

Als Schwarm von Punkten, dem dieses Kneten widerfährt, können wir uns insbesondere den ganzen chaotischen Attraktor vorstellen. Wir ahnen dann vielleicht etwas von seiner äußert delikaten Struktur. Plot 3 zeigt einen anderen chaotischen Attraktor und zwei aufeinanderfolgende Ausschnittsvergrößerungen. Die Schichtung ist hier besonders deutlich zu sehen. Besonders auffällig ist zudem, daß diese Schichtstruktur bei Vergrößerung in ähnlicher Form wiederkehrt. Man nennt diese typische Eigenschaft der chaotischen Attraktoren ihre *Selbstähnlichkeit* oder *Sklaveninvarianz:* auf jeder Skala der Vergrößerung der gleiche Anblick. Darin liegt nun, wenn auch auf etwas subtile Weise, eine Regelmäßigkeit (Symmetrie), die man ausnutzen kann, um einen chaotischen Attraktor etwas besser zu charakterisieren. Zu diesem Zweck schreibt man ihm eine *Dimension* zu, die in der Regel keine ganze Zahl ist. Im Falle des eben betrachteten Attraktors liegt diese Dimension zwischen 1 und 2: offenbar hat er weniger als zwei Dimensionen, denn seine Punkte überdecken keine Fläche; andererseits löst sich jede scheinbare Linie bei Vergrößerung in mehrere Linien auf. Man nennt Objekte mit derart nicht-ganzzahliger Dimension nach Benoit B. Mandelbrot Fraktale [M]. Der Lorenzattraktor hat eine Dimension zwischen 2 und 3. Die Experimente in Plot 4 zeigen weitere Beispiele von chaotischen Attraktoren, die ein gutes Bild von Selbstähnlichkeit und verborgenen Symmetrien geben.

Die Mandelbrotmenge

Eine zweite computergrafische Entdeckung, die neben der Lorenzschen aus einer wahren Flut von experimenteller Arbeit der letzten Jahre herausragt und noch prägnanter eine Brücke von Chaos zu Symmetrie spannt, brachte Benoit B. Mandelbrot − der Vater der fraktalen Geometrie − ans Licht der Welt. Das heute nach ihm benannte Objekt ist vielleicht eines der komplexesten mathematischen Gebilde überhaupt und hat seit seiner Entdeckung im Jahre 1980 einige Furore in der Mathematik gemacht. Heute weiß man, daß seine Gestalt und seine Deutungen von universeller Bedeutung für komplexe dynamische Systeme sind. Trotzdem ist es nicht wenig überraschend, daß die Mandelbrotmenge − ein Objekt tiefer mathematischer Forschungsanstrengung − im wahrsten Sinne des Wortes auch zu einer populären Erscheinung weit über die Mathematik hinaus geworden ist. Gibt es einen schöneren Beweis für die Kraft und die Bedeutung von Bildern?

Plot 5 zeigt eines der ersten authentischen Experimente von Mandelbrot (1980) (vgl. [M]). Plot 6 ist ein Experiment von J. Milnor (1985), welches uns schon einen vollständigeren Anblick der Mandelbrotmenge zu bieten scheint. In Wahrheit ist aber Plot 6 etwa so unvollständig, wie die Fotografie eines Lebewesens wenig von seiner inneren Komplexität verrät. Erst wenn man fortgesetzte Vergrößerungen der Mandelbrotmenge betrachtet, erscheinen Strukturen jenseits der Phantasie durchmischt mit Formen, vertraut aus belebter und unbelebter Natur, reich an Symmetrien jeder Art. Fokussiert man die Vergrößerungen an bestimmten Stellen und taucht in immer größere Tiefen, passiert man endlos neue Formen, in die dann und wann eine perfekte Kopie der Mandelbrotmenge selbst unvorstellbar kunstvoll eingearbeitet erscheint. In diesem Wechselspiel von Selbstähnlichkeit und Nichtselbstähnlichkeit vermittelt die Mandelbrotmenge auch als Fraktal eine neue Dimension von Komplexität.

In einem schier unbegreifbaren eigentlich grotesken Gegensatz zu dieser im wahrsten Sinne des Wortes unendlich fein und vielfach gesponnenen Komplexität steht die Simplizität des sie erzeugenden Mechanismus

$$x_{n+1} = x_n^2 + c, \qquad (2)$$

den wir nun erläutern wollen. Ähnlich wie (1) ist auch (2) ein dynamisches Gesetz, ein Bewegungsgesetz, nur daß jetzt die Uhr nicht mehr kontinuierlich abläuft, sondern in festen Einheiten tickt. Dies wird durch die Indizes n bzw. $n+1$ deutlich, d.h. der Zustand x_{n+1} zum Zeitpunkt $n+1$ berechnet sich einfach aus dem Zustand x_n zum Zeitpunkt n durch Quadrieren und Addieren einer fest gewählten Konstanten c. In diesem Sinne ist (2) der Prototyp einer einfachen mathematischen Rückkopplung − ein mathematischer Ausdruck wird immer wieder mit seinem eigenen Ergebnis gefüttert −, die uns beispielsweise aus der Verzinsung eines Kapitals x_n bei Zinssatz p, $x_{n+1} = (1+p)x_n$, gut vertraut ist.

Rückkopplung (2) gibt zu drei verschiedenen Typen von Experimenten Anlaß, von denen eines schließlich die Mandelbrotmenge abbildet.

Symmetrie im Chaos – Selbstähnlichkeit in komplexen Systemen

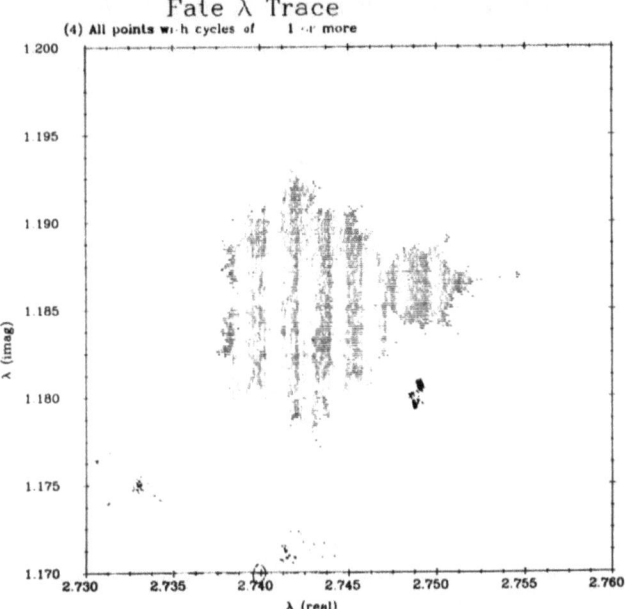

Plot 5. Vergrößerung einer sekundären Mandelbrotmenge, © B. B. Mandelbrot (1980)

Plot 6. Mandelbrotmenge, © J. Milnor (1985)

1. Experiment: Umschlag von Ordnung in Chaos

Das Gesetz (2) erlaubt eine bemerkenswerte Interpretation als Wachstumsgesetz für eine ideale Population in einem begrenzten Lebensraum. Setzt man nämlich

$$x_n = 1/2\,(1 + KN) - K p_n \quad \text{und} \quad c = (1 - K^2 N^2)/4,$$

so erhält man für p_n das Gesetz

$$p_{n+1} = p_n + p_n K (N - p_n), \tag{3}$$

oder durch Umformung

$$(p_{n+1} - p_n)/p_n = K (N - p_n). \tag{4}$$

Dabei ist p_n die Größe der Population nach n Jahren, $(p_{n+1} - p_n)/p_n$ — wie üblich — die Wachstumsrate, N die maximal mögliche Populationsgröße und K ist ein Wachstumsparameter. In dem man nach P. Verhulst (1845) die Wachstumsrate durch $K(N - p_n)$ modelliert, wird die jeweils aktuelle Wachstumsrate um so kleiner, je näher p_n an N heranwächst. Damit sollte man erwarten, daß sich unabhängig von der Anfangspopulation p_0 die p_n — berechnet nach (3) — für große n dem Wert N nähern, d. h. N verhält sich für die Dynamik wie ein Punktattraktor.

Das Periodenverdopplungsscenario

Plot 7 zeigt die langfristige Entwicklung der p_n (vertikal abgetragen) für festes N und variierendes K (horizontal abgetragen). Für K klein münden die p_n tatsächlich in N ein (über dem entsprechenden K-Wert ist N abgetragen). Überschreitet K allerdings eine bestimmte Grenze, so münden die p_n in ein stabiles oszillatorisches Verhalten, in dem die Population von Jahr zu Jahr zwischen zwei Größen alterniert. Man spricht von einem 2er Zykel. Entsprechend sind jetzt über dem zugehörigen K-Wert zwei Punkte abgetragen. Vergrößert man K weiter, bleibt dieses zyklische Verhalten dominant, bis bei einem weiteren kritischen K-Wert nun 4er Zykel das Wachstumverhalten charakterisiern. Bei weiterer Erhöhung von K entstehen dann stabile 8er, 16er, 32er, 64er ... Zyklen. Man spricht von *Periodenverdopplung*. Tatsächlich kommt jede 2er Potenz — 2^m — als stabiler Zykel vor. Allerdings fällt die Länge δ_m des K-Bereichs, in dem ein 2^mer Zykel existiert und die natürlich noch von N abhängt, mit wachsendem m gegen null.

Die Abfallrate δ_{m-1}/δ_m ist für sehr große m zum erstenmal 1977 von den deutschen Physikern S. Großmann und S. Thomae zu $\delta = 4.669...$ berechnet worden und von dem amerikanischen Physiker M. Feigenbaum (1978) stammt die folgenreiche, zunächst rein experimentelle Entdeckung, daß diese Zahl δ universell ist. Das heißt, sie hängt nicht von dem speziellen Gesetz (3) bzw. (2) ab, sondern hat in einer Reihe von anderen Rückkopplungen den gleichen Wert. Insbesondere ist sie für die Rückkopplung (3) unabhängig von N. Inzwi-

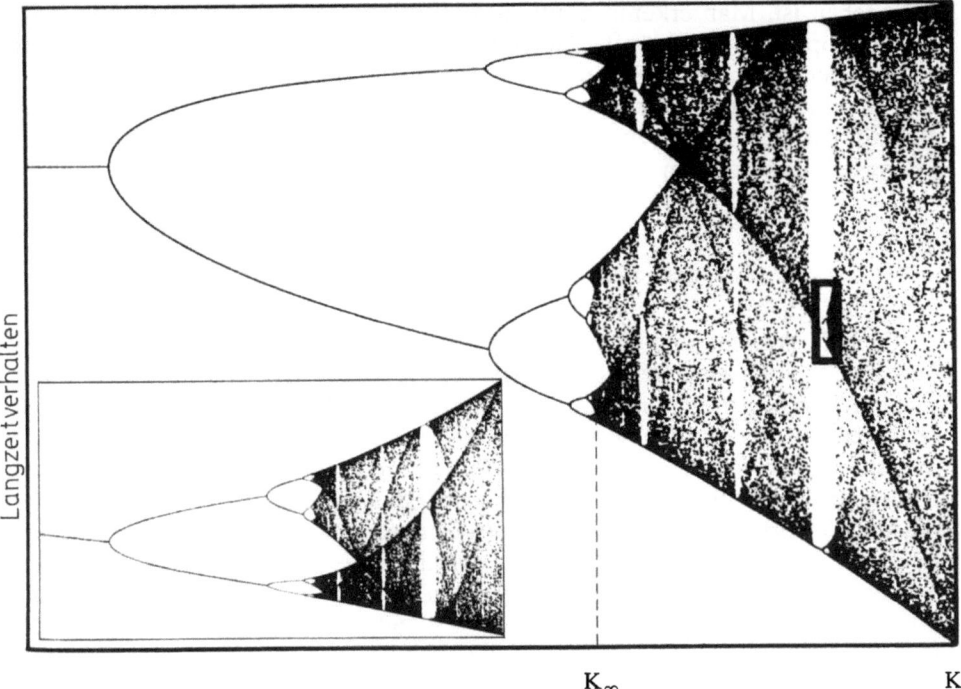

Plot 7. Umschlag von Ordnung in Chaos über Periodenverdopplung

schen ist die sogenannte Feigenbaum-Universalität rigoros verstanden worden und hat sich als Schrittmacher vieler neuer Ansätze in der Physik etabliert.

Am Ende der Periodenverdopplung nahe $K_\infty = 2.5699\ldots/N$ tritt bei weiterer vorsichtiger Erhöhung des Kontrollparameters K eine neue Situation ein: Auch nach langer Zeit (d.h. für sehr große n) stellt sich in der Entwicklung der p_n keine zyklische Oszillation mehr ein. Vielmehr vollzieht sich die Entwicklung wie gewürfelt, d.h. chaotisch. Dies äußert sich in Plot 7 so, daß jetzt über dem entsprechenden K-Wert eine Punktverteilung abgetragen ist, die den Werten von p_n für einige hundert Generationen entspricht. Diese Punktverteilungen verbreitern sich bandartig, bis sie schließlich eine maximale Breite erreichen. Für diesen K-Wert generiert die Rückkopplung (3) Werte für p_n, die zwischen 0 und einem Maximum größer als N zufällig verteilt scheinen. Der Schwellwert K_∞, der das periodische von dem chaotischen Regime trennt, heißt Feigenbaumpunkt.

In den chaotischen Bändern erkennt man deutlich gewisse Fenster, die wiederum stabile Populationszykel einer bestimmten Periode beschreiben. In dem besonders ausgeprägten Fenster für einen stabilen 3er Zykel haben wir einen kleinen Rahmen eingeblendet, dessen Vergrößerung links unten in Plot 7 wiedergegeben ist. Man erkennt deutlich, daß dieser 3er Zykel wieder eine Periodenverdopplung durchläuft. Dieses phantastische Prinzip von Selbstähnlichkeit – oder verborgener Symmetrie – findet sich in jedem Fenster von Plot 7 und allen ihren Vergrößerungen und gibt einen ersten Eindruck von der Komplexität des Umschlags von Ordnung (= stabiles zyklisches Verhalten) in Chaos bei Variation von K.

Symmetrie im Umschlag von Ordnung in Chaos

Globale Ansicht und eingeblendete Ausschnittvergrößerung in Plot 7 enthüllen aber auch eine bemerkenswerte Symmetrie von zyklischem und chaotischem Regime, die zuerst von S. Großmann und S. Thomae in Marburg beobachtet wurde. Ähnlich wie dem periodischen Regime ist dem K-Bereich, in dem Chaos vorherrscht, eine Baumstruktur aufgeprägt. Deutlich erkennt man eine Bandstruktur: 2^m kleine Chaosbänder verschmelzen zu 2^{m-1} größeren und so fort, bis schließlich nur *ein* Chaosband übrigbleibt. Aufeinanderfolgende Bandverschmelzungspunkte definieren – ähnlich den K-Bereichen mit stabilen 2^mer Zyklen – eine Folge von Längen Δ_m im K-Bereich, für die mit wachsendem m gilt: $\Delta_{m-1}/\Delta_m \to \delta = 4.669...$ Das heißt für fallendes K findet ein Übergang von Chaos nach Ordnung statt, der dem gleichen universellen Gesetz gehorcht wie der Übergang von Ordnung nach Chaos.

Inzwischen ist in vielen natürlichen Systemen (Hydrodynamik, chemische Reaktionsoszillationen, elektrische Oszillatoren, Herzflimmern), die bei Variation eines Kontrollparameters in Chaos umschlagen, dieser Fahrplan genau bestätigt worden. In diesem Sinne gilt (2) bzw. (3) heute als das Paradigma für den Übergang von Ordnung in Chaos.

2. Experiment: Juliamengen

Das zweite Experiment stützt sich wieder auf die Rückkopplung (2). Es könnte natürlich genauso für (3) durchgeführt werden, da (2) und (3) äquivalent sind. Jetzt interpretieren wir allerdings x_n und c als Punkte in der *Gaußschen Zahlenebene*. Das heißt $x_n = (a_1, a_2)$ markiert einen Punkt in der Ebene mit den Koordinaten a_1 und a_2. Das dynamische Gesetz (2) beschreibt nun einfach, wie man aus einem gegebenen Punkt x_n den nächsten x_{n+1} berechnet und so eine Folge von Punkten in der Ebene erzeugt, die man sich als stroboskopische Stationen einer Bewegung vorstellen darf. Wer genau nachrechnen möchte, wird die folgende einfache Arithmetik nützlich finden:

Quadrieren und addieren rechnet sich in Koordinaten:

$$(a_1, a_2)^2 = (a_1^2 - a_2^2, 2a_1 a_2), \quad (a_1, a_2) + (b_1, b_2) = (a_1 + b_1, a_2 + b_2).$$

Nun wählt man zunächst c fest (natürlich repräsentiert auch c einen Punkt der Ebene) und wertet die Rückkopplung (2) für verschiedene Wahlen von Anfangswerten x_0 aus. Für jede Wahl eines Anfangswertes gibt es die folgende einfache Alternative:

Symmetrie im Chaos – Selbstähnlichkeit in komplexen Systemen

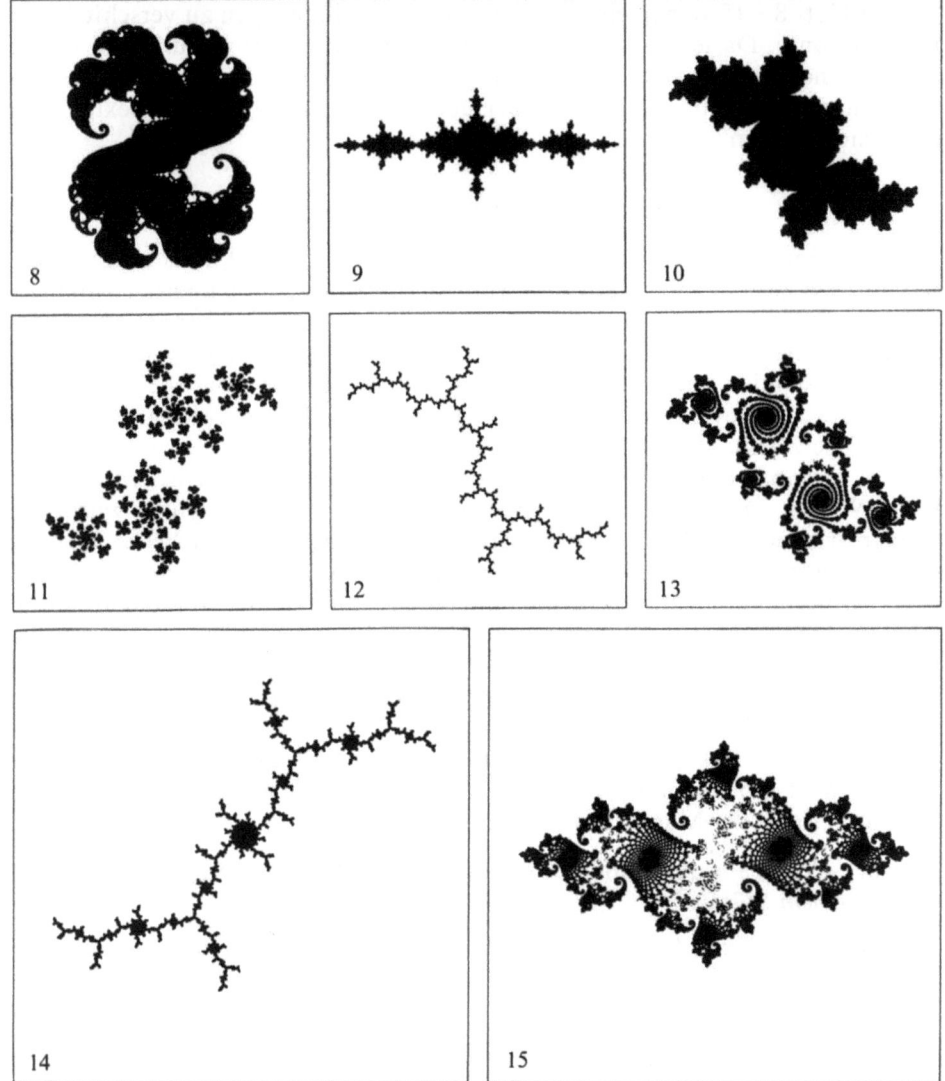

Plot 8–15. Typische Juliamengen

Entweder die Folge $\{x_0, x_1, x_2, \ldots\}$ verläßt jeden Kreis um 0 (=unbeschränkt) oder sie bleibt in einem bestimmten Kreis um 0 für alle n (= beschränkt).

Wählt man z. B. $c = 0$, so rechnet man leicht nach, daß für alle $x_0 = (a_1, a_2)$ mit $a_1^2 + a_2^2 > 1$ die erste Alternative gilt, während man für Anfangswerte mit $a_1^2 + a_2^2 \leq 1$ die zweite Alternative erhält. Färbt man nun alle Anfangswerte x_0 als Punkte der Ebene schwarz, die zu der zweiten Alternative führen, so erhält man ein Bild, das man die *ausgefüllte Juliamenge* K_c von (2) zu dem fest gewählten c nennt. Für $c = 0$ ist K_c offenbar die Kreisscheibe um den Nullpunkt mit Radius 1.

Die Plots 8–15 zeigen eine Auswahl solcher Juliamengen zu verschiedenen Wahlen von c. Da jeder Wert von c ein Bild festlegt, gibt es zu jedem Punkt einer Ebene von c-Werten genau ein Bild, also unendlich viele. Gibt es ein Ordnungsprinzip hinter dieser unübersehbaren Vielfalt und Komplexität von möglichen Bildern?

3. Experiment: Die Mandelbrotmenge

Noch einmal, um die Rückkopplung $x_{x+1} = x_n^2 + c$, $n = 0, 1, 2, 3, \ldots$ zu starten, müssen zwei Wahlen getroffen werden, die Konstante c und der Anfangswert x_0. Dann kann die Maschine laufen. Für das zweite Experiment (Juliamengen) hatten wir stets c fixiert und x_0 über eine ganze Ebene variieren lassen. So entstanden unendlich viele Bilder, indem z.B. für jedes diejenigen Anfangswerte x_0 schwarz gefärbt wurden, für die die Rückkopplung beschränkt blieb. Eine zweite Möglichkeit, die Rückkopplung $x_{n+1} = x_n^2 + c$ auszuwerten, besteht offenbar darin, den Anfangswert x_0 zu fixieren und c in einer Ebene von c-Werten zu variieren. Diese Interpretation der Rückkopplung würde im Prinzip wieder unendlich viele Experimente nahelegen, nämlich für jedes x_0 eins. Tatsächlich ist aber nur das Experiment zu $x_0 = 0$ interessant. Es bringt eine verblüffende Ordnung in die unendliche Vielfalt der Juliamengen K_c. Ähnlich wie für diese prüft man nun mit $x_0 = 0$ für verschiedene Wahlen von c nach, ob die Rückkopplung beschränkt bleibt oder unbeschränkt wird. Färbt man alle c-Werte schwarz, die zur ersten Alternative gehören, erhält man ein Bild der Mandelbrotmenge wie in Plot 6.

Was ist nun das angekündigte Ordnungsprinzip? Erinnern wir uns: Für jeden c-Wert gibt es eine Juliamenge K_c. Juliamengen zu c-Werten innerhalb bzw. außerhalb der Mandelbrotmenge unterscheiden sich in markanter Weise:

Für c-Werte aus der Mandelbrotmenge ist K_c zusammenhängend *(aus einem Stück)*.

Für c-Werte außerhalb der Mandelbrotmenge ist K_c nicht zusammenhängend *(ein Staub von Punkten)*.

Beispiele für die erste Alternative sind K_c für $c = 0$ und die Plots 8, 9, 10, 12 und 14; während die Plots 11, 13 und 15 Beispiele für die zweite Alternative geben. Dieser Zusammenhang wird durch ein Juwel mathematischer Arbeit von G. Julia und P. Fatou (ca. 1915–1920) hergestellt, ist aber nur der Anfang eines viel weitergehenden Ordnungsprinzips, das uns hier im Detail verwehrt bleiben muß (siehe [PR]). Danach ist der Rand der Mandelbrotmenge von besonderem Interesse. Dort findet sich die eingangs beschriebene Komplexität, die erst durch Vergrößerungen sichtbar wird.

Das Potential der Mandelbrotmenge enthüllt verborgene Symmetrien

Um den Rand experimentell sichtbar zu machen, bedarf es allerdings eines Tricks. Dazu stelle man sich vor, die Mandelbrotmenge sei aus Metall und elektrostatisch geladen. An jedem Punkt außerhalb der Mandelbrotmenge mißt man nun die Feldstärke des elektrostatischen Potentials. Sortiert man alle

Punkte zu gleicher Feldstärke, erhält man eine Linie (= Äquipotentiallinie), die die Mandelbrotmenge – vergleichbar mit der Höhenlinie eines Bergprofils in einem Atlas – umschließt. Je näher diese Äquipotentiallinien an der Mandelbrotmenge liegen, je besser approximieren sie ihren Rand und geben so eine Darstellung des Randes. Die Plots 16 – 23 zeigen eine fortgesetzte Vergrößerungsserie, die nach dieser Methode hergestellt ist. Zur Anhebung des grafischen Kontrasts sind die Zwischenräume aufeinanderfolgender Äquipotentiallinien alternierend schwarz/weiß gefärbt. So entsteht gelegentlich der Eindruck räumlicher Tiefe, der eine Interpretation des Potentials als Gebirge erlaubt.

Die Vergrößerungen am Rande der Mandelbrotmenge bieten reiches Anschauungsmaterial zum Thema Selbstähnlichkeit und Symmetrie ([PR] gibt zahlreiche Experimente in Farbe). Dieses Motiv, von Künstlern wie Bach und Escher schon seit langem verwendet, gehört inzwischen als Leitmotiv zur Phänomenologie nichtlinearer Systeme. In unseren Bildern hat es zwei Facetten,

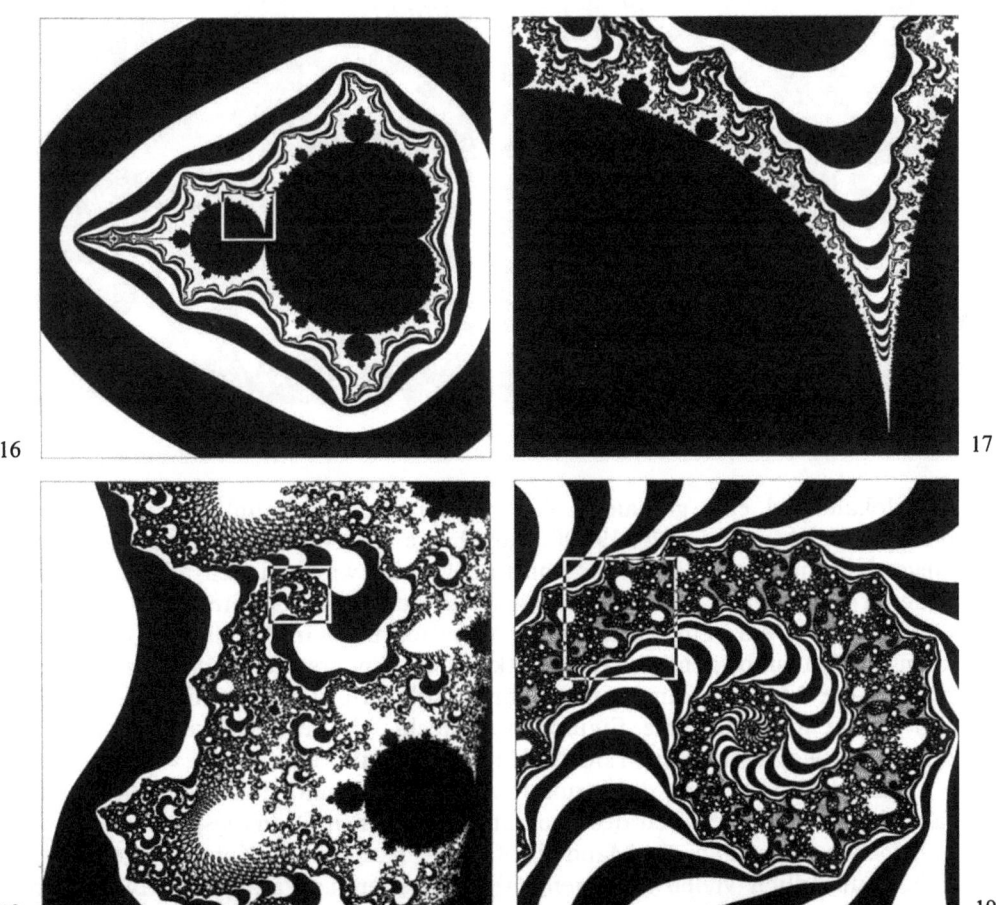

Plot 16 – 23. Vergrößerungsserie am Rande der Mandelbrotmenge

Plot 20–23

eine lokale und eine globale. Lokal ist z.B. die Selbstähnlichkeit der Seepferdchenstrukturen in Plot 19, 20 und 21; sie finden sich nur in bestimmten Gegenden am Rande der Mandelbrotmenge und wandeln sich allmählich zu anderen Konfigurationen, wenn man an diesem Rande weiterzieht. In ihrer Gegend gibt es sie in unendlichfacher Variation und Größe, bis hinab auf den kleinsten Maßstab, den wir ausloten konnten. Anders die globale Selbstähnlichkeit der Mandelbrotmenge mit ihren Ablegern, z.B. Plot 16 und Plot 23. Wo immer man schwarze Figürchen entdeckt, ob im Seepferdchenschwanz oder anderswo, stets gleichen sie der Hauptfigur aufs Haar.

Auch die Ähnlichkeit der Strukturen von Plot 15 und 19, 20, 21 ist kein Zufall. Sie enthüllt einen Teil des oben angesprochenen Ordnungsprinzips. Grob gesprochen kann man die Mandelbrotmenge nämlich als Katalog aller möglichen, unendlich vielen Juliamengen interpretieren. Wählt man etwa einen c-Wert in der Nähe des Randes der Mandelbrotmenge, so sieht man in seiner Umgebung eine bestimmte Struktur, z.B. in Plot 20 eine Form, die an ein See-

Symmetrie im Chaos – Selbstähnlichkeit in komplexen Systemen

pferdchen erinnert. Betrachtet man nun die zu diesem c-Wert gehörige Juliamenge, so findet man eine Struktur, die in wesentlicher Hinsicht der korrespondierenden Stelle im Potential der Mandelbrotmenge entspricht, z.B. Plot 15.

Selbstähnlichkeit und Symmetrie am Feigenbaumpunkt

Plot 24 zeigt die Mandelbrotmenge über dem Periodenverdopplungsscenario für die Rückkopplung $x_{n+1} = x_n^2 + c$. Die Baumstruktur in dem unteren Bild zeigt ähnlich wie Plot 7 nun das Langzeitverhalten der x_n. Der Kontrollparameter c variiert hier zwischen -2 und $1/4$. Man erkennt deutlich eine Korrespondenz zwischen den periodischen und chaotischen Regimes einerseits und der Struktur der Mandelbrotmenge andererseits. Bei ungefähr $c_\infty = -1{,}401155\ldots$ erkennt man den Feigenbaumpunkt, der wieder die Grenze zwischen Ordnung und Chaos markiert. Plot 25a zeigt eine Ausschnittsvergrößerung der Mandelbrotmenge mit dem Feigenbaumpunkt – in Koordinaten $(c_\infty, 0)$ – als Zentrum. Plots 25b und c zeigen weitere Ausschnittsvergrößerungen zentriert um diesen Punkt. Man erkennt deutlich eine bemerkenswerte

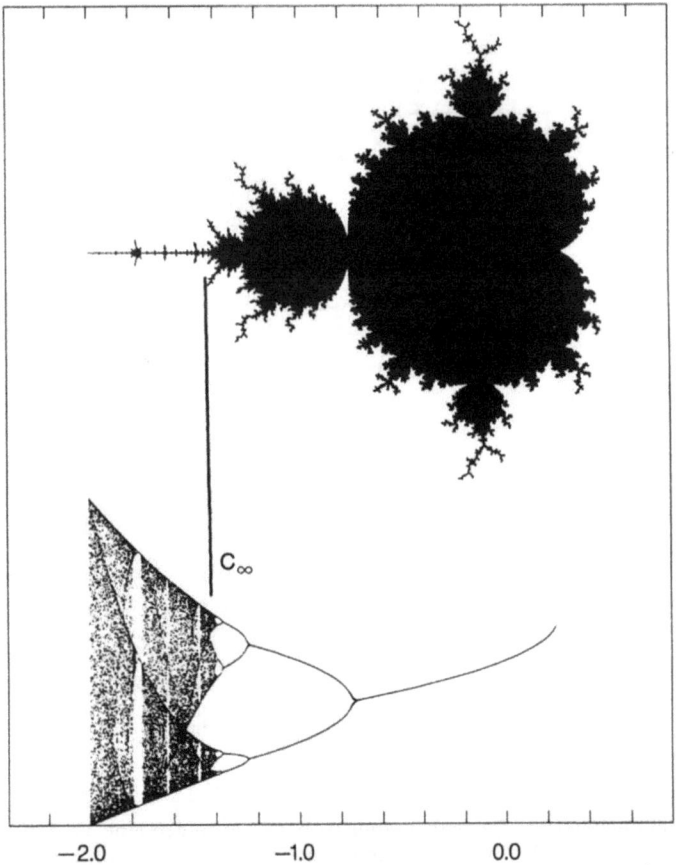

Plot 24. Korrespondenz zwischen Mandelbrotmenge und Periodenverdopplung

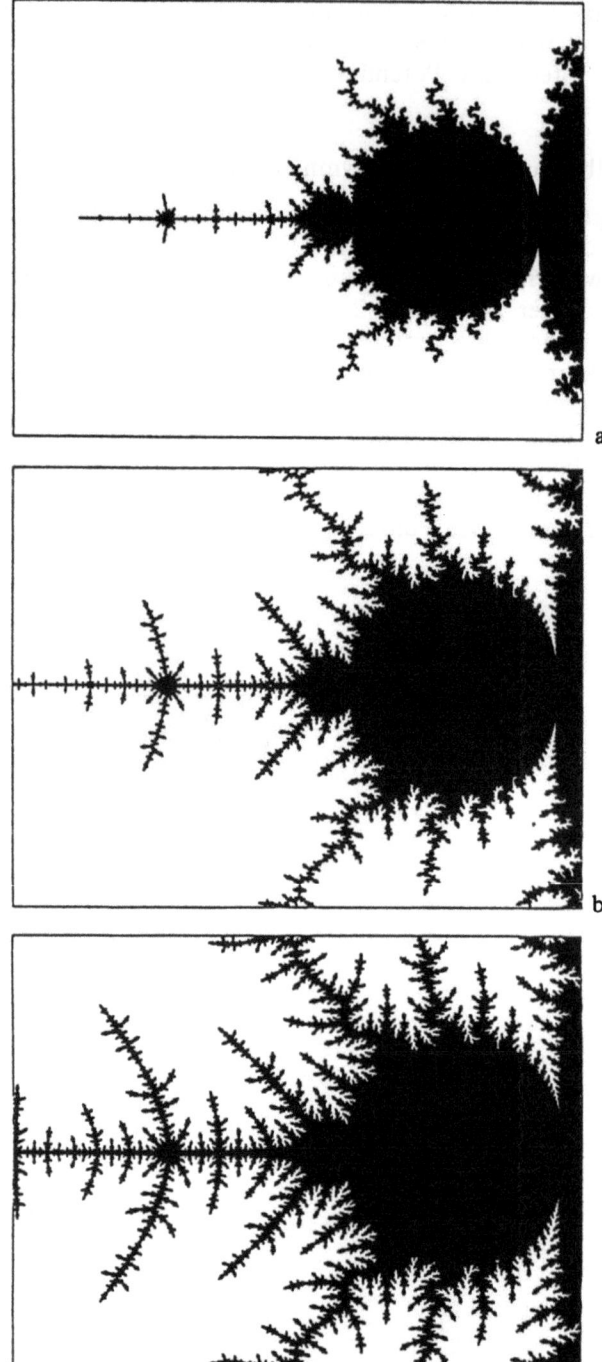

Plot 25. Selbstähnlichkeit am Feigenbaumpunkt; b bzw. c zeigen eine Vergrößerung um das Zentrum von a bzw. b mit dem Vergrößerungsfaktor 4,669..., © J. Milnor (1985)

Selbstähnlichkeit und Symmetrie in den Strukturen. Das Geheimnis dieser frappierenden Übereinstimmung liegt in dem richtigen Vergrößerungsfaktor. Der Leser wird nicht wenig überrascht sein, zu erfahren, daß wieder die universelle Konstante $\delta = 4{,}669\ldots$ im Spiel war, die den Umschlag von Ordnung in Chaos charakterisierte.

Erzeugung von Information – Morphogenese

Zusammenfassend ist es schier unglaublich, welchen Reichtum und welche Vielfalt die kurze Formel $x_{n+1} = x_n^2 + c$ zusammenballt. Indem die Mandelbrotmenge gewissermaßen in einem Bild unendlich viele verschiedene Strukturen von Juliamengen komprimiert, erklärt sich ihre ungeheure Komplexität, die noch für einige Zeit eine Herausforderung an die Mathematik sein wird. Um die Bilder zu erzeugen, genügt tatsächlich ein Programm von wenigen Zeilen Länge (siehe [PR]), während der Versuch, auch nur ein einziges Bild zu beschreiben, Bände füllen würde. In diesem Sinne ist die Rückkopplung (2) der Code für eine außerordentlich effiziente Methode, Information zu erzeugen. Man ist versucht, hierin eine Analogie zum Bauplan von Lebewesen zu vermuten. Den Kern aller Zellen bildet – überall gleich – das omnipotente Genom: global selbstähnlich. In jedem Gewebe aber entfalten sich spezifisch nur wenige mögliche Strukturen: lokal selbstähnlich, doch differenziert von denen benachbarter Gewebe. Wir wollen die Analogie nicht strapazieren, können aber nicht verhehlen, von ihr beeindruckt zu sein. Soviel Natürlichkeit in einem so simplen Prozeß wie $x_{n+1} = x_n^2 + c$ ist aufregend geheimnisvoll.

Die scheinbar rein mathematische Frage nach Ordnung im Chaos scheint sich zu berühren mit der Frage nach den Prinzipien des Aufbaus lebender Organismen und den Programmen ihrer Morphogenese.

Literatur

[L] Lorenz, E. (1964): The problem of deducing the climate from the governing equations. Tellus XVI, 1–11
[M] Mandelbrot, B. B. (1982): The Fractal Geometry of Nature, Freeman, San Francisco
[PR] Peitgen, H. O; Richter, P. H. (1986): The Beauty of Fractals, Springer, Heidelberg

Diskussion

zu den Vorträgen von Rudolf Arnheim, Helga de la Motte-Haber und
Heinz-Otto Peitgen in Verbindung mit dem Thema
„Die Bedeutung der Symmetrie für das Denken und Fühlen des Menschen"

Diskussionsleitung: Helmut Böhme

Diskussionsteilnehmer: Rudolf Arnheim, Bernhard Ganter, Helga de la Motte-Haber, Heinz-Otto Peitgen, Rainer Schmidt, Helmut Striffler

Böhme: Die drei Vorträge haben jeder in seiner Weise viele Fragen ausgelöst. Vom Thema des Symposiums her sind es vielfach dieselben Fragen, dieselbe Suche nach Gestalt und Ordnung, nicht in der Isolation wieder das Ganze zu sehen, im Ganzen die Isolation. Ich selbst möchte mit einer Frage beginnen: Herr Arnheim, was tun Sie mit der Mandelbrotmenge von Herrn Peitgen? Ist da eine Brücke zwischen ganzheitlichem und analytischem Denken (die Brücke „Hundertwasser" ist von Herrn Peitgen schon angegeben worden)?

Arnheim: Die Frage, die uns in dem Zusammenhang grundsätzlich interessiert, scheint mir die Beziehung zwischen dem Chaos und der Ordnung zu sein. Herr Peitgen hat das ja auch entsprechend formuliert. Man bekommt den Eindruck von einer Überwindung des Chaos. Das, was uns im allgemeinen als etwas Unberechenbares und beinahe Irrationales gilt, erscheint jetzt als der Ausdruck einer mathematischen Form. Meine Frage an Herrn Peitgen ist, ob er bereit wäre zu sagen: Das Chaos ist überwunden. Oder ob er statt dessen sagen würde: Wir haben einen Einbruch in das angebliche Chaos gemacht, das sich zu unserer Freude als eine regelmäßige Gesetzmäßigkeit in Erscheinung gebracht hat.

Peitgen: Wenn wir von Chaos sprechen, dann ist das natürlich sehr gefährlich. Der Begriff Chaos ist gewählt worden, weil zwei Mathematiker namens Lin und Yorke in den siebziger Jahren eine Arbeit schrieben mit dem Titel „Periode drei führt zum Chaos" (ins Deutsche übersetzt). Diese Arbeit wurde dann so populär, daß der Begriff Chaos für einen ganzen Phänomenbereich übernommen wurde. Das ist unpräzise und deshalb gefährlich, weil der Begriff Chaos ja besetzt ist mit Eigenschaften, die man als sehr unangenehm, sehr unbehaglich, mit Willkür behaftet empfindet. Die Gefahr besteht darin anzunehmen, daß wir Mathematiker einen Zugang zu diesem Unbehagen, zu dieser Willkür gefunden hätten, der es erlaubt, auch das noch zu beherrschen. Das ist natürlich nicht so. Das, was die Mathematiker und Physiker beginnen zu verstehen, ist ein Ausschnitt, den ich exemplarisch angegeben habe im Zusammenhang mit Turbulenz. Dieser Ausschnitt ist ein winziger Ausschnitt aus dem, was man so allgemein vielleicht mit Chaos bezeichnen könnte. In diesem Ausschnitt scheint es aber überraschenderweise so zu sein, daß die Willkürlichkeit, die scheinbare Regellosigkeit in einem gewissen Maße überwunden ist, daß sie geregelt ist, geregelt durch universelle Gesetzmäßigkeiten von allerdings unfaßbarer Komplexität, wie Sie gesehen haben, unfaßbarer Schönheit. Von all dem, was wirklich existiert, haben Sie nur einen winzigen Zipfel gesehen. Wenn Sie die Mandelbrotmenge nehmen und am Rand vergrößern, sehen Sie immer wieder neue Bilder. Sie können niemals hoffen, alle möglichen Bilder gesehen zu haben. Es gibt eine Unendlichkeit von Komplexität in diesem Ordnungsprinzip. Deshalb wird die Hoffnung, das Chaos verstanden zu haben, auch gleich wieder gedämpft.

de la Motte-Haber: Über den Chaosbegriff werden wir, glaube ich, keine Einigkeit erzielen. Er ist in Ihrem Vortrag, Herr Peitgen, zu Unrecht gefallen. Was Sie demonstriert haben, zeigt, daß Strukturen von hoher Komplexität für unsere Sinnesorgane nicht mehr auflösbar sind, daß sie uns von daher zumindestens zu gewissen Zeiten chaotisch erscheinen. Sie haben uns demonstriert, daß die Mathematik in der Lage ist, unsere Sinnesorgane zu ergänzen, die Komplexität in gewisser Weise transparent zu machen und ihre Symmetrien aufzudecken. Das hat aber nichts mit der Vorstellung von Chaos zu tun, einer Vorstellung, die sich doch auch verbindet mit der Idee, es könnte tatsächlich etwas einmalig und nicht berechenbar sein. Sie können zwar unglaublich komplizierte Strukturen berechnen, doch sind Ihnen Dinge, die viel einfacher wirken, unzugänglich. Es ist unmöglich, ein Musikstück mit einer mathematischen Gleichung zu berechnen und in diesem Sinne als ein dynamisch wachsendes System zu begreifen, obwohl theoretisch von der Idee eines dynamischen Systems her gewisse Beziehungen zu dem, was sie demonstriert haben, bestehen müßten. Schon da fängt es an, daß einfache Dinge kompliziert sind. Das zeigt, daß die Dinge, die Sie uns gezeigt haben, eigentlich noch auf einer einfachen Stufe unterhalb der Kunst stehen. Frage: Was könnte noch darüber stehen? Das, was noch darüberstehen könnte – das wollte ich in meinem Vortrag sagen –, wird teilweise zum Anliegen der Künstler im zwanzigsten Jahrhundert.

Peitgen: Ich gebe Ihnen natürlich völlig recht, daß wir vorsichtig sein müssen mit dem Begriff Chaos. Darauf hatte ich ja selber schon hingewiesen. Doch um nochmal zu präzisieren, was wir unter Chaos eigentlich verstehen: In den Naturwissenschaften hat es für lange Zeit als völlig natürlich gegolten, die Welt gewissermaßen zu teilen in zwei Welten, die deterministische Welt, die nach strengen Gesetzmäßigkeiten abläuft, die deshalb prognostizierbar, vorausberechenbar, planbar ist, und die sogenannte stochastische Welt, in der der Zufall herrscht, in der gewissermaßen Willkür die Tagesordnung ist und die deshalb sich einer strengen deterministischen, naturgesetzlichen Beschreibung immer entziehen wird. Diese Zweiteilung der Gesetzmäßigkeiten schien für lange Zeit natürlich. So revolutionär ist nun, daß diese strenge Trennung offenbar nicht aufrecht zu erhalten ist, daß vielmehr das, was wir als willkürlich, zufällig in den natürlichen Abläufen gelegentlich beobachten, durchaus streng deterministisch sein kann und daß dieser Determinismus nur für den äußeren Beobachter als reiner Zufall, als reine Willkür sichtbar wird. In solchen Systemen ist tatsächlich ein Ordnungsprinzip feststellbar. Es genügt allerdings nicht, das System einfach anzuschauen. Wenn Sie das auf die Kunst übertragen wollen, genügt es also nicht, das Bild einfach zu sehen oder die Musik in ihrem dynamischen Ablauf einfach zu hören. Dieses höhere Ordnungsprinzip wird erst sichtbar, wenn die richtige klassifizierende, sozusagen ordnungspolitische Frage gestellt wird. In den Systemen, die ich diskutiert habe, ist das mehr oder minder einfach. In realistischen Systemen kann es durchaus unendlich schwer sein. Aber das ist ein wichtiger Punkt: Wir sehen diesen Symmetriegehalt, diesen Ordnungsgehalt nicht in dem System an sich, sondern nur, indem wir die richtige Frage an das System stellen, kommt diese Organisation zur Geltung.

Ganter: In dem Vortrag von Herrn Peitgen ist sehr schön herausgekommen, was das Denken und Fühlen des Mathematikers betrifft. Ich habe in der Symmetriediskussion sehr oft das Argument gehört, daß Symmetrie an sich, die rein eingehaltene Symmetrie geradezu das Gegenteil von Kunst sei, etwas Belastendes, eigentlich etwas Ekelhaftes. Ich glaube, wir haben alle mitvollziehen können, daß die Entdeckung der Symmetrie – wie etwa in der Mandelbrotmenge – etwas außerordentlich Aufregendes sein kann. Ich behaupte das nicht für das Kennen der Symmetrie, aber der Vorgang, Symmetrien aufzufinden, ist zumindest für einen Mathematiker eine äußerst aufregende Sache, und ich kann mir vorstellen, daß das auch in anderen Bereichen zur Genüßlichkeit der Wahrnehmung beiträgt.

Böhme: Herr Schmidt, Genüßlichkeit der Wahrnehmung – sondern wir nicht damit bereits eine zweite Welt ab?

Schmidt: Ja, ich glaube schon, daß man vielleicht doch trennen muß zwischen der Wirklichkeit und der Kunstwirklichkeit, mit der Menschen umgehen. Es klang zumindest in einem Vortrag an, daß möglicherweise die Wahrnehmungen des Menschen ein Produkt der Evolution sind und daß das, was wir als natürliche Wahrnehmung empfinden, etwas ist, was eine bestimmte biologische Funktion hat. Ich finde, wir sollten, wenn wir über die Bedeutung der Symmetrie sprechen, nicht ganz aus dem Auge verlieren, daß wir es nicht nur mit Kunst zu tun haben, sondern daß, wenn wir Kunst betrachten, möglicherweise hier auch Prozesse beteiligt sind, die eine ökologische Funktion haben. Man muß z.B. fragen, wie es kommt, daß eine Figur, die frontal dargestellt wird, statisch wirkt, wieso eine andere unruhig wirkt, was Ordnung ist und dergleichen mehr. Das kann man wohl alles erklären aus der Funktion der Wahrnehmung in der dreidimensionalen Welt, in der allerdings nicht nur Symmetrien eine Rolle spielen. Was eingefleischt ist im Zentralnervensystem, das sind Simulationen von Geometrie euklidischer Art. Das sind Mechanismen, die unsere Wahrnehmungen bestimmen.

Striffler: Herr Arnheim, Sie haben der Symmetrie im Bereich der bildenden Kunst eine sehr hohe Komplexität zugestanden. Andererseits haben Sie gesagt, reine Symmetrie trete nur auf beim Ornament oder bei der Architektur. Sie haben das zum Beispiel damit begründet, daß die Architektur nicht so sehr darauf angewiesen sei, die volle Breite aller Lebensäußerungen darzustellen. Sie haben sogar gesagt, statuarische Gebäude, die symmetrischen Charakter zur Schau tragen, seien quasi Erholungswerte, weil sie dem Chaotischen oder Turbulenten entgegengesetzt oder zumindest assoziiert seien. Eine andere Äußerung war, Symmetrie sei immer dort, wo es keinen Grund gibt, sich anders zu verhalten. Nun meine ich, der Wunsch und das Bedürfnis, sich anders als symmetrisch zu äußern, muß ein Grundbedürfnis sein, sonst würden wir uns draußen nicht in einer so turbulenten Weise bewegen. Gibt es aus Ihrer Sicht eine Brücke zwischen der Bedeutung von Symmetrie als Ausdrucksform von Simplem, erholsam Einfachem einerseits und andererseits Symmetrie als Ausdruck für unerhört Kostbares, Reiches, dem erholsam Einfachen entgegengesetzt? Als Architekt, der im 20. Jahrhundert nicht nur lebt und ausgebildet ist, sondern in der Architektur dieses Jahrhunderts auch den Ausdruck zeitgenössischer Vielfalt zu begreifen versucht, empfinde ich Symmetrien, wie sie in der Baugeschichte vorliegen, eher als komplex, denn als einfach. Im Bemühen, Gegenwartsarchitektur zu verwirklichen und dabei die Pluralität unserer Gesellschaft nicht zu leugnen, glauben wir mit unseren Ansätzen richtiger zu liegen, wenn wir allzu einfache Formsymmetrien vermeiden. Ich wehre mich daher innerlich, mit diesem Ansatz von Architektur der „großen Erholung" zugeordnet zu werden.

Arnheim: Es gibt verschiedene Arten von Erholung. Die Art von Erholung, von der ich gestern sprach, ist diejenige der grundsätzlichen Ruhe, deren wir unter gewissen Umständen bedürfen und auf die wir uns auch immer wieder einstellen müssen, wenn wir von der Komplexität unseres Lebens auf etwas Einfacheres zurückgehen wollen. Nun hat die Symmetrie doppelten Charakter. Auf der einen Seite haben wir, wie ich Ihnen gestern zeigte, ein mittelalterliches Heiligenbild in seiner Symmetrie, andererseits sehen wir, wie im zwanzigsten Jahrhundert Sie und Ihre Kollegen sich gegen die Einfachheit der Symmetrie sträuben. Der Ausdruck, den sie dabei erzielen, scheint mir aber offensichtlich davon abzuhängen, daß wir die Symmetrie potentiell besitzen. Denn wenn wir diese Symmetrie nicht potentiell besitzen, dann würde ja auch die Abweichung gar keinen Sinn haben.

de la Motte-Haber: Bei der Beschäftigung mit Symmetriefragen in der Architektur bin ich darauf gestoßen, daß Architekten sagen „jetzt habe ich es ganz unsymmetrisch gebaut" (wir haben ja jetzt dieses vollkommen asymmetrische Haus in Wien von Hundertwasser). Aber Sie behaupten, daß wir so etwas wie eine Symmetrie der Blickwinkel haben, von jedem Standpunkt aus ist es irgendwie symmetrisch, auch wenn es formal geometrisch nicht als symmetrisch beschreibbar ist.

Striffler: Da kann ich durchaus eine Antwort geben. In dem Maße, in dem wir es tatsächlich erreichen, bei einem Gebäude komplexerer Art triviale Symmetrien zurückzudrängen und zu vermeiden, in dem Maße kommt es dann zu einer Vielfalt, einer scheinbar unkontrollierten Vielfalt. Allerdings entsteht dabei der feinfühlige Maßstab eines im Endzustand möglicherweise gut zu nennenden Entwurfes. Damit gelingt es schlußendlich doch, eine gebundene Vielfalt zu erreichen, so daß das scheinbar Ungeordnete in Wirklichkeit einer allerdings sehr viel größeren Komplexität von Ordnung zugehört. Ich möchte einen anderen Begriff von Herrn Arnheim benutzen, der mir in diesem Zusammenhang sehr hilfreich war: Es ist der Begriff „Mitte". Jede Form von Symmetrie erzeugt eine Art Zentrum, eine Mitte. Es scheint mir, daß der Begriff der Symmetrie eigentlich viel wertvoller oder viel weiterführender interpretiert wird, wenn man die von der Symmetrie hervorgebrachte Mittigkeit als Raumbegriff benutzt. Da wären nämlich dann auch sehr komplexe Gebilde räumlicher Art wieder als geordnet zu begreifen. Insofern ist mir der Begriff Symmetrie ohne die daraus resultierende Qualität der Mitte nicht genug.

Peitgen: Ich denke, daß der Begriff Symmetrie zu sehr demontiert ist als trivial, langweilig, abschätzig. Diese Denunziation, die der Symmetriebegriff erfahren hat, namentlich durch die Kunst erfahren hat, geschieht völlig zu Unrecht, weil man Symmetrie immer zu einfach sieht, immer nur an spiegelbildliche Symmetrie, an Punktsymmetrie oder an einfache Drehung denkt, aber nicht begreift, daß Symmetrie sehr viel weitergeht. Ich denke, daß die Kunst das besser verarbeiten sollte, was man unter Symmetrie verstehen kann.

Böhme: Frau de la Motte. Sie haben gesagt: der Konstruktivismus, die Konstruktion zielt auf die Erfindung von Ordnung, Kunst auf Wirklichkeit. Sind diese beiden Begriffe nicht schwer miteinander zu korrelieren? Was ist hier Wirklichkeit, ist sie gleichsam ein Ausfluß von Symmetrie, von vorgegebenen Ordnungen, von Hoffnungen, von Glauben, von Wünschen, die man wiederfinden möchte, sich zu orientieren, gerade im zwanzigsten Jahrhundert? Natürlich denke ich als Historiker auch an Brüche, die Sie angesprochen haben.

de la Motte-Haber: Ihre Frage gibt mir einen Anlaß, etwas Grundsätzliches zu sagen. Wir haben speziell im Abendland seit der Neuzeit einen Prozeß, den man als Entzauberung der Welt bezeichnet hat. Diese Entzauberung der Welt bedingte so etwas wie einen gigantischen Prozeß von Aufklärung, von Rationalität. Die Kunst hat diesen Prozeß der Aufklärung nicht ganz mitvollzogen; sie hat uns immer vorgemacht, daß die Ordnungen irgendwo ein Moment von Unordnung in sich bergen. Heute taucht mehr und mehr ein Bewußtsein dafür auf, daß dieser Prozeß der Aufklärung, daß dieser Prozeß der rationalen Erklärungen möglicherweise am Ende angelangt ist. Man mag zwar sagen: Das, was chaotisch erscheint, das können wir noch meßbar machen. Doch ich bin überzeugt davon, daß in zehn Jahren ganz andere Chaosprobleme zur Diskussion stehen werden. Das ist ein fortschreitender Prozeß, daß das aufklärerische Denken an eine totale und absolute Grenze stößt. Das Adorno-Zitat noch zum Schluß: Chaos in Ordnung bringen. Sicher hat es Adorno so direkt gemeint. Aber er hat dialektisch genug gedacht, um auch damit zu meinen, daß in die Ordnung immer etwas Chaos hineingebracht werden muß. Das kann nicht die Aufgabe der Naturwissenschaftler, das kann auch nicht die Aufgabe der Mathematiker sein. Denn deren Aufgabe ist es, ebenso wie die Aufgabe des Kunstbetrachters es ist, Rationalität zu forcieren. Aber die Aufgabe der Kunst selber – das sollte man einfach respektieren – ist, das Rätselhafte zu erhalten.

Peitgen: Ich möchte versuchen, noch einmal zu erklären, was so interessant an diesem Paradigma der Mandelbrotmenge ist. Sie wissen, daß die Mathematik in weiten Teilen damit beschäftigt ist, Natur zu beschreiben oder zu verstehen. Und Sie wissen, daß, wenn immer man Symmetrien entdeckt in dem, was man da beschreiben will, sich das Gefühl vermittelt, daß man das, was man verstehen will, tatsächlich verstanden hat. Symmetrie entdecken, schafft Wohlbehagen, schafft das Gefühl von Verstehen, von Erfassen der wesentlichen Gesetzmäßigkeit. Das ist das, was den Wissenschaftler, glaube ich, so stark an

Symmetrie reizt. Faszinierend an der Mandelbrotmenge ist, daß sie einerseits ein phantastisches Ordnungsprinzip darstellt, aber andererseits in eine Unendlichkeit führt. Wenn Sie eine Mandelbrotmenge immer weiter vergrößern, also sozusagen das feine Detail dieses Ordnungsprinzips auch noch erfassen wollen, dann kommen Sie in eine Unendlichkeit von Strukturen, die unfaßbar ist, die kein Ende hat, die keine Ordnung mehr erkennbar macht. Das heißt, die Grenze der Rationalität ist in diesem Ordnungsprinzip manifest. Das ist wahrscheinlich der tatsächliche Reiz, sich mit diesem Objekt, diesem Phänomen zu beschäftigen.

Schmidt: Ist es die Frage, ob man Kunst zerlegen kann in einen Teil, der nicht mehr erklärbar ist, und einen Teil, der durch Regeln beschreibbar ist, oder ist eher die Frage, wie sie vorhin schon anklang, daß man sich um komplexere Formen der Erklärbarkeit kümmern muß, also nicht einfache Symmetrien, sondern vielleicht Transpositionen in andere symmetrische Repräsentationen der Wirklichkeit. Wenn ich als Psychologe dazu sprechen darf: Man kann durchaus symmetrische Vorstellungen auf Begriffswelten anwenden, darüber Modelle machen und damit Denken erklären. Könnte man nicht sagen: Wenn eine Form der Symmetrie, die Achsialsymmetrie zum Beispiel, durch funktionale Überlegungen verlorengeht, dann kann sie auf einer höheren Ebene im Bewußtsein als eine andere Form einer symmetrischen Repräsentation wieder auftreten, so daß der Begriff der Symmetrie anwendbar bleibt? Sie kann damit symmetrisch bleiben, selbst wenn die Dimensionen, in der die Objekte beschrieben werden, nicht mehr Raum und Zeit sind, sondern irgendwelche abstrakteren Begriffe. Sie haben hier ganz neue Vorstellungen von Symmetrie komplexerer Art, an die die Geometer selbst noch nicht gedacht haben. Es kann sein, daß sie sich als fruchtbar erweisen. Ich kann Analogien herstellen zwischen verschiedenen Begriffswelten und das in symmetrischen Begriffen modellieren, d. h. symmetrische Modelle für begriffliche Größen machen. Die Frage ist, ob man sich nicht bemühen sollte, derartige Überlegungen auch auf die Kunst zu beziehen. In der Musik ist es ja der Fall, daß man zeitliche Erscheinungen geometrisch deutet. Wieso soll das nicht auf anderen Abstraktionsebenen möglich sein?

Arnheim: Lassen Sie mich allgemein etwas dazu sagen. Die romantische Welle, die jetzt wieder im Aufgehen ist, ist natürlich ungeheuer verführerisch. Wenn man das Geheimnis leugnet und wenn man das Rätselhafte leugnet, dann steht man heute als ein unpoetischer Pedant da. Ich möchte in diesem Zusammenhang nur daran erinnern, daß die Aufgabe des begrifflichen Denkens und daß die Aufgabe der Wissenschaft niemals darin bestanden hat, irgendein Phänomen in seiner Komplexität auszuschöpfen. Das gilt für das Kunstwerk, aber auch für das Insekt, das ist bei jedem natürlichen Phänomen der Fall. Die Wissenschaft und das begriffliche Denken begnügt sich damit, eine gewisse Annäherung in bestimmten Richtungen zu erreichen. Man wäre ja ein Narr, wenn man behaupten wollte, daß wir z. B. in der Kunsttheorie, in der Kunstpsychologie versuchen, das Ganze zu erschöpfen; das ist nicht im Sinne des Kunstwerks, das ist nicht im Sinne irgendeines Phänomens, dessen Untersuchung sich lohnt. Ich glaube daher, daß Angriffe auf das Begriffliche oder ein Rückzug auf das Unerklärbare und Unverständliche unnütz sind.

Ganter: Ich wollte eigentlich etwas Elementares fragen, ob es nicht verschiedene Begriffe von Symmetrie gibt, über die wir gleichzeitig reden. Ich frage mich, ob etwa die Symmetrien in der Musik sich aus elementaren Wahrnehmungsformen ableiten oder ob sie Analogien zu geometrischen Symmetrien sind.

de la Motte-Haber: Der Begriff Symmetrie ist in mehreren Dimensionen zu differenzieren. Einmal glaube ich, daß man eine allgemeine Bestimmung von Symmetrie leisten kann, wofür ich gerne das Wort der Selbstähnlichkeit aufgreifen würde, was allerdings eine hohe Abstraktionsebene betrifft. Zum anderen hat man differenzierte Symmetriebegriffe. Eine Differenzierung setzt in dem Moment ein, wo Künstler hingehen und sagen: Ich nehme einen Symmetriebegriff, der aus der Musik ist – das wollte ich zum Beispiel an Mondrian explizieren – einem Symmetriebegriff, der gegen die traditionelle mittelpunktsorientierte Bildkonfiguration verstößt und der ein Über-den-Rand-Expandieren der Bilder, also ein Moment von Bewegung in den Bildern implizieren soll. In dem Moment, wo ein solcher Begriff Rhythmus als symmetriebildendes Moment in die Bilder hineingenommen wird oder wo umgekehrt Komponisten visuelle Vorordnungen des Materials zur Strukturierung der Musik heranziehen, um den traditionellen rhythmischen Fluß der Musik nicht zu erzwingen, in dem Moment glaube ich, daß wir mit dem Begriff der Selbstähnlichkeit nicht mehr weiterkommen. Wie immer ein allgemeiner Begriff von Symmetrie definiert ist, müssen wir dann die Intentionen, die dahinterstehen, differenzieren und beispielsweise sagen: Jawohl, das Abendmahl von Leonardo da Vinci, das im Zusammenhang mit Symmetrie sehr oft erörtert worden ist, genügt einem vollkommen anderen Symmetriebegriff als ein Bild von Mondrian.

Böhme: Der Begriff Symmetrie ist Leitfaden unseres Symposiums. Wir sehen Symmetrie als ein Ordnungs- und Erkenntnisprinzip. Herr Schmidt hat Symmetrie als ein ökologisches Prinzip, gleichsam als ein Zweckmäßigkeits- und Gestaltungsprinzip angesprochen. Vor allem Herr Arnheim hat Symmetrie als Orientierungsprinzip deutlich gemacht. Ich möchte aufnehmen, was auch deutlich geworden ist, daß man mit Symmetrie politisch wirkt, indem sowohl in der Architektur als auch in Bildern, Zeichnungen und Plastiken bewußt mit diesem Instrument gearbeitet wird, um Vorstellungen von Macht, Harmonie und Ordnung zu geben. Ich würde gerne noch in die Diskussion werfen, ob Sie in Ihren jeweiligen Disziplinen mit einer derartigen Aktualisierung von Symmetrie als politische Angelegenheit etwas anfangen können oder ob das für Sie unsinnig ist.

Peitgen: Die Lehre, die wir Naturwissenschaftler aus dem gezogen haben, was ich in meinem Vortrag versucht habe zu zeigen, ist: es kommt nicht nur darauf an, in der Naturbeschreibung zu konstatieren, nach welchem Gesetz oder nach welcher Symmetrie sich ein Ding verhält oder entwickelt, sondern es kommt auch darauf an zu begreifen, zu welcher Entfaltung dieses Gesetz in der Lage ist. Sie haben gesehen, daß ein einfaches Wachstumsgesetz bei der Wahl von natürlichen Parametern durchaus zu völlig verschiedenen Verhaltensweisen Anlaß gibt, zu völlig geordnetem, aber auch zu völlig chaotischem Verhalten. Die politische Lehre, die wir gerade in den letzten Monaten bitter haben ziehen müssen, ist, daß offenbar komplexe Systeme, obwohl sie nach ganz strengen, technisch beherrschten Naturgesetzen gefertigt sind, durchaus fehlschlagen können. Das führt eben auf denselben Punkt zurück, daß es nicht genügt, die Gesetze zu konstatieren, sondern daß hinzukommen muß, die Gesetze in ihrer Entfaltung zu verstehen. Das ist vernachlässigt worden in der Physik, in der Mathematik, in der Chemie. Ich würde diesen Aspekt auch gerne auf die Kunst übertragen.

Striffler: Man kann nicht verschweigen, daß die Versuchung wächst, Symmetrie als Ordnungsinstrument im politischen Raum zu handhaben. Es ist allerdings ein qualitativer Unterschied, ob ich von sozialer Symmetrie spreche oder die Bürohaus-Fassade einer Bundesbehörde symmetrisch anordne. Die Auseinandersetzung darüber läuft zur Zeit im Bereich der Architekturdiskussion. Dabei wird klar, daß wir den Begriff der Symmetrie, um ihn weiter handhaben zu können, erheblich anreichern und ihn nach der komplexen Seite hin öffnen müssen, wenn wir nicht zum plumpen Handlanger des politischen Pragmatismus werden wollen. Die Öffnung des Begriffes und der Vorstellung dessen, was wir mit Symmetrie meinen, muß unbedingt geleistet werden.

de la Motte-Haber: Zwei Sätze: Symmetrie gibt Sicherheit und sie nimmt Ihnen das Denken ab. Man kann, was die künstlerische Entwicklung anbelangt, sagen: Je totalitärer ein System, um so symmetrischer die Kunst, weil sie um so faßlicher ist.

Striffler: Das war sehr hart, aber knapp und deutlich. Es war durchaus in dem Sinne, wie auch ich es meine. Ich wollte nur diese Worte nicht benutzen, weil sie in unserer Branche schon etwas abgeschliffen, verschlissen sind.

Böhme: Wir müssen zum Schluß kommen. Meiner Meinung nach hat sich durch die drei Vorträge ein roter Faden gezogen: von der Äußerung von Frau de la Motte-Haber, daß wir in der Musik und in der Kunst des zwanzigsten Jahrhunderts die Überrealität in der Tiefe des Unbewußten suchen, Wirklichkeit schaffen, wie sie sagt, zurück zu Gislebert, der bewußt das Unbewußte überhaupt als die selbstverständliche Realität der Existenz begriffen hat. Beides steht aber nicht im leeren Raum, sondern an Schneidezonen unserer europäischen Entwicklung. Insofern ist auch die Begrifflichkeit, die wir haben, immer eine soziale und eine politische im Sinne dessen, daß Politik die eigene Verantwortung unseres Handelns darstellt. Ich glaube, wir dürfen den Begriff Symmetrie nicht zu breit machen, denn dann fällt der Inhalt weg. Wenn wir den Inhalt angemessen bestimmen, kann der Begriff uns helfen, Kraftzentren und Unterschiede zu erkennen, jedoch nicht die Unendlichkeit als etwas vollkommen Unbegreifliches zu erfassen.

Die Rolle der Symmetrie in der Synergetik: Spontane Entstehung von Strukturen in der Natur

Hermann Haken

Viele von Menschenhand geschaffene Gegenstände weisen Symmetrien auf, besonders dann, wenn sie uns ästhetisch ansprechen sollen. Denken wir nur an eine kreisrunde Vase, die uns nicht nur durch ihre Form, sondern eben auch durch ihre kreisrunde Symmetrie besticht (Abb. 1). Auch in der Ornamentik begegnen uns Symmetrien so wie etwa bei dem in Abb. 2 dargestellten Muster auf einer Tonschale. Bereits an diesem einfachen Beispiel erkennen wir das Wesen der Symmetrie. Sehen wir uns das Muster näher an, so erkennen wir,

Abb. 2. Tonschale
(aus Parkland Kunstgeschichte Bd. 3, Parkland Verlag, Stuttgart, 1975)

Abb. 1. Halsamphora (aus Parkland Kunstgeschichte Bd. 1, Parkland Verlag, Stuttgart, 1975)

daß ein Teil von ihm identisch ist mit dem daran anstoßenden. Wenn wir also um ein Stück weitergehen, so wiederholt sich das Muster. Genauso ist es bei der Vase ohne Ornamente. Hier wiederholt sich sozusagen jedes Teil der Vase, indem wir die Vase ein kleines bißchen rotieren. Die Symmetrie der Vase ist durch die Rotation der Töpferscheibe geschaffen worden. Auch andere Symmetrien finden in der Kunst Verwendung, so etwa die Spiegelsymmetrie wie sie in Abb. 3 dargestellt ist. Figuren können auch mehrere Arten von Symmetrien enthalten, so etwa Abb. 4, wo wir sowohl eine Rotationssymmetrie als auch eine Verschiebungssymmetrie erkennen.

Diese Beispiele zeigen schon, daß Symmetrien keineswegs etwas Statisches sind, sie sind unmittelbar mit einer Tätigkeit verknüpft, die das Muster wiederholt, nach ganz bestimmten Vorschriften. Übrigens spielen Symmetrien in der Mathematik eine grundlegende Rolle; die eben besprochenen Tätigkeiten werden dort als Operationen aufgefaßt und bilden im Sinne der Mathematik eine Gruppe. Hier wollen wir uns aber nicht mit den mathematischen Aspekten befassen, sondern vielmehr mit der Frage, wie Symmetrien in der Natur entstehen.

In der Tat gibt es in der Natur, sowohl in der unbelebten als auch in der belebten, viele Beispiele für Symmetrien. Viele davon können wir direkt sehen,

Abb. 3. Tempel auf Malta (aus Parkland Kunstgeschichte Bd. 1, Parkland Verlag, Stuttgart, 1975)

Abb. 4. Escher Cycle (aus M. Locher, The World of M. C. Escher, Harry N. Abrahams, New York, 1971)

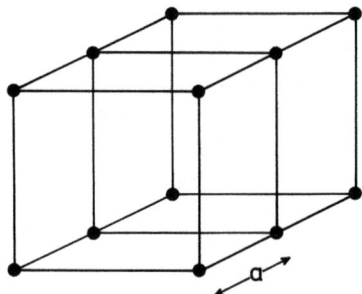

Abb. 5. Schematische Darstellung einer Kristallstruktur

andere werden erst mit Hilfe der Röntgen- und Elektronenstrahlen unserer Ansicht zugänglich. Röntgenstrahlen gestatten es nicht nur, durch den Menschen hindurch zu sehen, sie erlauben uns auch, Kristalle zu durchleuchten. Wenn man die Ergebnisse dieser Durchleuchtung rekonstruiert, so erkennt man, daß die Kristalle etwa ein Bergkristall oder ein Steinsalzkristall aus Atomen bestehen, die in einer ganz streng geordneten Weise angeordnet sind (Abb. 5).

Diese Kristallstrukturen bilden sich von ganz alleine. Wenn man etwa Wasser zu Eis abkühlt, so bilden sich die Eiskristalle, oder in anderen Fällen wachsen solche Kristalle aus Schmelzen heraus. Fragt man sich, auf Grund welcher Prinzipien solche Symmetrien entstehen, so ist dies zum einen die universelle Größe der Energie. Die Atome ordnen sich in Kristallen deshalb so schön streng periodisch an, weil sie durch diese Anordnung die tiefste Energie erreichen, die ja durch ihre Wechselwirkung untereinander gegeben ist. Andererseits gibt es verschiedene Atomsorten, deren Elektronverteilungen selbst wieder bestimmte Symmetrien haben. Um diesen Symmetrien und deren energetisch bevorzugten Störungen gerecht zu werden, können Kristalle verschiedene Symmetrien der jeweiligen Atomsorte entsprechend annehmen.

Viele Kristalle weisen neben der Verschiebungssymmetrie auch noch die Spiegelungssymmetrie auf. Nach der Entdeckung der Kristalle war es insbes. für den Mathematiker und für den Kristallografen eine reizvolle Aufgabe, die verschiedenen symmetrischen Kristallanordnungen zu erforschen und zu klassifizieren. Besonders interessant ist, daß die im Prinzip möglichen Kristallstrukturen sich rein mathematisch, ohne Energiebetrachtungen, klassifizieren lassen, welche davon aber realistisch wird, darüber entscheidet die Energie (genauer gesagt, die freie Energie).

Kristalle sind statische, tote Gebilde. Wenn sie einmal geschaffen sind und z. B. keinen Witterungseinflüssen ausgesetzt sind, so erhalten sie ständig ihre Struktur, ohne daß wir z. B. Energie oder Stoffe zuführen müssen. Daneben gibt es aber noch sehr viele Strukturen in der Natur, die uns durch ihre Symmetrie bestechen, zu deren Aufrechterhaltung wir aber ständig Energie oder auch Materie der betreffenden Struktur zuführen müssen. Mit deren Entstehung befaßt sich ein neuer Zweig der Wissenschaft: die Synergetik, auf die ich später noch hier in diesem Vortrag zu sprechen kommen werde.

Abb. 7. Wolkenstraßen

Abb. 6. Beispiel eines Spiralnebels

Zunächst wollen wir uns aber einige Beispiele ansehen, die sowohl der unbelebten als auch der belebten Natur angehören können. Hierbei wird uns besonders die Frage beschäftigen, wie aus völlig unstrukturierten, diffusen, homogene Anordnungen, Gebilde mit ausgeprägten Strukturen entstehen. Richten wir unsere Teleskope in die Ferne des Weltalls, so erkennen wir dort die Spiralnebel mit ihren wohlstrukturierten Spiralarmen. Auch hier geht ein Spiralarm in den anderen durch eine Rotation um einen bestimmten Winkel ineinander über. Wir haben hier eine ganz bestimmte Art der Drehsymmetrie vor uns (Abb. 6).

Weitere Beispiele aus der unbelebten Natur erkennen wir aber auch schon in unserer näheren Umgebung, wenn wir etwa zum Himmel blicken und dort Wolkenstraßen sehen, wie sie in Abb. 7 dargestellt sind. Wie Segelflugpiloten uns berichten können, sind diese Luftmassen aber keineswegs in Ruhe, sie sind periodisch im Auf- und Abwind je nachdem, wo man sich innerhalb einer solchen Anordnung befindet. Strukturen dieser Art kann man auch künstlich im Labor erzeugen, wenn man eine Flüssigkeit in einem Gefäß von unten erhitzt. Ist die Erhitzung genügend stark, so können sich die in Abb. 8 wiedergegebenen Rollen ausbilden. Auch hier steigt die Flüssigkeit in den Rollen periodisch auf und ab.

Wir werden uns später mit der Frage auseinanderzusetzen haben, wie die Natur es fertigbringt, solche wohlgeordneten und symmetrischen Strukturen spontan zu erzeugen, ohne daß der Mensch darauf Einfluß nimmt. Bei von unten erhitzten Flüssigkeiten in einem Gefäß kann man auch ganz andere Strukturen finden, so wie sie in Abb. 9 dargestellt sind, wo wir leicht hexagonale, bienenwabenartige Zellen erkennen. In der Mitte jeder Zelle steigt die Flüssigkeit

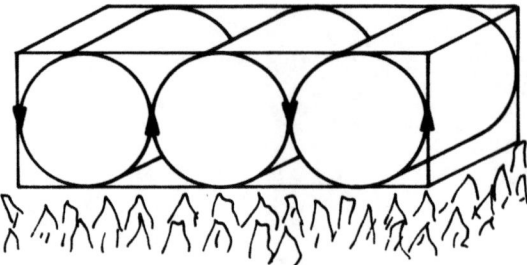

Abb. 8. Rollenförmige Bewegung einer von unten erhitzten Flüssigkeit

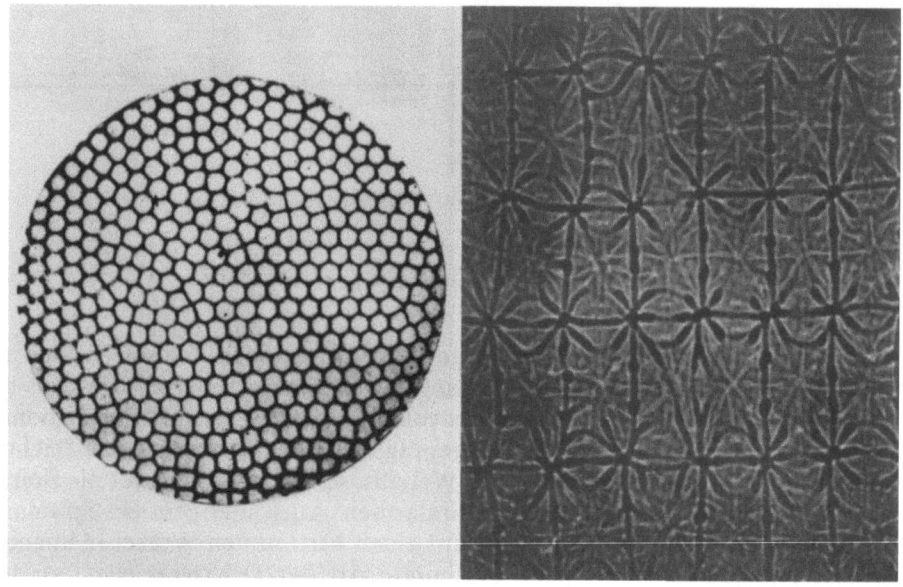

Abb. 9. Hexagonales Muster einer unten erwärmten Flüssigkeitsschicht

Abb. 10. Draufsicht auf ein kompliziertes Bewegungsmuster einer von unten erwärmten Flüssigkeitsschicht

auf, kühlt sich an der oberen Oberfläche ab und sinkt dann an den hexagonalen Berandungen der einzelnen Zellen wieder hinunter. Auch hier sind die Zellen also keineswegs statisch, sondern stellen einen dynamischen Vorgang dar.

Auch noch wesentlich kompliziertere Strukturen können bei Flüssigkeiten beobachtet werden, so wie es etwa in Abb. 10 dargestellt ist. Bezeichnend für all diese Erscheinungen ist, daß hier die einzelnen Moleküle, die ja winzig klein sind, sich auf für sie riesige Entfernungen zu gleichmäßigen, symmetrischen Mustern anordnen. Ähnliche Erscheinungen können wir auch in der Chemie beobachten. Z. B. treten bei ganz bestimmten relativ komplizierten Reaktionen schöne gleichmäßige Streifenmuster auf.

Bei der gleichen Reaktion wird auch die Bildung von spiralförmigen Mustern beobachtet, so wie sie in Abb. 11 wiedergegeben sind. Interessanter Weise

Abb. 11. Beispiele für chemische Muster in der Form von Spiralen

Abb. 12. Ammonit (aus Giovanni Pinna, Fossilien in Farbe, Südwest Verlag, München, 1972)

Abb. 13. Turritella communis (aus J. E. Smith, R. B. Clark, G. Chapman, J. D. Carthy, Die wirbellosen Tiere, Editions Rencontre, Lausanne, 1971)

treten derartige Spiralen auch in der belebten Natur auf. Beispiele hierfür sind Ammoniten oder Schneckenhäuser (Abb. 12, 13). Hier wollen wir uns einen Vorgang näher ansehen, der eine verblüffende Ähnlichkeit zu den chemischen Spiralen hat, nämlich bestimmte Vorgänge beim Wachstum des Schleimpilzes.

Der Schleimpilz, ein kleiner millimetergroßer Pilz, besteht normalerweise aus einzelnen Zellen, die auf einem Untergrund leben. Wird nun die Nahrung knapp, so versammeln sich die einzelnen Zellen an einer bestimmten Stelle, sie häufen sich dort immer mehr an und differenzieren sich schließlich zu Stamm und Sporenträger. Bereits die Frage, woher denn die einzelnen Zellen es wissen, wo sie sich zu versammeln haben, ist höchst interessant. Wie sich zeigt, reproduzieren die einzelnen Zellen eine bestimmte Substanz, zyklisches Adenosinmonophosphat, in erhöhtem Maße, wenn die Nahrung knapp wird. Diese Substanz wird in den Untergrund ausgeschüttet, diffundiert dort und trifft auf andere Zellen, die dann ihre CAMP-Produktion erhöhen. Durch das Wechselspiel von Diffusion im Untergrund und erhöhter CAMP-Produktion entstehen dann solche Spiralen.

Die einzelnen Zellen können die Konzentrationsgefälle, die durch die Spiralen erzeugt werden, wahrnehmen, und sie paddeln dann mit kleinen Füßchen, genannt Pseudopoden, gegenüber dem Gefälle dieser Spiralen und versammeln sich so an einem bestimmten Platz, dessen Zentrum zunächst einmal zufällig entstanden war, weil hier eine höhere Dichte von Zellen da war. Was uns hier aber besonders verblüfft, ist die zunächst rein formale Analogie zwischen den Spiralen in der anorganischen Welt der Chemie und nun in der belebten Natur (Abb. 14).

Das legt natürlich die Frage nahe, ob es nicht gemeinsame Prinzipien gibt, die solche Musterbildungen und die damit auftretenden Symmetrien erklären und direkt auch zustande bringen?

Eine Reihe von Bewegungsabläufen können auch zu festen Strukturen mit Symmetrien Anlaß geben. Beispiele hierfür sind die in Abb. 15 dargestellten Sanddünen, die durch den gleichmäßig über den Sand hinwegstreichenden Wind entstehen können. Zunächst haben sich einige zufällige Erhöhungen gebildet, diese wurden dann Kernpunkt für eine Erhöhung und durch Ablenkung des Windes entstand dahinter ein Windschatten, so daß dort keine Anhäufung

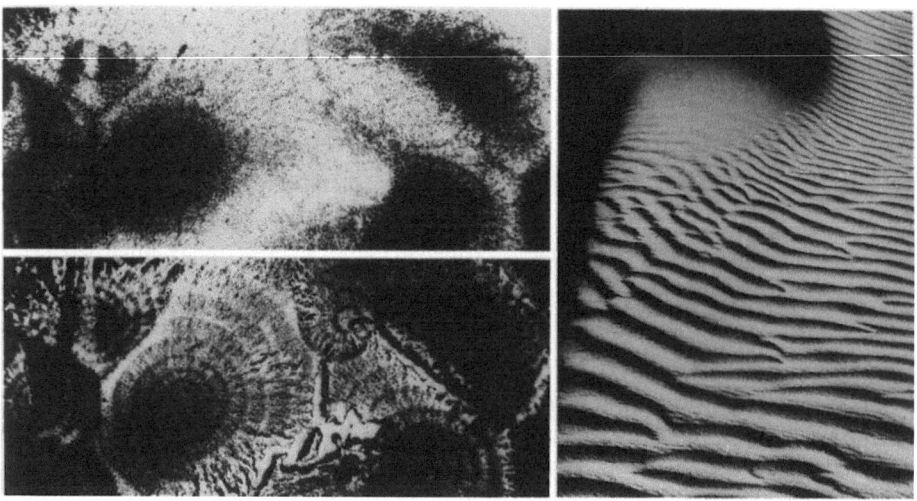

Abb. 14. Spiralförmige Anordnung von Zellen des Schleimpilzes

Abb. 15. Sanddünen in der Sahara (aus H. Ritter, Salzkarawane in der Sahara, Atlantis Verlag, Zürich, Freiburg, 1980)

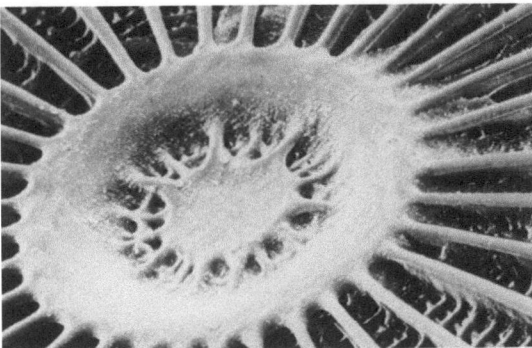
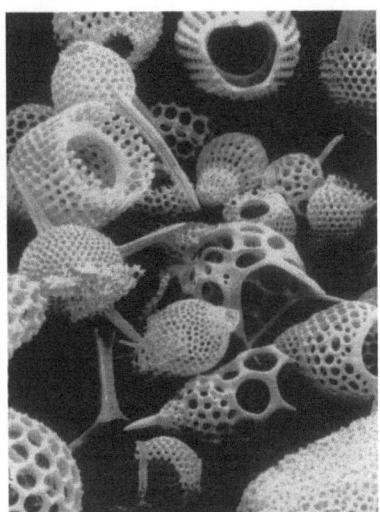

Abb. 16. Diatomee (aus M. Kage, W. Nachtigall, Faszination des Lebendigen, Herder Verlag, Freiburg, 1980)

Abb. 17. Radiolarien (aus M. Kage, W. Nachtigall, Faszination des Lebendigen, Herder Verlag, Freiburg, 1980)

erfolgte, aber in einem bestimmten Abstand war dies dann wieder möglich. Auch andere solche Gebilde kennen wir aus unserer eigenen Erfahrung, z.B. Rillen beim Skifahren, die sich im Schnee dadurch ausbilden, daß die Skifahrer zu einem bestimmten Rhythmus gezwungen werden, darüber zu fahren, oder Rillen bei Feldwegen.

Die belebte Natur bietet uns natürlich eine Fülle von weiteren Beispielen, wo bestimmte wohlkoordinierte Vorgänge zu festen Strukturen mit ausgeprägten Symmetrien führen. Beispiele sind uns schon in den Abb. 12 und 13 begegnet. Nennen wir noch einige weitere: Diatomeen (Abb. 16), Radiolarien (Abb. 17). Bei der Sonnenblume erkennen wir zwei gegenläufige Spiralmuster (Abb. 18). Etwas Ähnliches finden wir bei Tannenzapfen vor, oder bei Blattständen an Stengeln, wo die Blätter jeweils um einen bestimmten Winkel verdreht sind, wenn wir um ein bestimmtes Stück den Stengel entlang gehen.

Bisher haben wir uns mit geometrischen Mustern befaßt, also räumlichen Strukturen und deren Symmetrien. Aber auch Bewegungsabläufe weisen Symmetrien auf. Denken wir nur an den rhythmischen Galopp eines Pferdes, an den Rhythmus eines Tanzes, an den Rhythmus unseres Herzschlages, usw. Rhythmische Bewegungen finden wir auch schon bei kleinen Organen, etwa den Cilien mit ihren rhythmischen Bewegungen, die dann kleine Teilchen aus den Brochien hinaustransportieren können. Auch in der unbelebten Natur kennen wir natürlich viele rhythmische Bewegungen. Die wohl Eindrucksvollste ist die Bewegung der Planeten um die Sonne, die nach den strengen Gesetzen der Mechanik abläuft. Andere Beispiele sind das Ticken einer Uhr, wo natürlich jetzt mehr die elektronischen Uhren in den Vordergrund kommen, wo die kleinen Quarzkristalle Schwingungen ausführen, die dann verstärkt werden und so Grundlage für unsere Zeitmessung sind.

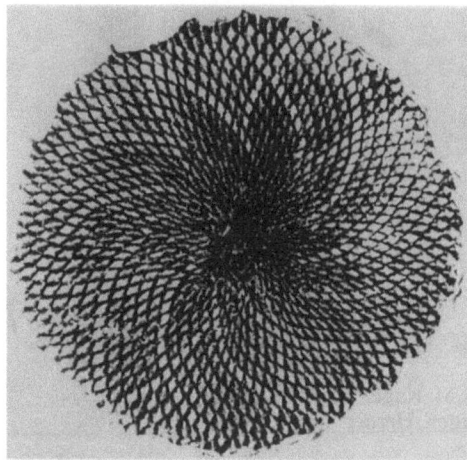

Abb. 18. Spiralförmige Muster bei der Sonnenblume

Gehen wir im Folgenden der Frage nach, ob diese Strukturen, die wir gerade besprochen haben und viele andere mehr, jeweils durch ganz verschiedene Prinzipien bestimmt werden, oder ob ein einziges Grundprinzip genügt, um das Entstehen all solcher verschiedener Strukturen zu erklären und beschreiben?

Dies ist gerade die Aufgabenstellung des noch relativ jungen Wissenschaftszweiges, der Synergetik. Das Wort Synergetik ist aus dem Griechischen genommen und bedeutet soviel wie „Lehre vom Zusammenwirken". Hier untersuchen wir, wie die einzelnen Teile eines Gebildes, eines Objekts zusammenwirken, um dann auf makroskopischer Ebene ein strukturiertes Ganzes zu geben, etwa ein schön symmetrisches Muster oder einen streng rhythmischen Bewegungsablauf.

Wie ich in den letzten 15 – 20 Jahren zeigte, gibt es in der Tat ein derartiges universelles Prinzip, das sich streng mathematisch formulieren läßt. Es wäre natürlich bei weitem verfehlt, wenn ich hier versuchen wollte, mathematische Aspekte dieser Theorie darzulegen. Vielmehr möchte ich versuchen, an einem einfachen Beispiel plausibel zu machen, wie ein solches Prinzip wirkt, und wir werden dabei erkennen, daß wir es hier mit einer Art verallgemeinertem Darwinismus zu tun haben, der nun aber nicht nur in der belebten Natur, sondern auch schon in der unbelebten Natur gilt.

Zur Vorbereitung für das folgende muß ich mit einem zunächst ganz unerwarteten Begriff anfangen, nämlich dem des Gleichgewichts, der in Abb. 19 nochmals erläutert ist. Ein stabiles Gleichgewicht liegt im linken Teil der Figur vor, nämlich wenn wir eine Kugel in einer Vase auslenken, so rollt die Kugel in ihre Ursprungslage zurück. Sie ist im stabilen Gleichgewicht. Drehen wir hingegen die Vase um und balancieren die Kugel aus, so ist auch sie wieder im Gleichgewicht. Der kleinste Stoß genügt aber bereits, um sie aus ihrer Gleichgewichtslage für immer zu entfernen. Hier sprechen wir vom labilen Gleichgewicht.

Die Rolle der Symmetrie in der Synergetik

Abb. 19. Veranschaulichung der Gleichgewichtslagen

Betrachten wir nun als ein konkretes Beispiel eine Flüssigkeit, die von unten her erhitzt wird, so wie wir sie schon oben einmal kennengelernt haben. Durch die Erhitzung dehnen sich natürlich die unteren Teile der Flüssigkeit aus. Sie werden spezifisch leichter und wollen nach oben streben. Andererseits sind die anderen Teile der Flüssigkeit oben noch kalt, spezifisch schwerer und wollen nach unten. Ganz offensichtlich haben wir hier ein instabiles oder labiles Gleichgewicht vor uns, und wir müssen uns fragen, was nun die Flüssigkeit anfängt. Vergleichen wir die einzelnen Flüssigkeitsteilchen mit einer Menschenmenge, die teils von unten nach oben bei einer breiten Treppe streben will, andererseits aber von oben nach unten, dann wissen wir alle, was in den meisten Fällen passiert: die Menschen drängeln sich wild durcheinander und behindern sich dabei enorm. Die Natur, sprich hier die Flüssigkeit, macht dies viel klüger.

Es gibt immer kleine Schwankungen in der Flüssigkeit, in den Geschwindigkeiten, etwa der einzelnen Flüssigkeitselemente, und so testet die Flüssigkeit verschiedene Bewegungszustände aus und versucht insbesondere solche, mit der sie am besten die Wärme von unten nach oben transportieren kann. Dabei zeigt es sich, daß einige bestimmte Konfigurationen besonders günstig sind und immer mehr anwachsen, andere hingegen weniger günstig und selbst wenn sie einmal angeworfen sind, von alleine wieder abklingen (Abb. 20).

Diejenigen Bewegungsformen, die nun immer mehr anwachsen wollen, würden für sich alleine genommen, verschieden schnell anwachsen. Hier kommt es

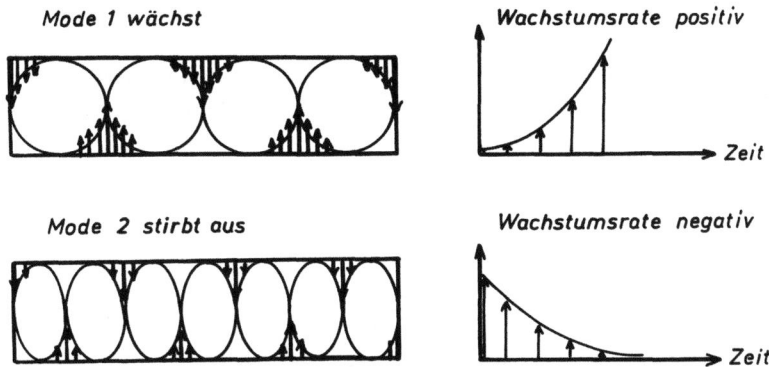

Abb. 20. Zwei mögliche Anordnungen der Bewegungsrollen. Bei der oberen, instabilen, Rollenkonfiguration steigt die Umlaufgeschwindigkeit immer mehr an, bei der unteren wird sie im Laufe der Zeit kleiner

nun zu einem interessanten Wettbewerb, nämlich diejenige Bewegungskonfiguration, die am schnellsten wächst, gewinnt den Wettbewerb, löscht alle anderen aus und prägt so dem System ihre Ordnung, ihre Symmetrie auf.

Es ist also tatsächlich so, daß wir auch in der unbelebten Natur hier eben bei den Bewegungsformen einen Darwinismus vor uns haben. Jede einzelne der miteinander konkurrierenden Bewegungsformen, trägt eine bestimmte Symmetrie mit sich. Wenn alle gleichzeitig da wären, wäre natürlich eine heilloses Durcheinander und die Symmetrie wäre gar nicht zu erkennen. Erst durch den Wettbewerb der verschiedenen Bewegungsformen wird dem System eine bestimmte Symmetrie, wie etwa die Form der Verschiebungssymmetrie der einzelnen Rollen, aufgeprägt. Das Auftreten solcher Strukturen kann streng mathematisch mit Hilfe der Gruppentheorie begründet werden, aber dieses würde hier natürlich den Rahmen unseres Vortrages bei weitem sprengen. Interessanter Weise bedeutet das Auftreten von komplizierteren Strukturen, daß hier immer weniger Symmetrien vorhanden sind. Betrachten wir etwa eine Flüssigkeit, die völlig homogen ist, also wo keine makroskopischen Bewegungen auftreten, so geht makroskopisch gesehen die Flüssigkeit bei einer beliebig kleinen Verschiebung in sich selbst über. Wenn wir hingegen die Rollenbewegung haben, so wiederholt sich das Ganze nur, wenn wir um den Rollendurchmesser in der Flüssigkeit weitergehen.

Auch in abstrakterer Weise können wir Symmetrien und deren Verletzung beobachten. Wir haben oben gesehen, daß eine Flüssigkeit instabil wird, indem man sie von unten her erhitzt und sie dann einen neuen stabilen Zustand in Form von Rollen findet. Dies kann man mathematisch in einer symbolischen Weise darstellen, wenn man die beiden Figuren oben und unten, die in Abb. 19 auftraten, gewissermaßen zusammensetzt; nämlich wenn wir nach rechts die vertikale Geschwindigkeit der Flüssigkeit in einer bestimmten Stelle auftragen, so können wir die Verhältnisse mit Hilfe eines Gebirges der Abb. 21 wiedergeben. Die Lage der Kugel symbolisiert dabei die gerade genannte Senkrechtgeschwindigkeit. So ist bei der erhitzten Flüssigkeit der Ruhezustand, wo die Kugel sich auf dem Maximum des Berges befindet, instabil, und die Flüssigkeit nimmt dann einen neuen Zustand mit einer endlichen Vertikalgeschwindigkeit ein, was dann durch eine Kugel symbolisiert wird, die nun das Minimum des Tals erreicht hat.

Interessanter Weise kann man leicht zeigen, daß das ganze Potentialgebirge, daß wir hier aufgemalt haben, symmetrisch ist, was nichts anderes bedeutet, als

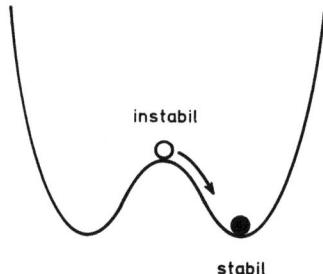

Abb. 21. Eine Veranschaulichung der Symmetriebrechung

Abb. 22. Vase oder Gesicht?

daß die Kugel genauso nach links wie nach rechts von ihrem Maximum herunterfallen kann. Das ursprünglich symmetrische Gebilde wird nun also unsymmetrisch dadurch, daß die Natur nur eine der beiden Richtungen realisieren kann. Man spricht deshalb hier von einer Brechung der Symmetrie. Solche Symmetriebrechungen gibt es übrigens auch bei hochkomplizierten Systemen, insbesondere etwa dem menschlichen Gehirn. Sieht man Abb. 22 an, so kann man zunächst keine Figur erkennen. Die Figur ist, wie wir gleich sehen werden, zweideutig, also in einem abstrakten, höheren Sinne symmetrisch. Gibt man aber dem Betrachter die Nachricht, „betrachte den weißen Teil als Vordergrund", so erkennt er sofort eine Vase, betrachtet man aber die beiden anderen schwarzen Teile als Vordergrund, so erkennt man zwei Gesichter.

Durch Hinzufügung einer Nachricht, „betrachte das oder jenes als Vordergrund", wird das zweideutige Bild eindeutig, oder die Symmetrie wird gebrochen. Diese Symmetriebrechung wird auch in der Psychologie bei Tests verwendet, so zeigt man z. B. Testpersonen Figuren oder Bilder, die in sich neutral sind, aber der Arzt geht davon aus, daß die Testperson in bestimmter Weise geprägt ist, in bestimmter Weise voreingenommen ist und so die Symmetrie bricht, indem sie z. B. dem Arzt bei Abb. 23 sagt, die ältere Frau sieht ängstlich aus, oder sie sieht argwöhnisch drein, usw.

Durch unsere Erwartungen oder Prägungen werden so Bilder in bestimmter Weise interpretiert, und diese Subjektivität spielt auch in der Kunst eine enorme Rolle, wie dies insbesondere Gombrich etwa in seinem Buch „Art and Illusion" dargelegt und durch viele Beispiele begründet hat. Hier sind wir aber nun schon sehr stark in andere Gefilde geraten, nämlich die der Kunst und der Psychologie, was nicht das eigentliche Thema unseres Vortrages ist.

Ich will vielmehr nochmals auf die Prinzipien zurückkommen, die das Auftreten von dynamischen Strukturen, die dann zu geometrischen Mustern oder auch zu Bewegungsvorgängen führen, bestimmen und erklären. Wir haben am Beispiel der Flüssigkeit gesehen, daß verschiedenartige Bewegungsvorgänge, wenn wir ein System destabilisieren, in Konkurenz treten. Diese immer mehr anwachsen wollenden Bewegungsformen heißen in der Synergetik „Ordner". Diese treten in einen Wettbewerb, der von einer oder nur wenigen Bewegungs-

Abb. 23. Ein Bild aus dem thematischen Apperzeptionstest, der 1935 von H. Murray entwikkelt wurde (aus G. C. Davison/J. M. Neale, Klinische Psychologie, Urban & Schwarzenberg, München-Wien-Baltimore, 1979)

formen gewonnen wird. Diese Bewegungsform bzw. -formen prägen dann dem System die Ordnung, die Struktur, die Symmetrie auf, indem sie alle anderen Teile des Systems in ihren Bann ziehen oder um einen Terminus Technikus zu verwenden, die einzelnen Teile des Systems versklaven.

So sehr uns Symmetrien fesseln und auch ästethisch ansprechen, so sind doch der Symmetrie in manchen Fällen Grenzen gesetzt, teilweise weil unsere Ästhetik leidet, zum Teil auch weil Sinn verloren geht. Betrachten wir dazu ein Bild, das der Computer nach bestimmten Regeln konstruiert hat, wie es in Abb. 24 wiedergegeben wird. Hier liegen strenge Regeln zugrunde, die dann auch eine ganz bestimmte strenge Struktur darstellen. Andererseits glaube ich doch, daß hier gewisse Merkmale der Kunst fehlen, nämlich das Spannungsfeld zwischen symmetrisch und geordnet, einerseits, und unsymmetrisch oder ungeordnet, mehr zufällig, andererseits. Ich glaube, wenn wir Kunstwerke betrachten, so werden wir bei den meisten feststellen, daß dort dieses Spannungsfeld vorhanden ist und daß es nur darauf ankommt, wie das Maß von Ordnung zu Unordnung, von Regelmäßigem zu Unregelmäßigem, von Gewolltem und Zufälligem verteilt ist. Diese Charakteristika sehen wir ja sowohl in der darstellenden Kunst, in der Malerei, als auch in der Musik. Ich glaube, daß hier Ästhetik und Intellekt miteinander verwoben sind, wie das vielleicht an einem zunächst weit hergeholt erscheinenden Beispiel klar wird.

Betrachten wir zwei Figuren, die eine elektrische Größe darstellen, so wie sie sich im Laufe der Zeit ändern (Abb. 25). Die obere Kurve erscheint uns völlig unregelmäßig, unsymmetrisch, unrhythmisch; die untere hingegen erscheint uns streng periodisch, rhythmisch. Trotzdem stellt die obere Kurve das Elektroenzephalogramm eines gesunden Menschen dar, und die Ärzte sagen, daß es um so komplizierter aussieht, je intelligenter ein Mensch ist und je intensiver er

Abb. 24. Selbstähnliche Einzugsbereiche einer iterierten Abbildung

a

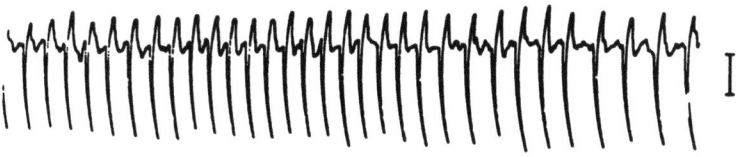

b

Abb. 25. Elektroenzephalogramm von Gehirnströmen bei normaler Gehirn-Tätigkeit (oben) und bei einem epileptischen Anfall (unten)

denkt. Das untere Bild hingegen stellt das Enzephalogramm eines Menschen dar, der gerade einen epileptischen Anfall erleidet. Die Rhythmik hier ist ein krankhaftes Symptom, nämlich die große Rhythmik hindert den Menschen daran, hier sinnvoll zu reagieren oder zu agieren, vielmehr sind alle Neuronen gleichgeschaltet und führen zu den Zuckungen.

Vom Standpunkt der Informationstheorie sind diese Ergebnisse nicht überraschend. Eine unregelmäßig erscheinende Kurve ist eben in der Lage, sehr viel Information zu übertragen. Gleichmäßigkeit bedeutet stets Reduktion der Information. Insofern sehen wir, daß uns ein Bild vielleicht zunächst deshalb befriedigt, das sehr symmetrisch ist, weil in ihm der Informationsgehalt reduziert ist. Wir empfinden es als beruhigend oder angenehm, wenn sich ein Muster etwa gleichmäßig in einem Mäander wiederholt. Andererseits kann diese Gleichmäßigkeit, diese Reduktion an Information zu einer Art Langeweile führen, zu einer Art Frustration und diese Langeweile wird in der Kunst eben dadurch aufgehoben, daß für den Betrachter oder Zuhörer ihm unerwartet erscheinende Elemente vom Künstler geschaffen werden.

Ich hoffe, daß meine Ausführungen zeigen, wie sehr wir in einem Spannungsfeld von Symmetrie und Unsymmetrie, Ordnung und Chaos leben, und ich hoffe, daß meine Ausführungen Sie ein klein wenig zum weiteren Nachdenken veranlassen können.

Referenzen

Haken, H.: „Erfolgsgeheimnisse der Natur". DVA 1981. Englische, japanische und italienische Übersetzung

On the Origin and Stability of Symmetries

René Thom

Perhaps the main difficulty attached to symmetry phenomena in Nature (and their most interesting aspect) lies in the fact that the concept of symmetry involves simultaneously both continuity and discontinuity. Symmetrical shapes or patterns are extended objects, hence requiring the existence of an ambient continuous space, the Cartesian "étendue". But at the same time they exhibit an intrinsic order, mathematically implemented by a set of operations (a continuous or discrete group) which keep this object invariant. Both continuity and discontinuity occur in the mathematical theory of Lie groups (continuous groups such as rotation groups, Euclidean groups, etc.). But in the "real" physical world, the "ultimate reality" is usually thought to be made up of discontinuous elements, particles or atoms. Hence two fundamentally distinct ways of understanding the phenomena of symmetry. Either symmetry is *created* by the mutual interaction of underlying punctual discrete elements — this would be the "a posteriori" type of symmetry — or symmetry is postulated "a priori" and creates its own visible objects, like "symmetry-breakings" or "defects" — this will be the "a priori" approach. It should be said — at this point — that in Fundamental Physics, both Lie groups of symmetries and "particles" are postulated, hence the strategy of Physics is a (bastard) mixture of the two approaches. Of course the need to take into account the results of empirical observation and experimentation explains this situation. So let us start with some generalities about the empirical facts of symmetries.

A. The Empirical Basis

The rôle of spatial symmetry varies considerably according to the scale of the phenomena considered. Large approximately symmetrical objects may be found, the most obvious being the spiral galaxies. But the Universe itself is frequently treated as a symmetrical object, as, for example, in General Relativity and cosmological models, where one often speaks of the "Radius of the Universe" as if it were spherical. Stars such as our Sun (and Planets) may be seen as Euclidean balls, at least to a fairly good approximation. On the terrestrial scale, one encounters fairly large symmetrical structures (such as cloud

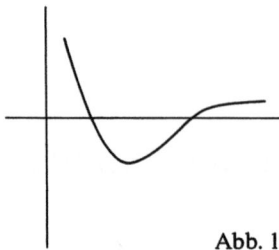

Abb. 1

formations in pictures taken by satellite); in geomorphology, erosive accidents frequently offer large symmetrical patterns (dunes in some deserts, Badland formations, and so on...). On Man's own scale, the most obvious symmetry is the external bilateral symmetry of the human body, which also appears in many animal species (especially vertebrates). One should also remark, incidentally, that this bilateral "symmetry of biological origin" extends to most of our tools. Of course, we know it is broken when we come to the internal organs; it is known that in about 2 cases on 10 000 this internal dissymmetry may be symmetrically reversed (situs inversus). Symmetries may also occur in some biological organs (e.g. flower calices of pentagonal symmetry), and in lower organisms (Radiolaria, Viruses, ...) but here one is nearing the mineralogical symmetries. As a general statement, these "macroscopic" symmetries are only approximate; they do not compare in accuracy or extension with the symmetries of the phase states of matter, like crystal structures. The most obvious explanation for most of these symmetries is the effect of a variational principle, such as "isoperimetric inequality", whose determining effect conflicts with some disordering "noise". The bilateral symmetry of vertebrates was explained by H. Weyl as the effect of a dynamical locomotion constraint (lowering resistance to motion) [1]. This constraint disappears for internal organs, where some other functional constraints (like lenghtening of the digestive tract due to the need for lengthy digestion) may lead to a breaking of this external symmetry.

Of course the most important symmetries in experience are those arising in the organization of matter just above molecular level. Here crystal structures play a paradigmatic rôle (to the extent that models in Physics will speak of a "lattice gas", a beautiful "oxymoron"...). A priori constraints lead to the definition of crystallographic subgroups of the Euclidean Group, some of which have not been found in nature. It is disputable whether such "phase states of matter" as liquid state, "liquid crystals" (smectics, nematics, cholesterics) may be considered as belonging to symmetrical objects proper. It seems to me that it would be preposterous to exclude such objects from a general theory of symmetry in Nature. The mathematical theory of such objects is the theory of pseudo-groups, created by E. Cartan. Unfortunately pseudo-groups do not have such beautiful mathematical properties as groups, and so have not, up to now, attracted the attention of physicists. It is my conviction that among the "primitive pseudo-groups" discovered by E. Cartan, there are three which have some connections with phase states of matter. Those which keep a symplectic form invariant correspond to the solid, those which keep a volume invariant to the liquid state, and those which are arbitrary diffeomorphisms to the gaseous state. But a theory of "local phase" still awaits the theorist bold enough to brave the tyranny of statistical mechanics formalism.

The description of defects in a symmetric structure leads to quite interesting conceptual problems. For defects may themselves be arranged in "higher order" symmetric structures, which structures may themselves exhibit "superdefects", superdefects ordered in turn by a superdominating symmetry, and so on... Hence the need to consider a hierarchical structure of subgroups $G_i \to (G_{i+1})$, the subgroup (G_{i+1}) ordering the defects of the structure associated to (G_i). One may in some cases have such formal graph structures reinjecting homomorphically into themselves. (This would lead to a "self similar", "fractal" structure: an object quite fashionable in the present day but which can only be approximate, in matter, as the iteration has to stop somewhere.) At the molecular level, the notion of symmetry reduces to the study of isomeres, leading sometimes to interesting problems of historical nature (L-molecules in living beings).

B. Symmetries Generated from Discontinuous Elements

The idea that individual material points may, by their mutual interaction, create "spontaneously" symmetrical structures, is an obvious one, but it has not been examined very closely by scientific disciplines. All too often, a vague discourse on "auto-organization" is held to explain such formations. The only clear-cut example of such a study is the one by Duneau-Katz [2]. These authors address the following problem: given a set of points in $\mathbb{R}^3$ which attract each other through forces defined by a two-body potential of Van der Waals type, repulsive at short distance, attractive around a minimum value (a) for the distance, is any minimum of the global potential energy $V(x) = \sum_i V(x_i)$

represented by crystal structure? These authors, although they show the existence of crystal solutions for such a potential, are unable to prove their stability. The simple fact that on $\mathbb{R}^2$ one may have either the square lattice ($x = n_1$, $y = n_2$), or the hexagonal lattice as possible solutions shows that numbering the equilibria might be − in general − quite difficult.

Since the Van der Waals force is of quantal origin, associated as it is to the interaction of electron spins in nearby atoms (ending in the chemical bond when intermolecular distance approaches the molecule size), it is probably fair to say that up to now no firm justification for the solid state exists − at least

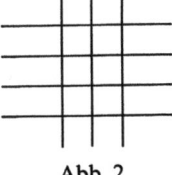

Abb. 2   Abb. 3

at the fundamental level[1]. This is a fortiori true for the liquid state and for all "ordered media" (nematics, smectics, etc.). This gap in the physical explanation of our Universe is particularly disquieting, as Fundamental Physics claims to describe very adequately the behaviour of particles at the quantum level.

Of course there is a huge theory of phase transitions, associated to Statistical Mechanics methods and, more recently, to the renormalization group method. I must confess that there is a mystery here — at least to me! How, when applying the Boltzmann "coarse graining" to an ergodic and mixing dynamics of molecular collisions, can one get the full diversity of local patterns found in matter organization? This objection does not concern the Landau mean field method, which deals basically with the thermodynamics of degeneracy of a symmetry into its subgroups, and is therefore associated to the unfolding of a polynomial singularity with respect to some subgroup invariant terms. Here we are in fact entering the domain of "a priori" methods.

C. The "a priori" Methods: From Continuity to Discontinuity

Here it is supposed that we are dealing with "ordered media". That is, at each point x in the space, the local Euclidean isotropy group $SO(3)$ reduces to a subgroup Γ_x, the homogeneous space $SO(3)/\Gamma_x = F_x$ is the local "fiber" of n homogeneous structures. Thus such a medium in a domain U may be defined as a section σ of a bundle $\downarrow\uparrow\sigma$ with fiber F_x. (Sometimes it is necessary to have non-local structures, defined by a regular map: $\psi: \mathbb{R}^3 \to T^3$ for instance, the mesh of the structure.) Then appears the problem of conflicting local structures. The conflict may take place first on a space of intensive parameters (take the (p, T) plane of phase diagrams). But later it takes place on the usual space time (x, t), as there is, under the local thermodynamical equilibrium condition, a canonical map $\Delta: (R^n(n+1)) \to (p, T)$ describing pressure and temperature at every point (x, t). Hence if we know the phase diagram defining the phase transitions (separator set K) in the (p, t) plane, we can deduce from the map Δ the spatial partitioning of the space between phases. Unfortunately this map is not "generic" on critical points, hence the fuzzy nature of phase boundaries in the critical region. (In fact crossing separatrices gives rise to complicated morphologies: boiling, for instance, for the transition liquid water → water steam.) And we do not speak about the theoretical difficulties in computing the *real* phase diagram of a *real* substance. But, as pointed out earlier, the Landau method may give in many cases a fairly satisfactory account of the transition, despite predicting erroneous characteristic exponents (here also due to the ill-defined character of the temperature in the critical region). Here it is the idea of unfolding which is central in the method.

---

[1] I owe this observation to a conversation with Prof. Elliott Lieb.

The recent discovery of "quasi-crystals", made by mapping a regular crystal on R^{3+k} into R^3 has raised a number of very fundamental questions. Perhaps one of the basic questions could be put as follows: how many local orders may coexist at a given point in space (or space-time)? In a quasi-crystal with two incommensurable periods, there are two local orders "fighting" against each other. One might speculate that inasmuch as local orders involve physical entities subjected to different uncoupled physical fields, such local orders may coexist without mutual interference. (For instance, a system of stationary electromagnetic waves may coexist in a spatial domain with a system of stationary acoustic waves.) But if one wanted to realize these local orders by static material distribution, it would be astonishing if more than three of them could coexist in a local region without creating a "chaotic" situation.

The conflict of a field of local structures with itself may create "defects". We know that such defects, when they are stable T, have to satisfy the Kleman-Toulouse rule [3]. For a punctual defect, the bundle $\mathscr{E}$ defined by the family of local structures around the singular point 0 has to be trivial (in $R^n - 0 \simeq S^{n-1}$) if the singularity is removable (by a slight deformation) and the obstruction, defined by a homotopy class of map $g: S^{n-2} \to Aut\,(\mathscr{F}_x)$ has to be trivial. Here S^{n-2} is to be taken as the equator of S^{n-1}. If such a class is non-zero, the singularity is non-removable, isolated and stable (if the map is of degree one, in the usual sense).

For instance, a punctual singularity in R^4 of a continuous ordered structure cannot exist stably (if the structure group $Aut\,(\mathscr{F}_x)$ is a Lie group G) because $\pi_2(G) = 0$ for any Lie group. In a model universe where matter and radiation would be defects of an ordered ether, isolated punctual events could not exist stably, and hence require the presence of singularities of dim one (moving zero-dimensional particles in R^3). The corresponding stability group will be such that $\pi_1(Aut\,(\mathscr{F}_x)) \neq 0$, so it has to be something of an $S^1 = SO\,(2)$ or $SU\,(1)$. It is tempting to believe that it is associated with the complex character of the wave function in Quantum Mechanics. (The $\mathscr{E}$ bundle over S^2 in R^3 should be equivalent, as an S^1-bundle, to the Hopf fibration $S^3 \to S^2$ or induced by $z_2/z_1 = \lambda$, $PC\,(2) \to \mathbb{C}\,(\mathbb{C}) = S^2$. The Kleman-Toulouse rule does not suffice to characterize all stable singularities, for it does not take into account the "integrability" condition associated to some structures (cholesterics, for instance, which are described by a field of 2-form in R^3 which has to be integrable (if ω is a 1-form defining the field, $\omega \wedge d\omega = 0$). The extra-singularities are those of the so-called *Friedel systems*, associated to a pair of "focal" conics. There are also "walls" which form the boundaries of such systems.

Let me add a final word on how "internal symmmetry groups" come into Fundamental Physics. Here the symmetries are "hidden", and they are discovered by a fitting process involving multiplets of a spectrum. The basic scheme is already that of the Zeeman effect. Adding a magnetic field (H) to a spherically symmetrical potential causes a multiple eigenvalue to degenerate into a multiple set of local eigenvalues. A symmetry breaking $SO\,(3) \to SO\,(1)$ causes a very specific splitting of the original multiple eigenvalues (the multiplicity being defined as the dimension of the associated representations). Here again the very specific appearance of this "unfolding" of a multiple root of the characteristic polynomial allows us to reconstruct the corresponding symmetry breaking. This is a special case of the problem "can we hear the shape of a drum?", i.e. can we reconstruct the domain U when we have solved Laplace's equation $\Delta u = \lambda u$ (with zero boundary data), when we know the spectrum of the operator? Here the symmetries appear as a hermeneutic device for interpreting spectrography. It is claimed that this process has proved quite successful in the formalization of interactions between the different kinds of particle (leptons, hadrons...). I shall not here discuss this claim which the recent successive choices of internal symmetry groups make somewhat dubious. Perhaps it proves only that in Science we are always victims of the same illusion. Symmetries are powerful tools to predict phenomena, for if we know a sufficiently large part of a symmetric pattern we can reconstruct the whole by applying the symmetry transformations. Moreover any constructive process requires the generativity of a group structure.

All these facts explain why Man's mind has always been attracted towards simple geometric structures; our ancestors believed that the Earth's surface was flat; there are still many physicists, in our day, who believe that our universe is Minkowski space. The rôle of symmetries in present-day Science may not be considered satisfactory. For the symmetries in objects on our terrestrial scale (in Biology, Geology, Meteorology...) are of approximate nature, they belong to the so-called "self-organizing" phenomena. They involve local objective or patterns, they do not extend to infinity... The symmetries of Fundamental Physics are cosmological and supposedly accurate (with the unreasonable accuracy of physical laws, as E. Wigner said). They involve both the infinitely large (the global structure of space-time) and the infinitesimally small (high energy particle Physics). How long is this strange dichotomy to persist? I cannot deny some skepticism in this matter.

If we believe, according to Plato's Timaeus, that the world was constructed by a mathematically gifted, very clever "demiurge", then the aim of the scientist is to guess how the demiurge went about his work, to unravel his secrets. After Plato, after Kepler who inscribed the regular Platonic polyhedra inside the planetary spheres, we still believe that the secrets of the Universe are associated with the mysterious interplay of regular, geometrical figures. Whether this belief will prove valid indefinitely, only the future can say.

References

1. Weyl, H.: Symmetrie, Birkhäuser Verlag, Basel 1955
2. Duneau, M., Katz, A.: Stability of symmetries for equilibrium configurations of n particles in three dimensions. J. Statist. Physics **29,** 1982 n 3, pp. 475–498
3. Kléman, M., Michel, L., Toulouse, G.: Classification of topologically stable defects in ordered media. Le Journal de Physique-lettres, t. **38,** mai 1977, pp. 795–797

Aspects of Brain Asymmetry

Michael S. Gazzaniga

Introduction

A series of recent articles in newspapers from California to Berlin have urged people to get in touch with their creative brain, which is to say to get in touch with their right brain. One industrous promoter has urged corporate executives to take a paper and pencil test to determine whether or not they use their right brain at all. If the test suggests they do not, he suggests they take up photography, or hang out with weird friends or travel to unknown places. Such activities will make the person, "start to use that brain tissue in ways that they've never used it."

Right-brain, left-brain claims are everywhere. They are popular, and on the surface they are entertaining accounts of how the human brain might be organized. How much of it is true? Where did these stories come from? How many mental processes are asymmetrically represented in the brain? What are the facts about the left and right brain of the human? These and other issues will be examined in this article. Not surprisingly, most of the claims that make their way to the popular press are either untrue or exaggerated. The unfortunate aspect of these distortions is that such claims mask the truly fascinating features of human brain activity that have been discovered in recent years.

Much of the work leading up to left brain/right brain thinking came from split-brain research. It all started approximately 25 years ago with a World War II veteran who was suffering from epilepsy incurred from an injury. He had parachuted behind enemy lines and was captured. During his capture he was hit on the head with the butt of a rifle, an injury that led to his developing epilepsy. Epilepsy is a disease where millions of neurons in the brain inappropriately discharge causing a person to lose muscular control, and sometimes to lose consciousness. The patient, W. J., was studied at a number of medical centers in the United States, and in the search for effective medical treatment for his condition he arrived finally at Los Angeles's White Memorial Hospital. Dr. Joseph E. Bogen was at that time considering a radical solution to the thorny problem of intractable epilepsy. After reviewing earlier work done in the 1940's, he decided it might be helpful to sever the nerves that connect man's two cerebral hemispheres. The nerve bundle to be cut is called the corpus callosum. Dr. Bogen reasoned that if a seizure occurred in one half brain, it would remain localized to that half brain and not transfer over to the other, since the major connection between the two had been sectioned. With one half brain not seizing, the hope was that the patient would not lose consciousness, and thus would remain in control of most bodily and mental functions. He proposed his idea to his neurosurgical chief, Dr. Peter Vogel, and after much thought they decided to proceed (Bogen and Vogel, 1965). The hope was that seizures starting in W. J.'s left brain would not spread to his right brain.

Across town at the California Institute of Technology were the psychobiology laboratories of Professor Roger W. Sperry. Sperry had for years been working on an animal preparation that he had called the "split-brain" (Sperry, 1961). By surgically sectioning the same fiber bundle Bogen was proposing be severed in humans, Sperry and his student, Ronald E. Myers, had discovered that information learned by one half brain was not known to the other. For example, if the left paw of a split-brain cat had learned that pushing a smooth pedal as opposed to a rough pedal would yield delectable reward such as liver, the right paw, astonishingly, remained ignorant of that knowledge. Cats with intact callosums, of course, transferred the information from the left paw to the right with no problem.

These incredible findings on animals were at odds with the earlier literature on the effects of sectioning the human callosum. In the early 1940's a group of doctors at the University of Rochester had operated on 26 patients with the hope of helping to control their epilepsy (Akelaitis, 1943). When those patients were examined it was reported that no major effects of the surgery were observable. It was assumed the same would be true for animals, leading many to the conclusion that the corpus callosum, while being the largest nerve bundle in the brain, was also the most useless. In brief, the earlier human split-brain findings suggested that sectioning the nerve pathway did not produce any failures in the transfer of information from one half brain to the other. In light of Myers and Sperry's animal work, however, Bogen thought it would be wise to carefully test his first human case on a wide range of neuropsychological functions and arranged for Sperry to administer the studies. In the fall of 1961, Case W. J. underwent callosal surgery. It fell to Sperry, Bogen, and myself to assess the effects of disconnecting the two half brains of a human (Gazzaniga et al., 1962). We wanted to know whether or not it could be the case that teaching a problem to one half of a human brain could be done without the other knowing about it.

Prior to his surgery, W. J. was brought up to Caltech for some pre-operative tests. These tests were designed to show that his left and right hemispheres were in communication with one another. The corpus callosum, the main structure to be cut in "split-brain surgery", is the neural pathway through which information is transferred from one cerebral hemisphere to the other. We discovered W.J. was completely normal in this regard. He easily carried out tests examining visual and tactile capacity. The brain is organized in such a way that information presented to the right of the point of visual fixation is projected to the left occipital lobe, the visual receiving area of the brain. Conversely, information presented to the left of fixation is projected to the right brain. With touch, information about the nature of objects held in the right hand is projected to the left parietal lobe of the brain and for the left hand the information is projected to the corresponding part of the right brain. W. J., as with most right handed people, has a dominant left hemisphere. It was known that this meant that only his left brain could understand language and produce speech. Within this framework, we found out that showing pictures or words to either side of fixation found W.J. able to say what they were. When the picture was presented to the left of fixation, it was projected to the right brain whereupon the information was transferred to the left speech system through the corpus callosum. Objects held in the left hand out of view could also be easily identified. The touch information went initially to the right, non-talking, half of the brain, and was then transferred to the left for the correct spoken response. Would all of this still work after the surgery? The animal work demonstrated that the callosum was the neural route through which this information travelled between the two half brains. Was this also true of humans? Or could other, less obvious, brain pathways allow for the integration of information between the two human half brains?

A month or so after the surgery, W. J. was again brought to Caltech for special testing. The war veteran was positioned in front of the testing screen and pictures were flashed to either side of fixation. W. J. easily named those appearing to the right of fixation, which were directly projected to his left, speech, hemisphere. When pictures were flashed to the left of fixation, a different picture emerged. W. J. could describe nothing, neither pictures nor words, flashed to the right brain! The left, talking, half brain simply said, "I didn't see anything." Clearly the surgery had interrupted the pathway by which the left brain knows about right brain activity. The same was true for touch information. Objects held in the right hand could be named, but not those held in the left. That afternoon, the first modern observations on human split-brain phenomena were made. They launched the present era of research that continues to this day on these kinds of patients. They also became the core studies that led to much of the current left-brain/right-brain mania, most of which is nonsensical.

With the discovery that W. J.'s right half brain no longer communicated with his left, the first task was to determine whether or not the mute right hemisphere could function at an interesting psychological level. If it couldn't talk about what it saw, could it direct the left hand, which receives its major control from the right brain, to a matching picture? Or, if flashed the word "apple", could it point to a matching picture?

These kinds of questions were asked not only of Case W. J., but also of two other cases who underwent split-brain surgery in the early 60's by Bogen and Vogel. Starting in the late 70's other neurosurgical centers (Wilson et al., 1977), learning of the great medical benefits in controlling the epilepsy of these patients, began performing the procedure, and at this writing there are well over 200 post-operative cases in America (see Reeves, 1985). While most of these cases have not been studied in vast detail, enough have been examined to allow for a more settled view of how the two cerebral hemispheres of the human are organized. In what follows we will describe the evolution of the ideas that came out of the work on split-brain patients.

Original California Studies: With some effort, we were able to demonstrate that W. J.'s disconnected right brain could carry out simple match-to-sample tasks. That is, if flashed a picture of an "apple" on a rear projection screen, he could point to a matching picture placed in front of him enough times to prove statistically that he wasn't guessing (about two and half times above "chance" level). If a word was flashed and he was asked to point to a word that matched the flashed word, he was also able to do that above chance. However, he was not able to point to a picture of an apple if what had been flashed to his right hemisphere was a word. This suggested his right hemisphere was capable of making simple perceptual matches but could not process language stimuli into meaning.

Where W. J. proved truly remarkable was in what appeared to be superior performance by the right hemisphere in carrying out were called visuo-constructional tasks (Gazzaniga et al., 1965). These are tasks that require arranging objects to correspond to a 2-dimensional picture. In the classic test, 4 red and white blocks are to be arranged in a way that mimics a design presented on a printed card. It has been shown in earlier work, carried out by neurologists in England and elsewhere, that patients with damage to their right brain are impaired on this task, while patients with lesions in the left hemisphere are not (Paterson and Zangwill, 1944). When the task was given to W. J., his left hand was able to perform the task but his right hand was not. In other words, the hand that received its major control from the left, talking, hemisphere could not perform the task. The hand controlled by the mute, largely unresponsive, right hemisphere quickly solved the visual task. It was quite a dramatic sight, and was filmed so others could see for themselves.

W. J. had proven this dissociation of function between the two half brains to be real on another test. In a simple drawing task which required that the patient merely draw a cube in proper perspective, the left hand did so while the right hand failed. These dramatic observations, however, were largely limited to W. J. when the results of the first three cases were considered together. The other two cases, N. G. and L. B., gave little indication of this clear a separation of function (Bogen and Gazzaniga, 1965). They, however, presented with other evidence that suggested their right brains, while not able to talk, could understand simple language (Gazzaniga and Sperry, 1967; Gazzaniga, 1970). At the time it was argued that these two patients did not show the visual effects because either hemisphere was fairly good at controlling either hand. Thus, if the right hemisphere was specialized for these kinds of visual-constructional tasks it could control not only the left hand's performance, but also the performance of the right hand. If that were true, it was argued it would mask the fact that the disconnected right brain was indeed specialized for these kinds of visual tasks. As we shall see, that explanation for the varied results is only partly true. Nonetheless, the left-brain/right-brain story was off the ground and picked up by journalists everywhere.

Starting in the early 70's these same patients were re-examined by other students of Sperry, most notably Jerre Levy and Colwyn Trevarthen. Using lateralized visual pictures of faces, geometric shapes, and other stimuli that were specially designed so that the left brain viewed one half of a picture and the right brain saw the opposite half of another picture, tests were carried out that suggested the right brain was more responsive than the left for these pictorial stimuli (Levy et al., 1972). Thus, on any given test a patient would view, for instance, half of a bee stuck next to half of an apple. Because of where they were gazing when the picture was presented, the bee would project to the right brain and the apple to the left brain. Subsequently, when they pointed to a picture of a bee placed among a group of pictures that contained several pictures including an apple, it was concluded by the investigators the right brain was dominant for visual processing. From this and other work the claim arose that the left brain was verbal and analytic, and the right brain more visual and synthetic.

East Coast Studies: In the mid 70's several other neurosurgical centers decided to carry out callosal surgery as well. By expanding the number of patients that could be studied, different profiles of hemispheric function began to emerge. Along with the inevitable different insights gleaned from studying more patients, came different experimental strategies for studying lateralized brain processes. The main new insight is to carry out extensive pre-operative testing using the tests, such as the block design test, that are thought to be sensitive to lateralized brain processes. Both events have led to a new interpretation of how the two cerebral hemispheres interact to produce normal human cognition.

The first striking fact that emerged with the addition of more cases for study, was that the pattern of distribution of so-called lateralized processes, such as the ability to carry out the block design test, varied greatly from one person to another. The new data suggest that while language processes are almost exclusively a property of the left brain, so-called right hemisphere processes are found in only a small percentage of cases. Furthermore, when they are found to be present in the right hemisphere, they can reflect at least two different kinds of processes, both of which are important for understanding human brain function.

The first type of right hemisphere process is thought to be more apparent than real. This is the type of response that leads the experimenter to conclude that the right hemisphere is better than the left at carrying out certain types of perceptual tasks such as recognizing faces. Such findings have been commonly interpreted as suggesting that the right hemisphere is superior at facial recognition because it possesses some kind of structurally different brain tissue.

There are, however, other interpretations for such observations. Perhaps the left, language-active, hemisphere is trying to do more with the stimulus presented to it, with the result that it slows down and hampers what is in fact a simple perceptual task. The left, with its unquestionably superior language encoding processes, tries to name and codify all stimuli presented to it. The right hemisphere is not burdened with such processes and as a result proceeds quickly with the simple perceptual task. Recent data from my laboratory suggest this kind of mechanisms may be behind many left-right differences (Gazzaniga and Smylie, 1983). Specifically, when pictures of faces similar to each other are presented to the left and right hemispheres of split-brain patients, the left, talking brain is not as good as the right at pointing to a matching picture among a group of similar looking faces. However, when dissimilar faces are presented to each half-brain, thereby making them easy to identify and characterize verbally, each hemisphere is equally good at the discrimination. Furthermore, it was shown that if the similar faces were quickly flashed to the left or right brain and only moments later the same or a different picture was also quickly flashed to each half brain and the subject had merely to indicate whether the two pictures were the same or different, the left and the right brain were equally capable of performing the task. Taken together, this work suggested the left brain appeared to be deficient when in fact it was not. It was trying to do more than was necessary for solving the task with the similar faces. In short, for this kind of perceptual task, the left brain can do as much as the right.

Other studies have presented confirming evidence (Gazzaniga and Smylie, 1986). In a task that required each half brain to decide which of two difficult-to-name colors, presented with a one second delay between them, were same or different, the left brain was slower than the right and appeared inferior. However, if the exact same colors are presented with an extemely short delay between each other, there is no difference in performance between the two half brains. It is as if the longer delay causes the left hemisphere to automatically activate its language-coding strategies and attempt to name the unnameable, which slows down other processes that could easily solve the problem at a perceptual level. In fact, it was also shown that if the colors used were easily nameable, such as red, blue, etc. the left is faster than the right at the task.

Such findings are important in developing theories of how the human brain is structured and how it operates. In this instance, the interpretation of a particular brain process as suggesting the right brain does something differently and better than the left brain, is in fact shown to be untrue. The effect is actually due to the presence of well-recognized superior language processes in the left brain. As a result, one does not conclude that the left brain is inherently impaired at perceptual tasks, such as face recognition.

Secondly, the second phenomenon concerning right hemisphere behavior that has been revealed with the appearance of new cases, is that another class of right hemisphere tasks, tasks that involve using the hands to complete them, are now revealed to commonly use processes controlled by both the left and right hemispheres. The simple task described above – the placing in order of the red and white blocks – is such a task. The discovery that both hemispheres can participate in this task was made after it was shown in studies from my lab that several new split-brain patients were unable to perform such tasks at all with their disconnected right hemisphere. This raised the question of whether or not the right hemisphere had possessed some skills or participated in some way with the left before split-brain surgery. To examine this question, patients are now being studied both pre- and post-operatively on a variety of such tasks. The left and right hands are tested pre-operatively. In tests carried out to date, it has been shown that either hand can carry out such tasks pre-operatively. However, post-operatively some patients are frequently unable to carry out the task as well with either hand. This leads to the conclusion that in many of us, the two half brains may cooperate through the callosum in order to perform such activities. It remains for future research to determine what it is that is being shared between the two half brains. Nonetheless, it is now evident that a so-called lateralized skill is made up of several components and that the physical location of these components can vary from one brain ot another.

I am arguing for the view that many of the so-called specialized functions of the right brain are more apparent than real. In test after test, the right hemisphere appears to be superior on perceptual tests because the left brain in trying to encode and categorize the presented stimulus, thus effectively interfering with processing the stimulus in a simple perceptual mode. When the automatic left brain processes are neutralized, the two brains perform in much the same way on perceptual tasks.

This leaves one with the tried and true view that most brain asymmetry is related to left brain dominance for language, speech and the higher cognitive functions. Moreover, it appears the left brain has a crucial component called the "interpreter"; a necessarily asymmetrical brain activity that is the sine qua non of personal conscious experience.

The Left Brain Interpreter

Elsewhere, I have outlined a picture of brain function that reveals its apparent modular organization (Gazzaniga, 1985). This means that for mental activities such as language and mental imagery a variety of identifiable sub-components contribute to the integrated activity. Additionally the idea of modularity also refers to the fact that behaviors can be elicited from mental systems active outside of our conscious awareness. It is assumed that these functioning modules have some kind of physical instantiation. At present, the brain sciences are not yet able to specify the nature of the actual neural networks involved although progress is being made (Gazzaniga, 1985). It is clear that functioning modules, performing outside the realm of conscious awareness, can express their computational product to conscious mechanisms and to the motor system directly. Catching up with this process is what the brain appears to be doing and seems to be a function of an interpretive module residing in the left hemisphere. I think it need not always be in the left, but that is where it is for most humans. Watching the interpreter work on strict experimental conditions is most dramatic.

We first revealed the phenomenon using a simultaneous concept test. The patient is shown two pictures, one exclusively to the left hemisphere and one exclusively to the right, and is asked to choose from an array of pictures placed in full view in front of him the one associated with the pictures lateralized to the left and right brain. In one example of this kind of test, a picture of a chicken claw was flashed to the left hemisphere and a picture of a snow scene to the right hemisphere. Of the array of pictures placed in front of the subject, the obviously correct association is a chicken for the chicken claw and a shovel for the snow scene. P. S. responded by choosing the shovel with the left hand and the chicken with the right. When asked why he chose those items, his left hemisphere replied "Oh, that's simple. The chicken claw goes with the chicken, and you need a shovel to clean out the chicken shed." Here, the left brain, observing the left hand's response, interprets that response into a context consistent with its sphere of knowledge — one that does not include information about the left hemifield snow scene (Gazzaniga and Ledoux, 1978).

It is interesting to note that while the patients possess at least some understanding of their surgery, they never say things like, "Well, I chose this because I have a split-brain and the information went to the right, nonverbal hemisphere." Even patients who are brighter than P. S. (based on IQ testing) view their responses as behaviors emanating from their own volitional selves, and as a result they incorporate these behaviors into a theory to explain why they behave as they do. Certainly, one can imagine that at some future point a patient might be studied who chose not to interpret such behaviors because of an overlying psychological structure that prevented the response. Or, one can imagine a patient finally truly learning by rote, as it were, why a certain behavior most likely occurred and therefore not offer an explanation.

There are occasions when a patient, having trouble controlling his left arm, will tend to write off anything it does under the direction of the right brain, thereby making the foregoing test inappropriate for demonstrating the phenomenon. In such situations, a single set of pictures is presented and only one hand is allowed to make the response. Thus, in this test the word "pink" is flashed to the right hemisphere and the word "bottle" is flashed to the left. Placed in front of the patient are the pictures of 8 bottles of different colors and shapes. When this test was run on J. W., on a particular day when he kept saying his left hand does what it wants to do, he immediately pointed to the pink bottle with the right hand. When asked why, he said "Pink is a nice color." And so it goes.

There are many ways to influence the interpretive system. As already mentioned in the foregoing, we wanted to know whether or not the emotional response to stimuli presented to one half brain would have an effect on the affective tone of the other half brain. In this particular study, we showed under lateralized stimulus presentation procedures, a series of film vignettes that included either violent or calm sequences. In these studies we used an eyetracking device which permits prolonged lateralization of visual stimuli while the eyes remain fixated on a point (Gazzaniga and Smylie, 1983). The computer-based system keeps careful track of the position of the eyes so that if they move from fixation the movie sequence is electronically turned off. For example, in one test a film depicting one person throwing another into a fire was shown to the right hemisphere of patient V. P. She racted, "I don't really know what I saw; I think just a white flash. Maybe some trees, red trees like in the fall. I don't know why, but I feel kind of scared. I feel jumpy. I don't like this room, or maybe it's you getting me nervous." As an aside to a colleague she then said out of my earshot, "I know I like Dr. Gazzaniga, but right now I'm scared of him for some reason."

Clearly, the emotional valence of the stimulus has crossed over from the right to the left hemisphere. The left hemisphere remains unaware of the content that produced the emotional change, but it experiences and must deal with the emotion and give it an interpretation. The same kind of phenomenon is observed when more neutral stimuli are presented such as scenes of ocean surf, nature walks and the like; the patient becomes calm and serene. Taken together, these examples show that both covert as well as overt responses are interpreted, and confirm and extend earlier experiments carried out on the California patients (Gazzaniga, 1970).

The kind of thing we see in these patients and under these kinds of laboratory conditions can be related to many every day experiences. Consider how often we go to bed in a good frame of mind (or the opposite) only to awake feeling depressed and cranky (or the opposite). The cognitive data structure hasn't changed during the night; why the change in mood? Could it be that a set of engrams in a particular mental module has become activated and has unleashed biochemical mechanisms that give rise to a specific mood state? The idea here is that the left hemisphere would then try to interpret these feelings, and may well and somewhat gratuitously attribute cause for them to otherwise innocent concepts also existing in the conscious realm at that time (Gazzaniga, 1988).

Summary

The cerebral hemispheres are vastly complex neuronal systems. Most of the time they work together to produce normal human cognition. Through the corpus callosum, a neural structure that contains over 200 million fibres, one side has easy access to the processes contained in the other. Because of that, it makes no more sense to talk about left brain or right brain skills than it does to talk about the bottom or top half of a football. The brain is one interconnected system, admittedly with different and specialized parts. The dominant, asymmetrical left half brain possesses the most unique functions. It is so active in human mental processes that it sometimes interferes with what should be a simple response. In doing this, it sometimes makes it appear there are separate left brain and right brain activities when in fact both half brains are working in a coordinated way to produce a mental activity.

References

Akelaitis, A. J.: Studies on corpus callosum; study of language functions (tactile and visual, lexia, and graphia) unilaterally following section of corpus callosum. J. Neuropath. Exp. Neurol. *2*:226, 1943

Bogen, J. E., Vogel, P. J.: Cerebral commissurotomy in man: Preliminary case report. Bull. Los Angeles Neurol. Soc. *27*:169, 1962

Bogen, J. E., Gazzaniga, M. S.: Cerebral commissurotomy in man: minor hemisphere dominance for certain visuo-spatial functions. J. Neurosurg. *23*:394–399, 1965

Gazzaniga, M. S.: The Bisected Brain, Appleton-Century-Crofts, New York 1970

Gazzaniga, M. S.: The Social Brain: Discovering the Networks of Mind. Basic Books, New York 1985

Gazzaniga, M. S.: Mind Matters. Houghton Mifflin, Boston 1988

Gazzaniga, M. S.: Brain modularity: Towards a philosophy of conscious experience, in press

Gazzaniga, M. S., LeDoux, J.: The Integrated Mind. Plenum Press, New York 1978

Gazzaniga, M. S., Bogen, J. E., Sperry, R. W.: Some functional effects of sectioning the cerebral commissures in man. Proc. Nat. Acad. of Sci. *48*:1765–1769, 1962

Gazzaniga, M. S., Bogen, J. E., Sperry, R. W. Observations on visual perception after disconnection of the cerebral hemispheres in man. Brain 88:221, 1965

Gazzaniga, M. S., Sperry, R. W.: Language after section of the cerebral commissures. Brain 90:131–148, 1967

Gazzaniga, M. S., Smylie, C. S.: Facial recognition and brain asymmetries: Clues to underlying mechanisms. Annals of Neurology 13:536–540, 1983

Gazzaniga, M. S., Smylie, C. S.: Right hemisphere superiorities: More apparent than real? Society for Neuroscience Abstracts, 1986

Levy, J., Trevarthen, C., Sperry, R. W.: Perception of bilateral chimeric figures following hemispheric deconnection. Brain 95:61–78, 1972

Patterson, A., Zangwill, O.: Disorders of visual space perception associated with lesions of the right cerebral hemisphere. Brain 67:331–358, 1944

Reeves, A.: The Corpus Callosum and Epilepsy. Plenum Press, New York 1985

Sperry, R. W.: Cerebral Organization and Behavior. Science 133:1789, 1961

Wilson, D. H., Reeves, A., Gazzaniga, M. S.: Corpus callosotomy for the control of intractable epilepsy. Neurology 27:708–714, 1977

Diskussion

zu den Vorträgen von Hermann Haken, René Thom und Michael Gazzaniga
in Verbindung mit dem Thema
„Symmetrie und Symmetriestörungen in der belebten und unbelebten Natur"

Diskussionsleitung: Friedrich Beck

Diskussionsteilnehmer: Hans Ulrich Engelmann, Michael Gazzaniga, Hermann Haken, Heinz Horner, Henning Scheich, René Thom

Beck: Das zweite Thema „Symmetrie und Symmetriestörungen in der belebten und unbelebten Natur" umfaßt eigentlich das gesamte Phänomen der Symmetrie in der Welt der Naturwissenschaft, auch Kunst und Geisteswissenschaft sind nicht ausgeklammert. In unserer Runde haben wir nämlich den Komponisten Hans Ulrich Engelmann. Bei einem so weit gespannten Bogen ist es wohl das Sinnvollste, unsere Diskussion damit zu beginnen, daß jeder Teilnehmer zunächst erläutert, welchen Stellenwert die Begriffe „Symmetrie" und „Symmetriestörung" in seinem Arbeitsgebiet besitzen. Wollen Sie beginnen, Herr Engelmann?

Engelmann: Mein Verständnis von Symmetriestörung in Kunst ist, wie ich glaube, nicht deckungsgleich mit dem Begriff symmetry breaking in den Naturwissenschaften. Doch Herr Beck hat mir gestern in einem Gespräch gesagt, daß man unter einer spontanen Symmetriebrechung in der Musik etwa den Begriff der Enharmonik verstehen könnte. Das ist ein sehr spannender, abenteuerlicher Vorgang in der tonalen abendländischen Musik, den ich in Zusammenhang bringen möchte mit dem Begriff des Umschlagecharakters, denn an einer diskreten Stelle schlägt ein tonales Feld um in ein anderes Feld, nicht nur orthographisch, sondern im Zusammenhang des kompositorischen Kontextes findet – man mag es so nennen – eine Art höhere Symmetriebrechung statt. Mich hat der Vortrag von Herrn Peitgen ungeheuer stimuliert mit dem Vorgang, daß Ordnung sich langsam hin zum Chaos entwickelt. Ich fühlte mich erinnert an ähnliche Vorgänge in der musikalischen Komposition, wenn wir etwa von Strukturen im Strukturlosen reden. Ein umgekehrter Vorgang, nämlich vom Chaos zur Ordnung, ist uns auch in der Komposition nicht unbekannt. Das weiße Rauschen stellt für uns so etwas ähnliches dar wie Unordnung, Chaos. Wir können aus ihm durch Filtern farbiges Rauschen herausgewinnen, durch weiteres Herunterfiltern werden schon diskretere Strukturen hörbar, bis wir schließlich zu einzelnen Sinustönen kommen. Also auch hier ein Weg vom Chaos zur Ordnung. Beim Begriff des Umschlagecharakters denke ich auch an Zeitproportionen, die die musikalische Form bestimmen. Ein Beispiel ist die bekannte Fibonacci-Reihe — 2,3,5,8,13 — oder allgemeiner das System von Boris Blacher, mit variablen Metren zu komponieren, wo Sie auch so eine Art Umschlagewirkung einer Symmetriestörung haben. Ich erinnere an die faszinierenden Dinge in der Folklore, wo plötzlich ein anderes Metrum eingeschoben wird, nämlich ein binäres in ein ternäres, ein ternäres in ein binäres — also 1,2; 1,2; 1,2; 1,2,3; 1,2; 1,2 — dann jubelt man, dann zieht einen das vom Stuhl hoch. Für Kompositionen, in die wir Symmetriestörungen einbringen, ist natürlich virtuell die Symmetrie der Ausgangspunkt, von der wir uns absetzen. Die Wiederholung in Kunst — nicht nur in der Musik, in der Malerei, in allen Kunstwerken — ist eine der elementarsten, aber bei ständigem Gebrauch sicher statischsten und langweiligsten Prinzipien. Die Analogie ist schon eine Verfeinerung. Der Gegensatz ist auch eine Symmetrie, aber ebenfalls eine Verfeinerung. Auch die Abwandlung und die Entwicklung wären noch zu erwähnen. Lassen Sie mich mit einem persönlichen Bekenntnis schließen. Sicherlich habe ich bewußt — oder unbewußt — sehr viel Symmetrisches oder Asymmetrisches geschrieben, aber geblieben ist die Frage, die ich oft schon an Kollegen gestellt habe, ob nicht das spannendere Kunstwerk das, wenn auch nur diskret, irritierte sei im Gegensatz zu dem statischen, symmetrischen.

Gazzaniga: The simple point I would like to make is that in much of the popular brain literature on symmetry and asymmetry I would urge caution in interpretation. That there are a vast number of asymmetrical processes that are unique to the human brain; but the brain after all is normally connected and that these processes are shared as a unified system. Yet in any informational system that has to make decisions there is a final asymmetric process. As example you should think of this: At an airport it would be a disaster to have two control towers. The more and more that we study the brain, we see that the mayor asymmetric function is in the cognitive decision system and not in these other systems that are talked about with respect to visual functions, emotional functions and so forth.

Horner: Being a physicist, let me perhaps spot the physics regarding the question of symmetry. We are aware of the fact that symmetry is really one of the most important concepts in physics. I am especially interested in the process of symmetry breaking, in particular in phase transitions as in Haken's talk. Imagine we have a liquid. A liquid is completely symmetric, it has translational symmetry, rotational symmetry and so on. Now, if we cool down the liquid we might get into the state of a solid and in the solid each atom has its place. Such symmetry breaking can amount to a very dramatic gain of knowledge. As you devote to specify the positions of the atoms in a liquid, you have to measure every position. If you want to do the same in a crystal, it is sufficient to know the positions of a few atoms such that we know the orientation of the crystal, and then the rest is just fixed by the symmetry of the crystal. Under certain circumstances the symmetric state might be unstable compared to a state with lower symmetry. By using this, we can gain information. From this understanding physicists try to construct models of primitive functions of the brain like associative memory. Our brain might be a system which has the low symmetric state which contains the actual information. Now the associated memory means that our brain is a kind of an unstable but symmetric situation which gets a little push. Let me take an example as you perhaps memorize flowers, a rose or a tulip or something else. Now we get only part of the information of the flower, namely the smell. But this means, out of this unstable but symmetric situation we get a little push into the direction: smell of the rose, and this leads us to the state which is memorized. So we get the full information of this memorized state just from the little push we have had.

Scheich: Prof. Engelmann started with a very personal confession, and I like to continue that. I found here my own love in that symposium, namely asymmetry. This lady is ever young and is a very fundamental element in neuronal function. Let me give you an example: motions in space like a motion from left to right or a motion from right to left are symmetric; for a frequency modulation from a low tone to a high tone and vice versa, these are also symmetric. But the neuronal network that analyzes those is deeply asymmetric. In other words, their connections are made in some neuronal space towards one side, so neighbouring elements are connected in a deeply asymmetric fashion, and this serves for analyzing or distinguishing these two states, being perfectly symmetric states. A second example of an asymmetric function is probably how some forms of learning proceeds in a nervous system. At the beginning of life of a brain during development it starts out with having many different connections which are all more or less equivalent. As soon as this system is hit by the first information coming from outside, through the eyes, through the ears or so, one of these connections or a few gain a little advantage over the other connections. This is what we understood yesterday, what the physicists call breaking of symmetry. The first information can command the whole neuron and anything that conflicts with that first informaton in terms of input of these nerve cells is subsequently dropped. So that neuron gains asymmetry. There is a current theory of brain organization in general that during evolution nerve cells in groups loose some of the connections, in other words, they become asymmetric in what they process, and other groups take over functions that these primarily had. The evolution of the brain with all its specialization can be envisaged as a process of gaining asymmetry.

Thom: The main problem is that symmetries have some attractive power on the mind. If you look at the history of mankind, people always have been attracted towards symmetric objects and symmetry structures. Perhaps, essentially for this reason, which is very well described in a novel by Paul Valery, the French poet: Someone was looking at a shell on the shore and he was wondering what would be the reason for this beautiful geometric shape and why this might be so geometric. Then he started to think: When is a shell geometric? And the answer of the poet was: A form is geometric if it can be described in a few words. An arbitrary form like a cloud of smoke cannot be described in a few words. For this reason symmetry is extremely appealing to mind, because it gives you a mastery on the form which attracts you. This is the importance of symmetry, but also it is a danger. If you look at the history of science, men started by believing that earth was flat. Later on in Greek antiquity it was said that the earth was a cylinder and then that it was round. Later on in physics people started a Newtonian space with Galilean group of symmetry and later on with the special relativity they found Minkowski space with the Lorentz group. We believe that we have mastered the universe with a kind of finite geometric object. Of course, the point of view is justified essentially from the view of pragmatic usefulness. We need to have a nice geometric shape which can be described in a few words in order to master the phenomena. I believe that symmetry in that respect is a very appealing concept because it allows us to get a control system with few symbols and few data. Especially, if you are given a part of a symmetric pattern and if you know the symmetry group, you can reconstruct the whole pattern out of the part. Now, to which extend does nature obey to this rule of symmetry? In nature we have a lot of intermediate scales between the infinitesimally small and the infinitely large which is thought to be governed by physical theory. We have the intermediate level in which we find a lot of symmetries which are of approximate nature and the reasons for them are still very poorly understood. There are two ways of looking for symmetry: The a-priori way and the a-posteriori way. The a-priori way is dealing with essentially the way physicists do, and the a-posteriori way is considering experimental symmetries and trying to explain them by local factors on local situations. I'm worried myself about this fundamental dichotomy in which science is using the concept of symmetry.

Beck: Wir haben bisher eine sehr einheitliche Betrachtung des Begriffes Symmetrie gehabt und dabei eine Art Antinomie erreicht, die vielleicht im letzten Satz von René Thom am deutlichsten zum Ausdruck kam: Wir alle lieben Symmetrie als etwas Ästhetisches, als etwas Schönes, aber alle, die gesprochen haben, haben Symmetriestörungen beschrieben. Could we clarify more the relationship of symmetry and symmetry breaking?

Gazzaniga: I said that there is less asymmetry than people hear about. Each half of the brain are largely identical in their overall capacities except for this remarkable one aspect of language and speech. I would not argue for the fact that there is no asymmetry. I would just say that it is very limited and not extensive. Dr. Scheich was arguing that the genetic specification for neuron-to-neuron interaction is highly modifiable by an environmental experience. I am wondering what are the limits and scopes of that basic finding.

Scheich: Young animals are usually within a few days after birth in a state where they are particularly susceptible to environmental stimulations and the effect of that stimulation is very often irreversible. Many of you are probably familiar with the socalled „Nachlaufprägung" found and described by Konrad Lorenz. He put a chick or a little duckling in an arena and showed him a mother dummy. After a little time these chicks will follow the mother substitute for extended periods of times and that preference for this dummy is so strong that if you place a real duck into that environment, they will follow the dummy, they will not follow the real mother. In other words, there is an imprinting on the first object that such chicks or animals see or experience and that experience can no longer be irradicated after a while. This is a very good example of breaking symmetries. We have discovered a brain area in such young chicks which can show morphological changes as a function of imprinting.

Haken: Let me come to another point to an idea which René Thom has brought into discussion, namely that symmetry is some sort of information compression. You need a small piece of information and you can restore the whole pattern of what you have. Now, when you go to a more abstract level you can also ask for information compression. For instance, when you see dogs of various kinds you will immediately say "dog" in spite of the fact that you observe a greyhound or a blood hound and so on. That brings me to a question: Is there any indication that some brain half has a superiority in information compression to another one? For instance, when you show people to their right brain half complicated patterns, do they then draw again a complicated pattern or a symbolic pattern or does this happen only with respect to the left brain half?

Gazzaniga: There is no simple answer to that question, but an example will do. If you give a complex picture to the right brain and a complex picture to the left brain, you will frequently see that the right brain is quicker to represent it on a piece of paper than is the left. And if you look at the specifics of the motor-activity, it is the old problem that what the left is doing is stopping and thinking about all the implications of each angle, and it gets lost in the overall picture, whereas the right is more direct.

Beck: From the audience we have the question: What is the relation between symmetry and visual form and structure?

Thom: I think that the relation between symmetries and form and structure depend on the underlying dynamical backgound. In some cases the relation might be quite obvious, in some other it might be quite intricate.

Haken: I think, we may try to define a shape or „Gestalt" by certain relationships and in that respect symmetry is a specific relationship. But the question arises: How do we define in a more proper sense „Gestalt" or shape? I think, that is deeply connected with the construction of the human brain. It is the question how we can match the images by our own perception and in that respect I think the concept of Wittgenstein on „Vorverständnis" is a very important one. That means in my feeling we can recognize a shape only if we have some state within us which makes us prepared to recognize the pattern. In our days mathematics can produce lots of different patterns, but whether we would adopt it as a „Gestalt" or not depends on our training, presumably. Maybe the experts can tell us more about this.

Symmetrie, Wahrnehmung und künstlerische Gestaltung

Ernst H. Gombrich

Als ich die ehrenvolle Einladung erhielt, im Rahmen dieses Symposiums einen Vortrag zu halten, zögerte ich ernstlich, ob ich sie annehmen könnte. Wie ich den Veranstaltern schrieb, habe ich mich zwar tatsächlich einmal mit dem Problem der Symmetrie auseinandergesetzt, und zwar in dem Buch, das deutsch „Ornament und Kunst" betitelt ist, ursprünglich auf englisch viel treffender "The Sense of Order". Aber das Erscheinen dieses Buches liegt nun schon sieben Jahre zurück, und da ich mich inzwischen anderen Gebieten zugewandt habe, bezweifelte ich, ob ich noch etwas Neues zu diesem Problem beistellen könne. Und nicht genug damit, daß ich nun auf meinem kurzen Rundflug um das Thema der Symmetrie den Ballast dieses alten Wälzers an Bord haben werde, liegt es auch in der Natur der Sache, daß ich bei der Planung seiner Route nicht wissen konnte, welche Gebiete des weiten Terrains Sie bereits überflogen haben oder gar von Grund auf kennen.

Die Symmetrie ist natürlich ein Sonderfall der Ordnung, von der mein erwähntes Buch handelt, aber ich behandle dort die Wahrnehmung und Gestaltung der Ordnung von einem bestimmten Gesichtspunkt, vielleicht darf ich sagen von der Seite der Biologie her, obwohl mich natürlich als bloßen Kunsthistoriker keinerlei Fachkenntnisse in der Biologie oder Psychologie irre machen.

Für manche Denker ist die räumliche und zeitliche Ordnung so etwas, was Goethe ein Urphänomen genannt hätte, eine elementare Tatsache, die sich nicht weiter analysieren läßt. Auch ich bezweifle nicht die zentrale Rolle, die der Wahrnehmung und Schaffung von Ordnungen in unserem Dasein zukommt, aber ich wage doch die Frage zu stellen: *„cui bono?"* Wozu dient uns diese elementare Anlage im Kampf ums Dasein?

Vielleicht finden wir am leichtesten den Einstieg in diesen Fragenkomplex, wenn wir uns an einen Gegensatz erinnern, der in der Tier- und Pflanzenwelt tatsächlich eine große Rolle spielt: den Gegensatz von Tarnung und Signal. Die Tarnung ist eine Zeichnung oder Färbung, die den Organismus in seiner Umwelt sozusagen unsichtbar macht, er verschwindet unter den Zufallsgebilden etwa des Waldbodens oder der Steppe, weil seine Zeichnung jeden Kontrast mit der Umgebung vermeidet. Das Signal strebt nach diesem Kontrast, es soll sich von der Umwelt abheben und so auffällig wie möglich sein. Es gibt Motten, de-

Symmetrie, Wahrnehmung und künstlerische Gestaltung

Abb. 1. Schnepfe

Abb. 2. Nachtschmetterling mit Augenzeichnung an den unteren Flügeln

Abb. 3. Enten

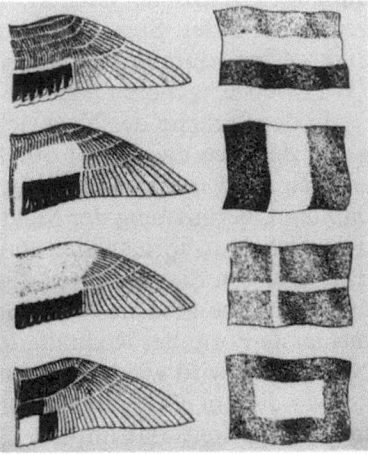

Abb. 4. Vergleich von Entenflügeln mit Flaggen (nach N. Tinbergen: The Study of Instinct, Oxford 1951)

ren Zeichnung beide Formen vereinigt: die Deckflügel dienen der Tarnung, die unteren haben offenbar eine Signalfunktion, die in Erscheinung tritt sobald die Motte sich enthüllt. Hier wie so oft im Tierreich wiederholt sich das Signal beiderseits, es ist ein symmetrisches Gebilde. Wir kennen dasselbe natürlich auch von vielen Vogelarten her, etwa von Enten, deren kennzeichnende Färbung Niko Tinbergen mit Recht mit den Flaggen verglichen hat, die sich im menschlichen Kulturleben entwickelt haben. Das berechtigt uns doppelt zu fragen, was es damit biologisch für eine Bewandtnis hat?

Eine Zeitlang galt es als naiv, derartige Fragen zu stellen, hatten wir doch die Teleologie überwunden, die sich ehrfürchtig an der Zweckmäßigkeit aller Naturgebilde erbaute. Aber seit etwa Karl von Frisch experimentell festgestellt hat, daß die honigsuchende Biene auf gewisse Sternformen reagiert, ist es klarer geworden, daß auch die Pracht der Blüten den Zwecken der Natur dient, indem sie ein Signal an das befruchtende Insekt sendet. Das berechtigt uns auch andere Signalformen miteinzubeziehen, die in der Natur eine Rolle spielen. Das Zirpen der Grillen, das Quaken der Frösche, der Gesang der Vögel im Kampf um ihr Revier. Allen ist eines gemeinsam, es sind geordnete Gebilde,

Abb. 5. Blütenformen (nach Karl von Frisch, The Dancing Bees)

Abb. 6. Gartenblüten

die auf rhythmische Wiederholung aufgebaut sind. Inwiefern dienen diese Eigenschaften der Signalfunktion? Offenbar, weil sie sich so am leichtesten durchsetzen, durchsetzen gegen das Gewirr der Geräusche, die Wagner das „Waldweben" genannt hat.

In der Sprache der Nachrichteningenieure heißt dieser unbestimmte Lärm, gegen den sich das Signal durchsetzen muß, ja tatsächlich das Rauschen. Gibt es doch auch in der Elektronik kaum einen gänzlich störungsfreien Kanal, sodaß die Übermittlung der Meldung durch weitere Techniken sichergestellt werden muß. Man spricht hier von der Notwendigkeit einer gewissen Redundanz, das heißt von Eigenschaften des Signals, die es dem Empfänger erleichtern sollen, auch eine gestörte Meldung zu rekonstruieren und aufzunehmen. Die elementarste Form der Redundanz ist auch hier die Wiederholung des Signals: der Notruf SOS wird wiederholt, bis er aufgenommen und verstanden wird.

Mit diesem Vergleich der natürlichen und der technischen Signale habe ich mich in ein heißumkämpftes Gebiet begeben. Ich weiß nämlich sehr gut, daß die Informationstheorie in ihrer Anwendung auf die Psychologie von manchen Kollegen für eine Erfindung des Teufels gehalten wird; aber, wie es im „Prolog im Himmel" heißt, sagt ja der Herr:

„Des Menschen Tätigkeit kann allzuleicht erschlaffen
Er liebt sich bald die unbedingte Ruh
Drum geb ich gern ihm den Gesellen zu
Der reizt und wirkt und muß, als Teufel, schaffen."

Es muß zunächst mein Anliegen sein, zu zeigen, daß auch dieser Teufel schaffen muß, wenn wir ihn richtig in die Gewalt bekommen.

Ich darf Sie vielleicht daran erinnern, inwiefern die Informationstheorie unausweichlich auf dem Begriff der Ordnung beruht. Ein einfaches Beispiel haben Sie vor sich, wir haben ja hier im Saal zwei Projektionsapparate zum Zeigen von Dias. Wer sie zu bedienen hat, ist jeweils im Zweifel, auf welcher Seite ich das nächste Bild zeigen möchte. Die Wahrscheinlichkeit, daß es rechts oder links sein wird, ist in diesem Falle natürlich 1:2. Der Ruf „links" schließt damit die Alternative von rechts für diesmal aus. Gäbe es vier Apparate statt zwei, so wäre jeweils die Wahrscheinlichkeit, daß ich etwas rechts außen oder links innen haben möchte 1:4. Weil damit drei andere Möglichkeiten ausgeschlossen sind, sagen wir, daß der Informationsgehalt einer Meldung jeweils steigt mit den Möglichkeiten, die er ausschließt, d. h. je unwahrscheinlicher er im mathematischen Sinne wird.

Umgekehrt könnten wir uns auch vorher verabredet haben, daß ich die Dias jeweils abwechselnd rechts und links zeige. In diesem Falle brauchte ich nur zu sagen „das nächste bitte", was alle Zweifel beheben sollte, und sage ich trotzdem „das nächste rechts", so ist das genau genommen überflüssig, redundant in jenem technischen Sinne, daß es das Verständnis doppelt sicherstellt.

Nun habe ich eingangs das Wagnis unternommen, auch die Signale der Natur in der Sprache dieser Theorie zu beschreiben. Sie würde es nahelegen zu sagen, daß etwa die Blumenform und die symmetrische Zeichnung der Motte gerade darum so hohen Informationsgehalt hat, weil sie so unwahrscheinlich ist und sich darum von den Zufallsformen des Hintergrundes sehr deutlich unterscheidet.

Ich glaube tatsächlich, daß diese Formulierung nicht unfruchtbar ist, aber nur, wenn wir sie mit Vorsicht benutzen. Denn wie wir eben gesehen haben, ist ja die Informationstheorie eine statistisch-mathematische Theorie, die nur auf geschlossene Systeme anwendbar ist. Wir brauchen nur zu fragen, wie unwahrscheinlich es ist, daß etwa das „Waldweben" regelmäßige Formen annimmt, um einzusehen, daß in dieser Fassung die Frage sinnlos ist, auch wenn Professor Haken viel Neues über das sozusagen zufällige Zustandekommen geordneter Naturerscheinungen zu berichten hatte.

So habe auch ich in meinem Buch jenen Kritikern rechtgeben müssen, die auf die Schwierigkeit hinwiesen, die Tatsachen der Wahrnehmungspsychologie in die Terminologie der Informationstheorie zu kleiden. Aber gerade hier kam mir die Erkenntnistheorie meines Freundes Karl Popper zuhilfe, die mir nahelegte, daß unsere Wahrnehmungen sich nie auf ein objektives Kalkül zurückführen lassen, weil sie ihrem Wesen nach subjektive Hypothesen sind, die wir versuchsweise auf unsere Umwelt anwenden. Popper spricht in diesem Zusammenhang von einem Erwartungshorizont, mit dem wir jeweils in die Welt blicken, ja, den wir brauchen, um überhaupt wahrnehmen zu können. Den psychologischen Aspekt dieser Auffassung hat Popper in einem Satz formuliert, den ich meinem Buch als Motto vorausgeschickt habe: „Ich machte die Beobachtung zuerst bei Tieren und bei Kindern, später auch bei Erwachsenen, daß sie ein ungeheuer starkes Bedürfnis nach Regelmäßigkeit haben, ein Bedürfnis, das sie dazu treibt, nach Regelmäßigkeiten zu suchen."

Ein elementarer Ausdruck dieses Bedürfnisses wird oft dahin formuliert, daß wir erwarten, die Zukunft würde der Vergangenheit gleichen. Dieser Wunsch nach Kontinuitäten flößt uns das Vertrauen ein, der Boden unter unseren Füßen würde beim nächsten Schritt nicht wanken und die Wände unseres Zimmers bleiben wo sie sind, was auch erklärt, warum ein Erdbeben für uns alle ein solches Trauma darstellt. Scheint es doch der bewährten Hypothese zu widersprechen, daß wir eine geordnete Welt bewohnen, in der wir planen und handeln können.

Sie werden vielleicht fragen, was diese Überzeugung mit dem Problem der Symmetrie zu tun hat. Denn auch eine geordnete und statische Welt ist noch lange keine symmetrische.

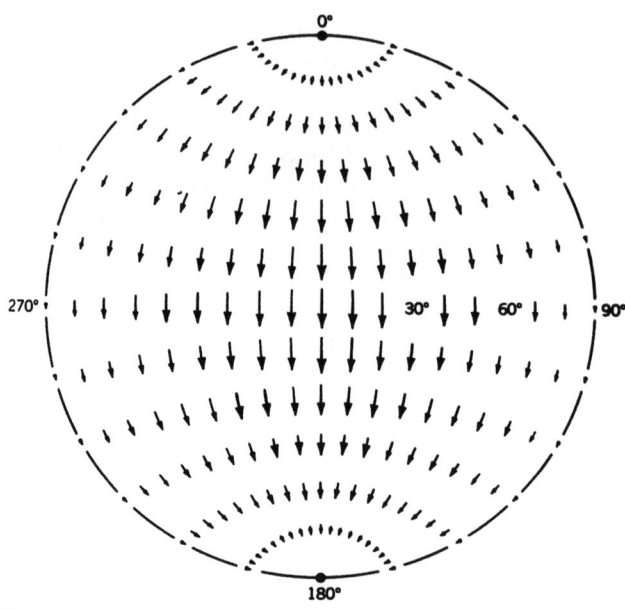

Abb. 7. "The Flow of Velocities of the Optic Array" (nach J. J. Gibson: The Senses Considered as Perceptual Systems, Cornell University Press, 1966)

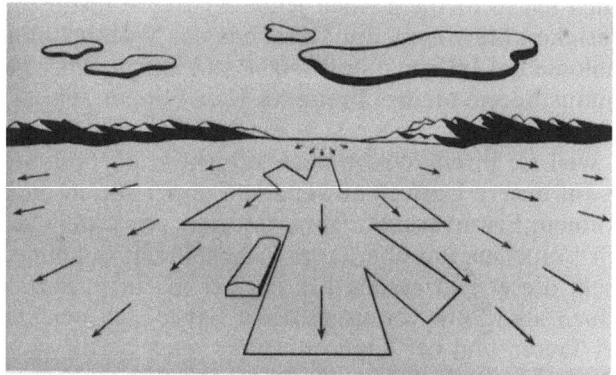

Abb. 8. Ein Flugfeld vom Piloten gesehen (nach J. J. Gibson)

Aber dieser Einwand übersieht, daß die Symmetrie tatsächlich einen elementaren Bestandteil unserer Erlebniswelt darstellt – sobald wir uns nämlich bewegen und auf ein Ziel zu vorwärts schreiten, so strömen die Eindrücke rechts und links an uns vorbei, wobei die Regelhaftigkeit dieses Vorgangs uns bestätigt, daß wir Richtung halten – eine Beobachtung, die in der Wahrnehmungstheorie von James Gibson eine entscheidende Rolle spielt, da er ja als einer der ersten die Bedeutung der Eigenbewegung für die Wahrnehmung analysiert hat. Hier wirkt die Symmetrie bei Tier und Mensch offenbar steuernd auf die Motorik, wie das Diagramm bei Gibson veranschaulicht, der auch ge-

 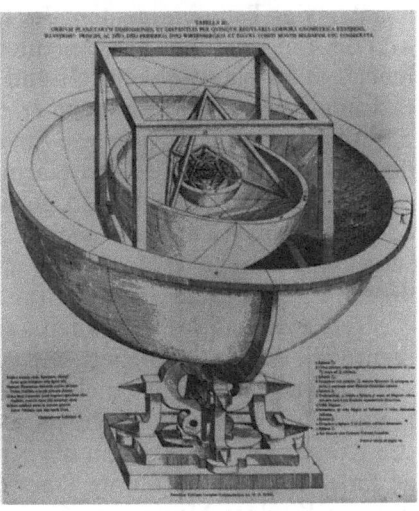

Abb. 9. Das Emblem des Warburg Institutes nach Isidor von Sevilla, Augsburg, 1472 (Schramm, 1920)

Abb. 10. Die regelmäßigen Körper (nach Kepler: Mysterium Cosmographicum, 1956)

zeigt hat, wie etwa ein Pilot jede Abweichung sofort registriert und korrigiert, wenn er ein Flugfeld anfliegt, wobei es sich gewiß nicht immer um einen bewußten Vorgang handelt.

Bewußt wird jenes Bedürfnis nach Regelhaftigkeit, von dem Popper spricht, natürlich vor allem in dem Gebiet, das ihn interessiert, nämlich in dem Streben nach dem wissenschaftlichen Verständnis unserer Welt. Ohne die Überzeugung, daß die Welt geordnet ist, kein Chaos, sondern ein Kosmos, wäre es ja nie zu einer wissenschaftlichen Erforschung ihrer Gesetze und Regelhaftigkeit gekommen.

Welche Bedeutung hier anfänglich der Suche nach Entsprechungen zukommt, möchte ich kurz an diesem symbolischen Diagramm darstellen, das dem Warburg Institute seit vielen Jahrzehnten als Emblem dient (Abb. 9). Es entstammt einem Holzschnitt der Augsburger Ausgabe von Isidor von Sevilla aus dem Jahre 1472 und veranschaulicht eine antike Lehre von der Entsprechung von Mundus (d.h. die Welt), Annus (d.h. der Jahreslauf) und Homo (d.h. der Mensch, der Mikrokosmos).

Auf allen diesen Ebenen wirken sich zwei polare Gegensätze aus, auf denen bereits die hippokratische Medizin aufgebaut war, d.h. einerseits der Gegensatz von siccus (trocken) und humidus (feucht) und andererseits von calidus (heiß) und frigidus (kalt).

Die vier Elemente, aus denen die Welt besteht, lassen sich nach diesen Urqualitäten aufgliedern, das Feuer ist heiß und trocken, das Wasser kalt und feucht, die Luft (jedenfalls in Griechenland) heiß und feucht und die Erde kalt und trocken. Dasselbe gilt auch für die vier Jahreszeiten, der Sommer ist wieder heiß und trocken, der Herbst kalt und feucht, der Winter kalt und trocken und der Frühling heiß und feucht; und so für die Menschentypen, den sogenannten vier Temperamenten: der Choleriker ist heißblütig, also heiß und trocken, der Phlegmatiker das Gegenteil, kalt und feucht, der Sanguiniker heiß und feucht, der Melancholiker kalt und trocken. So wird die Welt als eine herrliche Harmonie von Entsprechungen erlebt, die sich in dem schönen Diagramm wiederspiegelt. Freilich sind diese Entsprechungen der Natur auferlegt, sie entstanden aus dem Bedürfnis nach Harmonie und nicht aus der Beobachtung wirklicher Naturvorgänge, die bald gezeigt hätten und haben, daß ja heiß und kalt oder gar trocken und naß objektiv keine Gegensätze sind, sondern nur von uns subjektiv so erlebt werden, wenn etwa der Arzt die prüfende Hand auf den Patienten legt, statt seine Temperatur an einer Skala zu messen.

Und doch hat das Vertrauen auf die Harmonie des Kosmos auch die Astronomie seit der Antike beherrscht. Noch als Johannes Kepler seine Forschungen begann, ging er von der metaphysischen Überzeugung aus, die Distanzen der Planetenbahnen müßten sich so zueinander verhalten wie die fünf regelmäßigen Körper, die seit Plato in der Kosmologie eine große Rolle spielten. Ich zeige Ihnen hier die berühmte Darstellung dieser ineinandergeschachtelten Körper aus Keplers Mysterium Cosmographicum von 1596 (Abb. 10). Aber berühmtermaßen mühte sich Kepler jahrelang umsonst damit ab, diese Überzeugungen mit den Beobachtungen in Einklang zu bringen, die vor allem Tycho Brahe vom Planetenlauf verzeichnet hatte. Besonders die Marsbahn widersetzte sich dieser Deutung, bis Kepler sich schweren Herzens entschloß, sie fallen zu lassen, um statt der perfekten Form des Kreises versuchsweise die Ellipse in sein System einzuführen. Die neue Hypothese bewährte sich, die Beobachtungsdaten stimmten auf einmal mit den Vorhersagungen überein, und so wurden die Kepler'schen Gesetze geboren, die den Planetenbahnen diese elliptische Form zuschreiben.

Ich habe hier den Triumph und das Scheitern des Glaubens an das Walten symmetrischer Verhältnisse im Weltall so ausführlich erzählt, eine Episode, die auch Aby Warburg fesselte, weil ich mit Popper überzeugt bin, daß wir hier ein Paradigma der Wahrheitsfindung vor uns haben. Wie ich mehrmals in meinen Schriften betont habe, lag der Wert jener Hypothese von der Regelhaftigkeit nicht darin, daß sie sich mit der Beobachtung in Einklang bringen ließ, sondern ganz im Gegenteil, in der Möglichkeit ihrer präzisen Widerlegung. Gerade weil sich nachweisen ließ, daß und wo sie nicht mit den Tatsachen übereinstimmte, war der Weg frei, sie zu modifizieren und so, nach dem antiken Prinzip, „die Phänomene zu retten".

Ich glaube, das, was wir hier in so vergrößertem Maßstabe vor uns haben, es uns auch ermöglicht, ganz allgemein den biologischen Wert des Einfachheitsstrebens zu untersuchen, den die Gestalttheorie so vielfach und so überzeugend belegt hat. Gewiß läuft sie parallel zu Poppers Bemerkung, daß wir ein starkes Bedürfnis nach Regelmäßigkeit haben, das uns wohl angeboren ist. Aber dieses Bedürfnis ist gerade darum von so überragender Bedeutung, weil uns die Regelhaftigkeit jeweils ein Bezugssystem bietet, das es uns gestattet, etwaige Abweichungen von der Regel zu registrieren und zu verarbeiten.

Beachten Sie, daß auch der Wert der ersten Kepler'schen Hypothese nicht darin lag, daß sie wahrscheinlich war. Im Gegenteil, wie auch wieder Popper gezeigt hat, wird der heuristische Wert einer Hypothese immer größer, je unwahrscheinlicher sie ist, denn dann besteht ja mehr Aussicht auf die Entdeckung von Abweichungen. Mit anderen Worten, auch hier steht der Informationsgehalt einer Aussage im umgekehrten Verhältnis zu ihrer Wahrscheinlichkeit.

Ob die Hypothese einer geordneten Welt, von der ich sprach, richtig oder falsch ist, hängt einzig und allein von unserem Ordnungsbegriff ab. Was gewiß ist, ist nur, daß ihr biologischer Wert gerade darin liegt, daß sie unsere Aufmerksamkeit auf die Ausnahmen lenkt. Wir kennen alle das Phänomen aus der sogenannten inneren Wahrnehmung. Wir überlassen die Leitung unserer organischen Funktionen gerne dem automatischen Piloten und brauchen nur zur Kenntnis zu nehmen, wenn da irgendetwas nicht stimmt und eine ungewohnte Empfindung unsere Aufmerksamkeit in Anspruch nimmt. Auch die äußere Wahrnehmung verhält sich meist ähnlich. Dem Regelhaften und Erwarteten schenken wir keine Beachtung und dadurch werden unsere Sinne frei, das Unerwartete und Überraschende zu prüfen.

Um ein konkretes Beispiel zu nennen: ich sprach gerade vom automatischen Piloten, aber auch der aktive Flugzeugpilot wird, wie ich glaube, dem normalen Motorengeräusch keine Aufmerksamkeit widmen; es sinkt sozusagen unter die Schwelle seines Bewußtseins, aber sobald eine unerwartete Änderung eintritt, alarmiert sie ihn. Da ist etwas los und sein Bewußtsein tritt in Aktion.

So gesehen läßt sich unser Wahrnehmungssystem tatsächlich mit den Nachrichtenmedien vergleichen. Man beklagt sich oft und mit recht darüber, daß die Zeitungen und das Fernsehen nie gute Meldungen bringen, sondern nur böse. Aber die Tatsache, daß Herr Schulze gestern morgen sein Frühstück aß und dann ins Amt ging, kann ja garnicht in die Zeitung kommen, weil es zu viele solcher Herr Schulzes gibt. Wenn allerdings einer von ihnen statt ins Amt zu gehen aus dem Fenster gesprungen ist, dann will der Leser schon davon hören. Und wenn er das tat, um seiner erbosten Frau zu entspringen, ist die Sensation schon eine eigene Spalte wert, es sei denn, die Sache macht Schule und die Zeitungen können mit den Berichten über die Fenstersprünge nicht mehr nachkommen, weil sie nun an der Tagesordnung sind. Das Wort Sensation ist hier bezeichnend, das Sensationelle hat eben in der Sprache der Nachrichtentechnik einen hohen Informationswert. Mit anderen Worten, wir verhalten uns in der Tat, als könnten wir die Wahrscheinlichkeit eines Ereignisses abschätzen, obwohl eine solche Schätzung ganz subjektiv ist und sein muß. Wie man auf englisch sagt "Dog bites Man isn't news, Man bites Dog is".

Es ist an der Zeit, daß ich Sie wieder an den Ausgangspunkt dieser Diskussion erinnere – den Unterschied zwischen Tarnung und Signal. Das Signal, so schien es, erregt unsere Aufmerksamkeit, weil sich seine Regelmäßigkeit in Klang, Form und Farbe vom ungegliederten Hintergrund abhebt. So wirkt es überraschend, unwahrscheinlich und als der Träger eines hohen Informationsgehalts.

Aber gerade weil diese Formulierung etwas Bestechendes hat, muss ich Sie noch um etwas Geduld bitten, sie genau überprüfen zu dürfen. Denn ist es auch wirklich unanfechtbar, daß irgendein Gebilde unwahrscheinlicher ist als irgend ein anderes? Sind nicht alle gleich unwahrscheinlich? Ich muß da kurz auf das Schulbeispiel der Wahrscheinlichkeitsrechnung zurückgreifen, den Münzen-

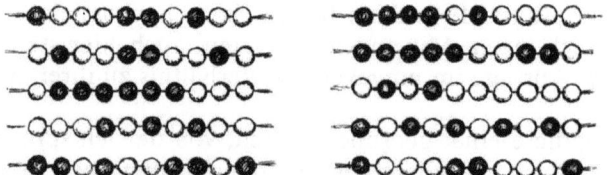

Abb. 11. Zufällige Reihung nach Münzenwurf (aus Sense of Order)

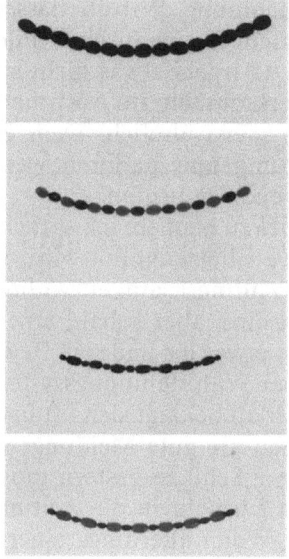

Abb. 12. Vier Perlenketten mit regelmäßiger Reihung

wurf mit Kopf und Adler. Ich habe in dieser Abbildung meines Buches Kopf mit weißen Kugeln, Adler mit schwarzen bezeichnet und die Abfolge der Würfe illustriert, die ich vorgenommen habe (Abb. 11). Bei jedem Wurf ist natürlich die Wahrscheinlichkeit von Kopf oder Adler 1:2. Bei zehn Würfen ist die Zahl der möglichen Kombinationen 2^{10}, also 1024, worunter sich natürlich auch eine Reihe von zehn weißen oder zehn schwarzen Kugeln fänden. Was wichtig ist, ist dabei bloß, daß solche regelmäßig wirkenden Folgen an sich weder wahrscheinlicher noch unwahrscheinlicher sind als jene zufällig wirkenden, wobei Sie sehen, daß ich mit dem grausamen Spiel aufgehört habe, als sich tatsächlich eine symmetrische Folge ergab, nämlich schwarz, weiß, weiß, weiß, schwarz, schwarz, weiß, weiß, weiß, schwarz.

Was hier selten, also unwahrscheinlich ist, ist bloß die Regelmäßigkeit an sich. Wenn ich richtig kalkuliert habe, gibt es unter den 1024 Möglichkeiten nur 24 symmetrische. Das ist die Tatsache, die uns das Recht gibt anzunehmen, daß jede der abgebildeten Perlenketten das Resultat einer Absicht ist, sie so und nicht anders zu gestalten, denn ein Schütteln der Perlen in einem Mischbecher hätte nur äußerst selten dieses Resultat (Abb. 12).

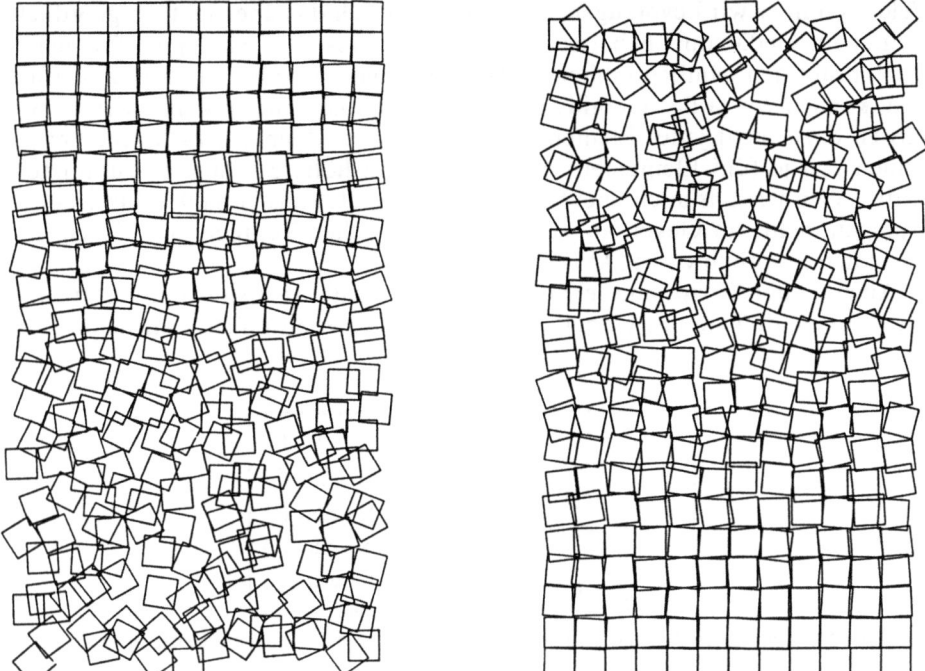

Abb. 13. Georg Nees: Gravel Stones (aus Sense of Order)

Heute, wo wir Ordnungen jeder beliebigen Art leicht programmieren können, ist die Wirkung der Regelhaftigkeit auch Gegenstand der Computergraphik geworden. Die allmähliche Auflockerung der Ordnung in dem Blatt von Georg Nees führt von der festgefügten Reihe der Quadrate zum ungegliederten Haufen – fast könnten wir uns an das Beispiel vom Erdbeben erinnern. Natürlich läßt sich die Folge auch umgekehrt lesen, so daß wir Zeugen sind, wie sich das Chaos gleichsam zur Ordnung kristallisiert (Abb. 13). Wir können dabei an einen Spaziergang in der Natur denken, der uns unerwarteterweise in einen wohlgeordneten Park oder auf einen gepflasterten Platz führt, wobei sich die Spuren menschlicher Eingriffe mehren, je weiter wir fortschreiten. Wie wir die Folge lesen, ist ja uns überlassen, denn unser Wahrnehmungssystem läßt sich sowohl auf die Regelhaftigkeit als auf den Bruch der Regel einstellen.

Wir wissen ja aus der Geschichte, daß beide Einstellungen vorkommen. Der romantische Geschmack strebt aus der abgezirkelten Residenzstadt hinaus in die sogenannte freie Natur, der klassische sucht die ungezähmte Natur dem menschlichen Ordnungssinn zu unterwerfen. Die Wahrnehmungspsychologie an sich ist diesen Einstellungen gegenüber neutral. Sie bemüht sich darum, psychologische Wirkungen zu erklären und zu beschreiben, aber nicht vorzuschreiben.

Ihr Beitrag läßt sich etwa an der Gegenüberstellung der zwei Felder exemplifizieren, die beide zehn Dreiecke und zehn Kreise umschließen. In einem sind sie säuberlich arrangiert, im anderen anscheinend ungeordnet (Abb. 14).

104   Ernst H. Gombrich

Welches immer wir bevorzugen, es ist klar daß sich das übersichtlich geordnete leichter im Gedächtnis behalten läßt. Was die Gestaltpsychologie „Prägnanz" nennt, prägt sich nämlich mühelos ein, denn sobald das Ordnungsprinzip erfaßt wird, können wir ja das Gebilde auch jederzeit auswendig rekonstruieren. Wir müssen dazu nicht jedes Element ins Auge fassen, denn die zwei senkrechten Reihen von je fünf Elementen schließen sich in höhere Einheiten zusammen. Dafür sehen wir uns auch leicht daran satt, es bietet uns ja bald keine Überraschungen mehr, im Gegensatz zu dem orientalischen Teppich, der visuell beinahe unerschöpflich wirkt (Abb. 15).

Auch an der Monotonie sehen wir uns leicht satt, aber sie kann uns auch so übersättigen, daß sie uns Unbehagen bereitet. Gerade weil sie wahrnehmungs-

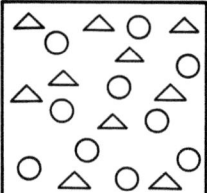 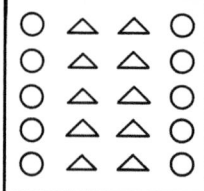

Abb. 14. Zehn Dreiecke und Kreise in verschiedener Verteilung (aus Sense of Order)

Abb. 15. Syrischer Teppich, Wien, Museum für Kunst und Industrie (Il Tapetto Orientale), jetzt Österreichisches Museum für angewandte Kunst

Abb. 16. London, Centre Point

mäßig gänzlich redundant wird, so daß sich jedes fehlende Stück leicht ergänzen läßt, entgleiten uns die einzelnen Elemente. Versuchen Sie etwa an diesem Londoner Hochhaus, das elfte Stockwerk zu finden, ohne ihren Finger zuhilfe zu nehmen und Sie werden merken, daß Ihnen der Anhaltspunkt abgeht, der das Zählen erst möglich macht (Abb. 16). So sehr wir die Regelhaftigkeit brauchen, so sehr bedürfen wir auch der Stimulanz der Abweichung, und wo sie gänzlich fehlt, beginnen wir sogar mitunter zu halluzinieren. Dient unsere Wahrnehmung doch eben dem biologischen Zweck der Orientierung, und wo diese versagt, droht ein Zusammenbruch. So ist es wohl kein Wunder, daß diese Art des Bauens in den letzten Jahrzehnten auf Widerspruch gestoßen ist, denn der Funktionalismus hat manchmal diese wichtige Funktion der Orientierung außer Acht gelassen.

Bei der Eintönigkeit mancher Reihenhäuser und Straßen in unseren Vorstädten muß ich manchmal an die Geschichte von Ali Baba und den 40 Räubern denken. Ich glaube es war die schlaue Fatima, die bemerkt hatte, daß Räuber eine der Türen im Basar mit einem Kreidezeichen gekennzeichnet hatten. Kurz entschlossen markierte sie alle Türen mit demselben Zeichen und vereitelte so das Komplott, denn das Zeichen ist nur ein Zeichen, solange es als Unterscheidungsmerkmal dient und Alternativen ausschließt.

Auf meiner Abbildung unten wiederholt sich der Buchstabe A in gleichen Abständen über viele Zeilen. Ich weiß nicht, wie leicht Sie die eine Ausnahme bemerken werden, das B in der sechsten Reihe von oben, aber sobald wir es sehen, beginnt sich die Reihe etwas zu gliedern (Abb. 17). Die Monotonie ist durchbrochen, was freilich wieder ästhetisch verschieden wirken kann. Denken Sie an einen unwillkommenen Fleck auf einer Tapete oder an eine orientierende Kennzeichnung, etwa des Lichtschalters.

So wird die Unterbrechung gerade durch ihren Informationswert zu dem Akzent, der das Auge auf sich zieht.

Abb. 17. A-s und ein B

Abb. 18. Schematische Perlenkette mit Lücke (aus Sense of Order)

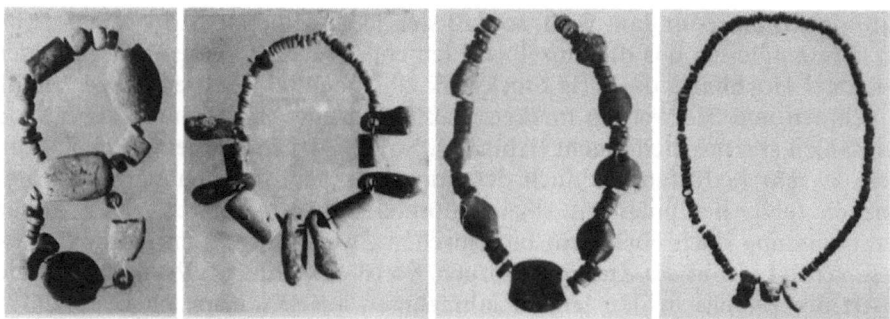

Abb. 19. Neolithische Ketten aus Anatolien (aus Proceedings of the British Academy, 1965)

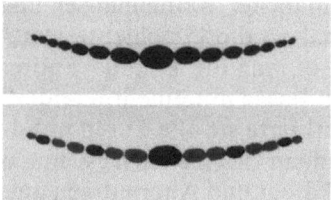

Abb. 20. Zwei symmetrische Perlenketten

Betrachten Sie die schematische Perlenkette, in der eine Perle fehlt (Abb. 18). Die Lücke wirkt offenbar so unerwartet, daß sie wie ein Blickfang wirkt, um einen Ausdruck der Werbefachleute zu verwenden. Jede Diskontinuität wirkt je nach der Dosierung als ein schwächerer oder stärkerer Akzent.

Die vier Halsketten oder Armbänder aus einer neolithischen Siedlung aus Anatolien beweisen zur Genüge, daß dasselbe Prinzip auch vor etwa 7000 Jahren wirksam war (Abb. 19). Die Analyse von hierarchisch gestuften Wiederholungen und Unterbrechungen ist, allgemein gesprochen, der beste Schlüssel zur Ornamentik.

Ich hoffe, wir haben nun endlich das Rüstzeug erarbeitet, um uns der speziellen Wirkung der bilateralen Symmetrie zuwenden zu können, ob sie nun durch eine andere Gruppe von Perlenketten im Kleinen oder durch einen Barockpalast im Großen exemplifiziert ist (Abb. 20, 21).

Das Einzigartige an der bilateralen Symmetrie ist wieder das reziproke Verhältnis von Bruch und Regel, von Akzent und Redundanz. Denn wenn wir ein beliebiges symmetrisches Gebilde ins Auge fassen, so bietet es uns natürlich in der Achse einen bevorzugten isolierten Akzent, der mit der spiegelbildlichen Wiederholung aller anderen Elemente auf das Schärfste kontrastiert.

Daß die Entsprechung der zwei Seiten oft mit der Redundanz in Verbindung gebracht worden ist, kann kein Wunder nehmen. In Baustilen, in denen die Symmetrie die Regel ist, genügt ja die Darstellung der einen Seite, um die andere zu rekonstruieren. In vielen Abbildungswerken wird denn auch nur eine Seite ausgeführt, wie etwa auf diesem Stich von Galli Bibiena (Abb. 22). Gerade weil ein solcher isolierter Akzent am vollständig abgebildeten Gebäude zum Blickfang wird, verankert er auch den Wahrnehmungsvorgang und legt nahe

Symmetrie, Wahrnehmung und künstlerische Gestaltung

Abb. 21. Blenheim Palace (aus Sense of Order)

Abb. 22. Galli di Bibiena: Katafalk (aus Sense of Order)

die Entsprechung von dort aus als identisch zu lesen. Wenn Professor Arnheim so treffend von der Macht der Mitte gesprochen hat, so beruht diese Macht wohl auf der Überlegenheit ihres Informationsgehaltes.

Ich möchte allen, die dieses Problem gerne weiter experimentell erforschen wollen, die Formel Ahimotuwy empfehlen, die Sie auf meiner Abbildung sehen (Abb. 23). Es ist das weder eine tibetanische Zauberformel, noch eine japanische Warenmarke, sondern einfach die Serie der Blockbuchstaben unseres Alphabets, die bilateral symmetrisch sind. So scheint es mir interessant, die Wiederholung der Formel mit der spiegelbildlich symmetrischen Anordnung der Buchstaben zu vergleichen, die Sie vor sich sehen und auch weiterhin zu fragen, wie weit unsere Lesegewohnheit von links nach rechts den Eindruck beeinflußt – weshalb ich sie hier zur schwereren Lesbarkeit auf den Kopf gestellt habe. Weitere Experimente, die ich Ihnen ersparen will, können dann etwa zeigen, an welcher Stelle der Anordnung ein Fehler leichter ins Auge springt, d. h. ob es empfindliche Stellen gibt, deren Abweichung und Wiederholung eher störend wirkt als andere. Auch die optimale Form der zentralen Achse und der Buchstabenzahl wäre weiter zu erforschen, von dem Einfluß der Orientierung, waagrecht, senkrecht oder geneigt ganz zu schweigen.

Vielleicht ließe sich durch derartige Experimente bestätigen, was wir allerdings alle aus eigener Erfahrung wissen, nämlich daß wir dem Eindruck der Symmetrie gegenüber recht tolerant sind. Ja man könnte sagen, daß das psychologische Erlebnis recht weit von dem geometrischen Begriff abweicht. Was wir als Symmetrie empfinden, sind nicht nur spiegelbildliche Identitäten, son-

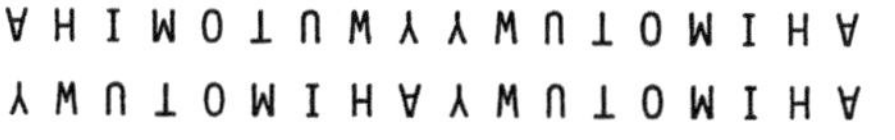

AHIMOTUMYYMUTOMIHA
YMUTOMIHAYMUTOMIHA

Abb. 23. AHIMOTUWY, symmetrisch und wiederholt

Abb. 24. Fassade des Doms von Pisa

Symmetrie, Wahrnehmung und künstlerische Gestaltung 109

dern eher was ich als Entsprechungen kennzeichnen möchte, Formen, die sich hüben und drüben die Waage halten, so daß ihre Zusammengehörigkeit nicht im Zweifel steht, wirken auf uns als symmetrisch.

Das bekannteste Beispiel ist unsere Tendenz, die Asymmetrie des Gesichts zu übersehen, ja wir wünschen uns gar keine genaue Entsprechung, weil dann die Redundanz zu aufdringlich wirkt. Denken Sie etwa an eine jener bekannten Aufnahmen, die den Kopf eines jungen Mädchens zeigen, wie er ist und wie er bei der Verdoppelung einer Gesichtshälfte wirken würde.

In der Geschichte der Ästhetik hat die Forderung nach der Auflockerung der Symmetrie eine große Rolle gespielt. Vor allem war es schon John Ruskin, der leidenschaftliche Gegner der industriellen Revolution, der die lebendige Ungenauigkeit mittelalterlicher Bauten, wie etwa der Fassade des Doms von Pisa, der angeblich toten mechanischen Präzision späterer Jahrhunderte, z.B. von Madernas Fassade der Peterskirche, entgegenstellte (Abb. 24). Ein Thema, das in unserem Jahrhundert der Irrationalist Ludwig Klages wieder aufgegriffen hat.

Aber hier, wie immer, müssen wir uns davor hüten, zu vereinfachen. Gewiß, die Baumethoden des Mittelalters schlossen oft ein genaues Planen aus

Abb. 25. Der Dogenpalast in Venedig von der Lagune aus

Abb. 26. Der Dogenpalast nach einem frühen Holzschnitt von Reuwich

Abb. 27. Der Dogenpalast nach einer Ansicht von Venedig von A. della Via, 1686

Abb. 28. Canaletto: Der Dogenpalast beim Fest der Auferstehung, Leningrad, Eremitage

und so sind, aus welchem Grunde immer, die zwei äußersten Fenster der Lagunenfassade des Dogenpalastes in Venedig stark nach unten verschoben (Abb. 25). Aber merkwürdigerweise stellt sich heraus, daß diese Anomalie gewöhnlich nicht zur Kenntnis genommen wurde. Daß ein früher Holzschnitt den Palast auf eine einfache Formel bringt, ist nicht zu verwundern, aber es ist doch eher erstaunlich, bis zu welchem Grad topographische Maler wie Canaletto jene Realität verleugneten (Abb. 26–28). Die anscheinende Redundanz siegt über die wirkliche Asymmetrie.

Dem Problem der Symmetrie in der Bildenden Kunst ist eine Sektion der Ausstellung gewidmet, und ich brauche Sie vielleicht nur daran zu erinnern,

Abb. 29. Nordindianisches Ornament nach Boas, Primitive Art, Oslo 1927 (Dover Edition)

Abb. 30. Äthiopische Zauberrolle, Der Gefangene Satan

daß hier der starre Regelzwang der Toleranz vorangeht. In der sogenannten primitiven Kunst, wie etwa in der Ornamentik der nordamerikanischen Indianer oder den Zauberbildern aus Äthiopien, ist die symmetrische Anordnung die Norm und erhöht ihre Eindringlichkeit (Abb. 29, 30). Wo immer es um symbolische Bildungen geht, steht die Symmetrie im Vordergrund, etwa in der frühchristlichen Apsis von Sant' Apollinare in Classe in Ravenna (Abb. 31). Auch die Darstellung des letzten Abendmahls auf einem Mosaik der Schwesterkirche Sant' Apollinare Nuovo ist so streng wie möglich komponiert (Abb. 32). Die wachsende Forderung nach einer überzeugenden erzählerischen Kunst, die auf der Naturnachahmung beruht, mußte natürlich zu einer Lockerung des Regelzwanges führen, wobei ich Sie kaum an Leonardos Abendmahl erinnern muß, in dem die vier bewegten Dreiergruppen der Apostel rechts und links von Christus verteilt sind.

Historisch gesehen ist es merkwürdig, wie lange die Kunsttheorie gebraucht hat, sich überhaupt mit der Frage der Komposition in der Bildenden Kunst abzugeben, die in der italienischen Renaissance solche Triumphe gefeiert hatte. Sobald sie es tat, warnten Lehrer und Kritiker die Künstler vor der allzu deutlichen Symmetrie im Bildaufbau. So heißt es in den Akademiereden von James Barry von 1790, der Künstler solle vor allem zu große Regelmäßigkeiten, Wiederholungen und gleichartige Parallelen vermeiden, die verkettete Masse solle aber ein gewisses Gleichgewicht, eine symmetrische Ordnung in sich bewahren. Ein Blick auf die Überlieferung der Monumentalmalerei im Westen zeigt, wie er es meint. Gegen Raffaels Lehrer Perugino gehalten ist etwa die Disputa seines großen Schülers eine wahre Symphonie freier Entsprechungen (Abb. 33, 34).

Auch den Meistern unseres Jahrhunderts bleibt die Forderung nach beiderseitiger Entsprechung oft eine Selbstverständlichkeit. In dem schönen Vortrag

Abb. 31. Apsis von Sant Apollinare in Classe, Ravenna

Abb. 32. Das letzte Abendmahl, Ravenna, Sant Apollinare Nuovo

Abb. 33. Zwei Kardinaltugenden und ihre Vertreter, Perugino, Cambio, Perugia

Abb. 34. Raffael: Disputa

Abb. 35. Klee: Lenkbarer Großvater

von Paul Klee über die moderne Kunst spricht er von dem Bestreben des Künstlers, „die formalen Elemente so rein und logisch zueinander zu gruppieren, daß jedes an seinem Platze notwendig ist und keines dem anderen Abbruch tut". Hier darf er sich auch nicht von der Kritik des Laien irremachen lassen, sondern muß sich sagen: „Ich muß nun weiterbauen... Dieser neue Baustein ... ist zunächst wohl etwas schwer und zieht mir die Geschichte zu sehr nach links; ich werde rechts ein nicht unbedeutendes Gegengewicht anbringen müssen, um das Gleichgewicht herzustellen" und er setzt hüben und drüben abwechselnd so lange etwas hinzu, bis die Waage nach oben züngelt. Ich zeige hier die entzückende Zeichnung „Lenkbarer Großvater" (Abb. 35). Erzählt er uns doch im folgenden, daß er Assoziationen gerne akzeptierte, und daß sie ihm auch Anregungen zu dieser oder jener Zutat geben könnten. Wie alle, die über Kunst schreiben, verwendet auch Klee eine metaphorische Sprache, als Künstler empfindet er das Gewicht der Form, mit der er jeweils hantiert, als könnte er es tatsächlich auf die Waage legen. Vielleicht machen wir uns mitunter die Sache ein wenig zu leicht, wenn wir dieser Metapher nicht weiter nachgehen.

So trifft es sich gut, daß wir fast alle nach einem solchen Endziel der Ausgewogenheit streben, wenn wir uns auch nur in den bescheidensten Grenzen künstlerisch betätigen. Ich denke an nichts Anspruchsvolleres als an das Schmücken des Christbaumes zu Weihnachten, an dem sich vielleicht die ganze Familie beteiligt. Man sucht dabei gerne nach einer fortschreitenden Serie von Entsprechungen, wobei sich der Schmuck, die Spielzeuge und Konfekte, oder gar die Kerzen immer die Waage halten sollen. Zeigt sich eine Lücke, so wird sie gefüllt, was oft zur Folge hat, daß auch das Gegenüber nun reicher bedacht werden muß, um den Ausgleich wieder herzustellen.

Ähnliches können wir alle beobachten, wenn wir Bilder in unsere Privaträume hängen wollen oder auch nur in ein Zimmer treten, das so geschmückt ist. Auch ein schlichter Innenraum verlangt nach Gliederung. Das Bild fordert etwa nach einem Pendant oder hilft, die Mitte zu betonen.

Alle diese bescheidenen Tätigkeiten zeigen uns im Kampf gegen zwei gleich mächtige Gegner, das ungeformte Chaos, dem wir Entsprechungen auferlegen, und die allzu geformte Monotonie, die wir durch neue Akzente beleben und die dem Beschauer beweisen, daß hier eine Absicht am Werke war. Nur der Vollständigkeit halber will ich hier kurz von der Gliederung des Raumes auf die Gestaltung des Zeitablaufes übergehen, wobei die Frage, wie weit es berechtigt ist, zeitliche Entsprechungen als Symmetrie zu bezeichnen, auf sich beruhen muß. Es gibt wohl keine Kultur, in der nicht der Gegensatz zwischen der Prosa des Alltags und der gehobenen Sprache des Rituals und der Dichtung empfunden wird. Daß auch hier die Einsichten der Informationstheorie von einem gewissen Wert sind, scheint mir selbstverständlich. Denn die Dichtung verdankt ja der Wiederholung, also der Redundanz ihre Einprägsamkeit. Man kann nie säuberlich zwischen der Erinnerung und der Rekonstruktion unterscheiden. In der altorientalischen Dichtung, die uns aus der Bibel vertraut ist, vertritt der sogenannte Parallelismus die Stelle der Entsprechung: „Meine Lehre triefe wie der Regen, und meine Rede fließe wie Tau, wie der Regen auf das Gras und wie die Tropfen auf das Kraut." (5. Buch Moses, 32, v.2) Wie allgemein diese

114   Ernst H. Gombrich

Freude an der Schaffung und Entdeckung von Entsprechungen ist, zeigt natürlich die Erfindung des Reims, der sowohl im Westen als in Ostasien die Herrschaft übernimmt.

Wie Goethes Helena sagt, die sich plötzlich auf der mittelalterlichen Burg des Faust findet:

> „Vielfache Wunder sehe ich, höre ich an.
> Erstaunen trifft mich, fragen möcht' ich viel.
> Doch wünscht' ich Unterricht, warum die Rede
> des Manns mir seltsam klang, seltsam und freundlich;
> Ein Ton scheint sich dem andern zu bequemen,
> Und hat ein Wort zum Ohre sich gesellt,
> Ein andres kommt, dem ersten liebzukosen."

Ich bin nicht sicher, ob jemand es schon ernstlich unternommen hat, Helenas Frage zu beantworten. Unsere Geisteswissenschaften sind ja durch die Spezialisierung so zersplittert, daß meines Wissens niemand gewagt hat, ein Buch über den Reim schlechthin zu schreiben. Auch die äußerste Form der Redundanz, der Refrain, wartet vielleicht noch auf eine vergleichende Erforschung.

Das alte Sprichwort sagt variatio delectat, aber wo es keine Entsprechung zu entdecken gibt, verliert auch die Variation ihren ästhetischen Sinn. Nirgends ist dieser Zusammenhang klarer als in der Musik, aber obwohl ich in meinem Buch gewagt habe sie miteinzubeziehen, ziehe ich es vor, hier weder zu singen noch zu pfeifen.

Lieber möchte ich zum Abschluß auf eine Kunstüberlieferung hinweisen, in der das Widerspiel zwischen Symmetrie und Abweichung zur höchsten Verfeinerung gelangt ist, ich denke an die Kunst Ostasiens. Vielleicht ist es kein Zufall, daß im Denken der Chinesen von altersher das kosmische Gleichgewicht, dessen ich hier eingangs gedachte, in der Form eines Symbols dargestellt wird, das die Entsprechung wunderbar veranschaulicht, ohne aber spiegelbildlich symmetrisch zu sein. Das Symbol von Yin und Yang versinnbildlicht die gegensätzlichen Prinzipien von männlich und weiblich, Tag und Nacht, Trockenheit und Feuchtigkeit (Abb. 36). Schon hier zeigt sich die Begabung für das formale

Abb. 36. Yin und Yang (aus Sense of Order)

Abb. 37. Japanische Lackarbeit (nach "Autumn Grasses and Water, Motifs in Japanese Art", Suntory Museum of Art, ed. Alexander Munroe, 1983)

Gleichgewicht in dynamischer Gestaltung, das in der Kunst der ostasiatischen Kulturen die höchsten Triumphe feiert.

Es kam mir lange so vor, als entzöge sich diese Kunst der asymmetrischen Ausgewogenheit vollends der Analyse. Ein kleines Meisterwerk wie die Japanische Lackarbeit von einem Schreibgerät findet in der abendländischen Kunst kaum seinesgleichen (Abb. 37). Aber ich halte es für möglich, daß wir dem Geheimnis dieser Meisterschaft erst auf die Spur kommen werden, wenn wir zunächst zur Kenntnis nehmen, daß Symmetrie und Ordnung keineswegs aus dem Repertorium der japanischen Künstler verbannt sind. Die japanische Architek-

Abb. 38. Tempel in Nara (West Golden Hall) Kairyuo-ji (nach Minoru Ooka: Temples of Nara and their Art, New York/Tokyo, 1973)

Abb. 39. Gyokün Bompo, Orchideen, Bambus und Felsdorn (nach J. M. Rosenfield: The Singing Brush)

Abb. 40. Innenraum des Daitoku-Ji (nach J. Covell und Y. Sobin: Zen at Daitoku-Ji, 1974)

Abb. 41. Pfad im Daitoku-Ji Tempel (nach Takeji Iwamiya: The Japanese Garden, Tokyo, 1972)

Abb. 42. Ausblick aus dem Kyusuiken, Shugakuin Palast (nach Takeji Iwamiya)

Abb. 43. Felsen im Ryoanji Steingarten (nach Takeji Iwamiya)

tur ist natürlich der strengen Symmetrie verpflichtet, die sich so eindrucksvoll in einem Tempel des 8. Jahrhunderts aus Nara zeigt (Abb. 38). Und was für den Außenbau gilt, trifft noch mehr auf den japanischen Innenraum zu, dessen streng geometrische Zucht ja so stark auf die Architektur unseres Jahrhunderts eingewirkt hat (Abb. 40). Worauf es mir ankommt ist, daß auch das anscheinend freie Spiel der japanischen Tuschmalerei in diesen Rahmen gehört, wenn sie nämlich zeitweilig in der Bildernische des Hauses, der Tokonoma, zur Schau gestellt wird. Das Widerspiel von Format und Zeichnung, von Schrift

Symmetrie, Wahrnehmung und künstlerische Gestaltung 117

Abb. 44. Japanische Lackarbeit (nach "Autumn Grasses and Water, Motifs in Japanese Art", Suntory Museum of Art, ed. Alexander Munroe, 1983)

Abb. 45. Pampasgras, Wandschirm (nach "Autumn Grasses and Water, Motifs in Japanese Art")

Abb. 46. Ikebana (nach Irmtraud Schaarschmidt-Richter, Frankfurt, 1962)

Abb. 47. Ikebana (nach Irmtraud Schaarschmidt-Richter)

und Hängerolle in der Nische, vollendet vielleicht erst die Komposition eines Meisterwerkes wie das des Gyokün Bompo aus dem 14. Jahrhundert (Abb. 39).

Ich finde die Freude an diesem Kontrast bestätigt in den berühmten Gärten von Kyoto. Der scheinbar absichtslos gelegte Pfad führt auf ein streng symmetrisches Portal zu, und der Kontrast zwischen den Bambuswänden und der Aussicht in die scheinbar wildgewachsene Natur gibt erst beiden einen neuen Sinn (Abb. 41, 42).

Auch der Kult der Zufallsform von Felsen und Steinen in japanischen Tempelgärten erfordert das sorgfältig geometrische Fegen des Sandes, der uns an Meereswellen gemahnt (Abb. 43).

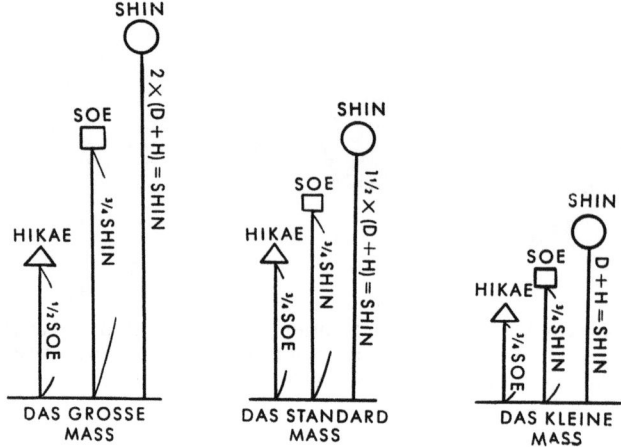

Abb. 48. Diagramme, Ikebana (nach Irmtraud Schaarschmidt-Richter, Nachwort)

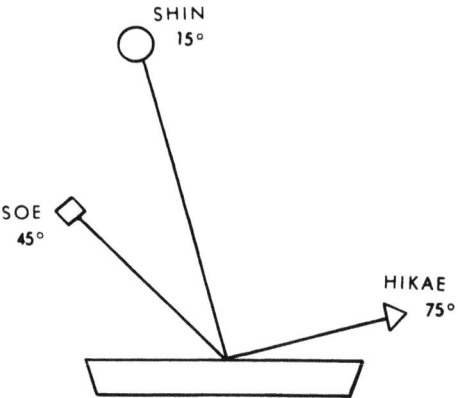

Abb. 49. Diagramm, Ikebana (nach Irmtraud Schaarschmidt-Richter, Nachwort)

Sobald wir das Formenspiel der japanischen Künstler in diesen Zusammenhang stellen, wird es uns vielleicht leichter, seinen ästhetischen Sinn zu formulieren. Gerade wo das japanische Kunsthandwerk schmückend sein will, bezieht es sich ja auf Geräte und Gegenstände, die an sich geometrisch geformt sind, wie jene mit Blumen bestreute Schatulle oder gar der bezaubernde Wandschirm mit den frei darüber verteilten wogenden Gräsern (Abb. 44, 45). Die starre Form wird nicht negiert, sie spielt sozusagen unterschwellig mit wie eine rhythmische musikalische Begleitung der Melodie.

Ich glaube, es gibt eine japanische Kunstform, die die geheime Regelhaftigkeit dieser Freiheit in Theorie und Praxis bestätigt. Ich spreche von der Kunst des Blumenarrangements, des Ikebana. Meine Kenntnisse der Geheimnisse dieser verfeinerten Kunst beschränken sich auf die Lektüre eines kleinen Büchleins aus dem Inselverlag von Irmtraud Schaarschmidt-Richter, das mir gezeigt hat, wie hoffnungslos es für mich wäre, auf diese Praxis ernstlich einzugehen.

Gibt es doch fast unzählige Schulen und Sekten, die verschiedene symbolische und formale Stile kultivieren, denen nur das eine gemeinsam ist, daß sie in scheinbar zufälligen, gänzlich asymmetrischen Arrangements resultieren (Abb. 46, 47). Und doch braucht man nur die Nase in so ein Buch hineinzustekken, um sofort zu erkennen, daß die gesuchte Regellosigkeit nur vor der strengen Regelhaftigkeit Bestand finden kann. Schon die erste Einführung lautet: „Bevor man beginnt, überlege man sich genau, wo man das Ikebana aufstellen will. Grundsätzlich verlangt es einen Hintergrund, und es wird fast immer so arrangiert, daß es nur von einer Seite, in einer Richtung, seine volle Wirkung entfaltet. Man muß also beachten, welcher Art dieser Hintergrund und wie groß seine Ausdehnung ist. Eine einfarbige Wand oder auch eine schön gemaserte Holztäfelung eignen sich am besten". Die beigegebenen Diagramme zeigen die Grundformen, die im einzelnen variiert werden können und müssen (Abb. 48, 49). Dabei stellt sich heraus, daß nicht alle Regeln visuell überhaupt in Erscheinung treten können. So berechnet man die Höhe des überragenden Stengels durch Abmessen der Schale oder Vase, deren Höhe und Durchmesser gemeinsam das erwünschte Rundmaß bieten. Man mag sich fragen, wieviel Bedeutung dieser Regel wirklich zukommt, aber es ist nun einmal ein Zug alles künstlerischen Gestaltens, daß es die Willkür meidet und erst innerhalb der Regelhaftigkeit die ersehnte Freiheit findet.

Ich hätte es nicht gewagt, mit diesem Beispiel aufzuhören, wenn es mir nicht schiene, daß auch in einer Kunst, die der Symmetrie sozusagen Hohn zu sprechen scheint, jenes Bedürfnis nach Ordnung herrscht, von dem dieser Rundflug seinen Ausgangspunkt nahm.

Symmetrie zwischen Biologie und Architektur[1]

Frei Otto

Häuser laufen, fahren, fliegen nicht – zumindest sehr selten. Sie müssen nicht symmetrisch sein, so wie schnelle Tiere und Fahrzeuge. Häuser und Städte können dennoch symmetrisch gebaut werden, wenn Menschen das wollen.

Es gibt für mich keine Regel, die da sagt, Symmetrisches sei schön, Asymmetrisches sei unschön. Ich kenne symmetrische Objekte von großer Schönheit – und auch solche von großer Häßlichkeit und Brutalität. Ich kenne sehr schöne, menschliche und natürliche Gebäude, bei denen kein Hauch von Symmetrie zu finden ist.

Mit dem, was ich sage, konzentriere ich mich auf Form und Gestalt lebender und gebauter Objekte, die durch Sehen, Tasten, Ergehen wahrgenommen werden. Ich spreche weniger über Immaterielles.

Das Wort Symmetrie ist für mich störrisch. Ich gebrauche es selten. Das Wort Symmetrie wird bei diesem Symposium mehrfach mit einer ins Unendliche gehenden Reichweite benutzt. Mit einem Wort, das Meßbares bedeutet, soll auch Unmeßbares erfaßt werden. Das erscheint mir nicht angemessen. Das Wort Symmetrie, das wohl im Kern Gleichmaß anzeigt, wird in einer Bedeutungskette verwendet, die bei Gleichmaß beginnt und aufsteigend über Ordnung, Kultur und Ästhetisches bis dicht an das Göttliche führt und absteigend über Uniform, Gleichförmigkeit, Langeweile, Erstarrung zu Totalität und Diktatur. Da kann ich nicht folgen. Mir steht der allgemeine Sprachgebrauch näher.

Symmetrie ist für mich hauptsächlich Spiegelbildlichkeit. Ihre Bedeutung als „Ordnung durch Gleichmaß" kann ich noch nachvollziehen, Symmetrie als allgemeingültiges Synonym für Ordnung aber nicht.

Für mich ist Ordnung viel mehr als etwa das, was man durch Gleichmaß erreichen kann. Mit dem zunehmenden Gebrauch des Wortes Symmetrie für Ordnung wächst auch seine Bedeutung als Gegenteil von Chaos. Für mich ist Ungeordnetes nicht identisch mit Chaos und Geordnetes nicht identisch mit Symmetrie.

Bei größerer Gewöhnung an das Wort Symmetrie könnte ich vielleicht noch ein Getreidefeld als symmetrisch bezeichnen, eine Wiese aber nicht. Die Wiese

---

[1] Der Text entstand unter Mitwirkung meiner Frau, Ingrid Otto.

als Ganzes ist in hohem Maße biologisch effektiv und weitgehend stabil, selbst dann, wenn Individuen vergehen und Arten aussterben. Sie ist für mich geometrisch ungeordnet, doch nicht chaotisch. Sie ist „ganz". Selbst wenn es jemandem gelingen sollte, alle Tiere, Pflanzen und Samen zu zählen oder die Individuen zu beschreiben, so gibt es doch die mathematische Formel „Wiese" nicht.

Wenn Symmetrie sich auf der Begriffsstrecke Gleichmaß−Ordnung−Ebenmäßigkeit zu einem Synonym für Ästhetisches auswächst, dann kann ich nicht zustimmen. Symmetrisch ist nicht gleich ästhetisch. Für mich kann sowohl Symmetrisches als auch Nichtsymmetrisches eine ästhetische Komponente haben. Unbezweifelt spielt die Symmetrie in der Ästhetik der Baukunst eine überragende Rolle. Und so frage ich mich, wie dieser Anspruch der Symmetrie auf das Ästhetische begründet sein könnte.

Unabhängig von ihren übrigen Bedeutungen ist die erfaßbare und meßbare Symmetrie ein Naturphänomen von größter Tragweite. Sie beschäftigt ein Heer von Wissenschaftlern, deren Ergebnisse ich bewundere. Wenn jedoch Ungleichmäßiges gleichmäßig gemacht wird, um daraus mathematische Gesetzmäßigkeiten ableiten zu können, so scheint mir das nicht zu einem Verständnis der Gestalten und Strukturen beizutragen.

Mich interessieren besonders die Naturgesetzlichkeiten nichtsymmetrischer Gestalten und Strukturen, die mit den heutigen naturwissenschaftlichen Erkenntnissen nicht zu fassen sind. Dies gilt z. B. für offene Systeme der lebenden Natur, die in Gestalt, Struktur und in ihren Stoffen in ständiger Veränderung sind, für die es keine mathematischen Gleichungen gibt.

Unmeßbares, wie das Ästhetische, kann nicht meßbar gemacht werden. Die Schönheit eines Gebäudes läßt sich nicht durch geometrisches Messen und Werten erfassen, ebensowenig wie die chemische Analyse den Wohlgeschmack einer Speise werten kann. In keiner aller Künste führt der Weg über die Analyse eines Vorbildes zur Neuschöpfung.

Da es kaum irgendwelche Gegenstände gibt, die nicht als ästhetisch betrachtet werden können, mag es sinnvoll sein, zuerst darüber nachzudenken, in welchen Bereichen von Natur, Technik und Kunst Symmetrie überhaupt auftritt.

In der unbelebten Natur sind Kristalle häufig symmetrisch. Aber es gibt sehr viele Objekte, die nicht spiegelbildlich sind, wie Gebirgszüge, Wolken und Verzweigungssysteme von Flußläufen, die individuell verschieden sind, deren Form sich nie wiederholt.

In der lebenden Natur ist Symmetrie weit verbreitet. Es gibt ein- und mehrachsige Spiegelungen. Es gibt Regelmäßigkeiten sowohl in der Gestalt als auch in den Strukturen. Abweichungen sind immer da, sind die Regel. Ganz exakte, identisch gleiche Form, exaktes Gleichmaß und exakt Spiegelbildliches findet sich nicht.

Unter Milliarden von Angehörigen der gleichen Art ist kein Individuum mit dem anderen identisch. Da es nicht einmal ganz klar ist, wann ein Individuum anfängt und wann es aufhört zu leben, ist es auch nicht möglich, die Anzahl aller Individuen festzustellen. Es gibt unzählbar viel Nichtsymmetrisches, wie sich nie wiederholende Muster und ökologische Systeme, bei denen die Betrachtungsweise, ob sie symmetrisch oder nicht symmetrisch seien, keine Erkenntnisse bringt.

Wir kennen inzwischen das Prinzip der Entstehung, Gestaltwerdung und Veränderung aller lebenden Wesen etwas näher. Mikrobiologen haben uns den kleinsten Baustein des Lebens als ein kompliziertes spiraliges Molekül aufgezeigt, das sich teilen, also sich selbst reproduzieren kann. Diese Reproduktion ist symmetrisch. Aber die kleinste lebende Einheit ist die aus diesen Molekülen bestehende, bereits hochkomplizierte Zelle. Ihre formbildende Konstruktion ist die flexible, faserdurchzogene Hülle mit flüssigem Inhalt, die biologisch Hydroskelett und technisch Pneu heißt. Diese Konstruktion erlaubt Wachstum und Teilung. Sie erlaubt unendliche Formenvielfalt und erlaubt zwar Reproduktion, doch nur angenähertes, aber kein exaktes Gleichmaß.

Die Tendenz zur Abweichung von symmetrischen Formen und Mustern kann technisch-konstruktiv und geometrisch begründet werden. Die formbestimmenden Fasernetze können keine exakt kugelförmigen und somit keine symmetrischen Pneus bilden, da solche Formen geometrisch nicht mit gleichen Elementen abwickelbar sind. Zudem fügen sich weder voluminöse Schäume noch Zellverbände zu symmetrischen Mustern. Kristallgleiche Strukturen sind nicht möglich. Es ergeben sich stets Abweichungen, die auch die gesamte Gestalt beeinflussen, selbst wenn diese im genetischen Code des Moleküls symmetrisch angelegt sein sollte.

In der Technik der Tiere, also bei den Höhlen, Nestern, Wegenetzen und Fangeinrichtungen gibt es symmetrische Produkte ebenso wie nichtsymmetrische. Bei den Wohnbauten und Städten der Tiere finden wir symmetrische Muster, beispielsweise bei den in einer Ebene angeordneten Brutkammern der Bienen und Wespen, die in totalitär organisierten Völkern leben.

Bei der Technik des Menschen ist zunächst die Gußform, später die Drehbank und heute die Maschine der überragende Produzent gleichförmiger, somit gleichmessender, symmetrischer und identischer Objekte geworden.

In der uralten Technik des Bauens ist Gleichmaß bei der Verwendung gleicher Bauelemente, z.B. des Ziegels, häufig. Diese werden aber bei der überwiegenden Mehrzahl aller Bauten nicht zu symmetrischen Formen gefügt. Häuser bilden Ganzheiten. Jedes gut geplante Haus ist einmalig.

Nicht nur Häuser sondern auch sehr viele technische Gegenstände sind nicht symmetrisch, auch solche nicht, die höchste technische Effektivität aufweisen. Die neuesten individuell steuerbaren Maschinen können Produkte produzieren, bei denen jedes eine andere Form hat.

Ich sehe überall die Tendenz, daß im Zuge einer höheren Entwicklung der Technik die Produkte wieder individueller werden. Sie werden einmalig, genau an die jeweilige Aufgabe angepaßt. Schon werben Fertighaus- und Autofirmen damit, daß sie von einem einzigen Haus- bzw. Fahrzeugtyp auf Wunsch eine größere Anzahl Variationen anbieten, als sie überhaupt produzieren können.

Die Mehrzahl aller Bauten auf dieser Erde war und ist nicht symmetrisch, weder exakt gleich noch spiegelbildlich, besonders nicht solche aus Erde, Lehm, Steinen oder Holz. Immer dann wurden Bauten nicht symmetrisch, wenn sie von den Bewohnern selbst gebaut wurden. Symmetrie ist dann Ausnahme.

Sie erscheint, wenn Traditionen ein Gleichmaß bewahren oder Gestaltungsvorschriften es erzwingen.

Unbezweifelt gibt es auch symmetrisch angelegte Städte. Sie entstanden, wenn sie von Herrenmenschen gewünscht und durch Architekten realisiert wurden. Ihre auf Gleichmaß und Spiegelbildlichkeit aufbauende Planung ist künstlich.

Die Ursachen, die im Bauen zur Symmetrie führen, sind unterschiedlich. Eine mag der Hang zur Bequemlichkeit sein, das Bestreben, mit geringsten Anstrengungen viel zu erreichen, sich wenig Mühe bei der Planung zu machen, – Spiegeln erspart die Hälfte –, einen Normmenschen in Normumgebung als Planungsgrundlage anzunehmen und schließlich von Maschinen gleiche Teile herstellen, bauen und montieren zu lassen.

Doch auch Architekten, die sich viel Mühe machen, die liebevoll jeden Stein herauszeichnen, können Ursache für Symmetrie sein. Sie bauen oft ebenmäßig, spiegelbildlich, bewußt so einfach wie möglich. Sie wollen es dem Wahrnehmenden leicht machen, ihre Gebäude zu sehen, deren Formen, Farben, Materialien zu erkennen.

Wie bereits gesagt, beschäftigt mich die in diesem Symposium herausgestellte Bedeutungskette, die von Symmetrie und Gleichmaß über Ordnung und Schönheit fast bis zum Göttlichen führt. Auch wenn ich selbst diese Bedeutungskette nicht nachvollziehen kann, versuche ich, Antworten auf die Frage zu finden, weshalb Objekte und besonders solche der Baukunst als ästhetisch angesehen werden und welche Bedeutung dabei Gleichmaß und Spiegelbildlichkeit haben.

Ich erklärte schon daß ich Spiegelbildlichkeit und Gleichmaß nicht als unerläßliche Bedingung für Baukunst ansehen kann. Unverändert gibt es für mich nur eine Bedingung für alle Künste, so auch für die Baukunst: nämlich Kennen und Können in gesteigerter Form.

Im Versuch einer ganzheitlichen Betrachtung möchte ich die Kriterien Einfachheit im Sinne von leicht erfaßbar und Effektivität im Sinne von „Weniger ist mehr" mit Gleichmaß und Spiegelbildlichkeit und mit der Entstehung des Wahrnehmungsvermögens des Ästhetischen in Zusammenhang bringen, um der Bedeutung und dem Anspruch der Symmetrie in der Baukunst näherzukommen.

Ich verwende das Wort ästhetisch für das weitgehend Vollkommene, das kaum noch Verbesserbare, innerhalb des mit den Sinnen Wahrnehmbaren.

Der Ursprung aller sinnlichen Wahrnehmung erscheint mir bedeutsam.

Biologen sind sich sicher, daß solche Objekte in verstärktem Maße wahrgenommen werden, die in irgendeiner Weise zur Erhaltung des Individuums, der Art, der Entwicklung, der Erbanlagen oder des Lebens dienen oder in irgendeiner Weise nützlich oder gefährlich sind.

Beim Menschen und seinen tierischen Vorfahren werden Gegenstände überwiegend mit dem Auge wahrgenommen und dies bereits auf Distanz.

Auge und Hirn selektieren blitzschnell und unbewußt. So werden viele Objekte überhaupt nicht wahrgenommen. Sie sind real zwar da, existieren aber nicht für den Beobachter. Sie sind in der Mehrzahl. Von tausend bis zehntausend Objekten, die ins Blickfeld geraten, wird nur eins wahrgenommen. Die

Chance, daß von den selektierten, also wirklich wahrgenommenen Gegenständen einer auch noch als ästhetisch empfunden wird, ist nochmals sehr gering.

Daß es die Fähigkeit zur Wahrnehmung des Ästhetischen gibt, bezweifle ich nicht. Es gibt jedoch keinen Konsens darüber, was wahrhaft ästhetisch ist.

Erst, wenn ein reales Objekt sinnlich wahrgenommen wird, kann es ästhetisch begriffen werden, kann es als schön gelten. Insofern ist der Begriff des Ästhetischen folgerichtig mit der Ästhesie, also mit der Wahrnehmung gekoppelt.

Das Wahrnehmen und auch die spezielle Auswahl ästhetischer Objekte ist individuell sehr verschieden und selbst bei jedem einzelnen Menschen davon abhängig, in welcher Verfassung er sich im Augenblick der Wahrnehmung befindet, ob er arbeitet, ob er Hunger hat, erregt ist, Langeweile hat oder wunschlos glücklich ist. Ich vermute mit aller Vorsicht, daß die Aufnahmefähigkeit für Ästhetisches dann am größten ist, wenn der Aufnehmende körperlich und geistig nicht unter großer Spannung steht, wenn aber sein Geist dennoch hellwach ist. Ich glaube, daß bei entsprechender innerer Aufgeschlossenheit jedes mit den Sinnen wahrgenommene Objekt ästhetisch erfaßt werden kann, gleichgültig, ob es symmetrisch ist oder nicht.

Es gibt Objekte, die allgemein, also von vielen Menschen als ästhetisch angesehen werden. Solche Objekte gelten gemeinhin als schön. Sie tragen ihre Schönheit wie einen aufgeprägten Stempel, der auch dann wirkt, wenn der einzelne Mensch ihre Schönheit selbst nicht wahrgenommen hat und sich auf die Aussagen anderer verläßt. Unter diesen als schön geltenden Objekten gibt es auch viele symmetrische, denn Spiegelbildlichkeit und Gleichmaß erlauben schnelles und ökonomisches Erfassen der Form.

Die Frage, ob es beim Menschen ein angeborenes Vermögen zum Aufspüren von Ästhetischem gibt, stellt sich für viele Menschen überhaupt nicht. Sie glauben fest an ihr eigenes „gesundes" Schönheitsempfinden und sind erstaunt, wenn andere Menschen nicht gleichermaßen empfinden.

Wenn man von gesund im Sinne von arttypisch spricht, mag es sich lohnen, darüber nachzudenken, wo und wie diese Eigenschaften beim Menschen entstanden sein könnten. Dann darf man die Entwicklung der Arten und der Individuen nicht ausklammern, dann muß man sich auch mit Tieren und Kindern beschäftigen und erbliche Veranlagungen in ihrer Gesamtheit sehen. Man muß die biologischen Grundlagen des Wahrnehmens in Betracht ziehen.

Ich bitte Sie, mir auf einem etwas schwierigen Denkweg zu folgen, der sich aus einer jahrzehntelangen Zusammenarbeit mit Biologen zum Forschungskomplex „Biologie und Bauen" sowie „Natürliche Konstruktionen – Leichtbau in Architektur und Natur" ergeben hat.[2]

Bei einigen Tieren scheint das sichtbare Bild der Artgenossen, das der wichtigsten Nahrungsquellen und das der Todfeinde erblich eingeprägt zu sein. Es muß nicht erlernt werden.

Todfeinde werden mit einem Blick, der meßbar weniger als ein Zehntel bis ein Zwanzigstel einer Sekunde dauert, erkannt. Dieser Zeitraum ermöglicht

---

[2] Die Forschungsgruppe „Biologie und Bauen" wurde 1961 in Berlin gegründet und ab 1964 in Stuttgart weitergeführt. Zum Thema wurde 1982 das Buch „Natürliche Konstruktionen" im DAV-Verlag Stuttgart herausgebracht und 1984 der Sonderforschungsbereich 230 der DfG zum Thema „Natürliche Konstruktionen – Leichtbau in Architektur und Natur" gegründet.

Angriff oder Flucht, denn dieser eine Blick, der sog. „erste Blick", der „Augenblick" erlaubt das blitzschnelle Erkennen der Gefahr an dem extrem vereinfachten Bild der Gestalt.

Bei Tieren mit geringer Intelligenz ist vermutlich das seitliche und somit asymmetrische Bild des Todfeindes, Rivalen oder Artgenossen erblich deutlich eingeprägt und bestimmt somit deren Verhalten.

Bei höheren Tieren ist die erbliche Prägung der Gestalt lebenswichtiger Objekte anscheinend weniger deutlich. Das Erlernte schiebt sich in den Vordergrund allen Wahrnehmens. Die erbliche Prägung von Bildern verliert mit zunehmender Intelligenz an Bedeutung, ohne aber völlig zu verschwinden.

Nicht Bilder, sondern gefährliche Verhaltensweisen scheinen bei ihnen erblich eingeprägt zu sein. Mit der Symmetriediskussion kann eine besondere Verhaltensweise in Zusammenhang gebracht werden: Von der Seite haben fast alle Tiere eine asymmetrische Silhouette, deren Bedeutung sicherlich schnell erlernt wird. Solange die Asymmetrie erhalten bleibt, ist Frieden. Verändert aber ein Tier seine Position und wird dadurch eine dieser Silhouetten plötzlich spiegelbildlich, so ist Gefahr angezeigt. Symmetrie signalisiert: Paß auf! Sei wachsam, ein Angriff könnte erfolgen! In der Bewegungsrichtung sind Tiere symmetrisch und zugleich am gefährlichsten.

Wenn die tierischen Vorfahren des Menschen eine solche Anlage, Symmetrisches als Warnung aufzunehmen, gehabt haben sollten, was ich für durchaus möglich halte, dann wäre es verwunderlich, wenn sie beim Menschen nicht auch vorhanden sein sollte.

Dennoch wäre es vermessen, Spiegelbildlichkeit grundsätzlich mit dem Attribut „gefährlich" zu versehen. Besser finde ich das Attribut „Aufmerksamkeit erregend". Auch andere intensive Wechselbeziehungen zwischen Tieren, wie die langsame Annäherung zum Kennenlernen, erfolgen häufig in symmetrischer Position. In der Zeit, die dem ersten Augenblick folgt, tritt das Erkennen des Individuellen in den Vordergrund. Das Abweichende vom symmetrischen Bild wird wichtig, aber auch typische Laute, typische Gerüche und das Ertasten.

Ich ertappe mich immer wieder dabei, daß ich unbewußt aufmerke, wenn ein Gegenstand, den zuvor mein Auge streifte, sei es ein Auto, ein Baum oder ein Berg, eine symmetrische Form annimmt.

Symmetrische Bauten zwingen mich zuerst in ihre Symmetrieachse, die ich dann mit Erleichterung verlasse, wenn ich das Blickduell mit der Fassade überstanden habe, wenn ich den Bau als nicht-feindlich, passabel oder gar friedlich kennengelernt habe und ihn dann erwandern und all seine asymmetrischen Ansichten aufspüren kann.

In Diskussionen mit Biologen zur Frage der Wahrnehmung des Ästhetischen spielt die Funktion eine überragende Rolle. Viele Biologen setzen bei Tieren immer noch ausschließlich funktionelles Handeln voraus. Man kann nun jede Handlung, selbst das Spielen von Jungtieren oder das Singen von Vögeln funktionell erklären. Mir sind aber solche Erklärungen unzureichend.

Höhere Tiere lernen von ihren Eltern, von Artgenossen und durch ihre eigene Erfahrung. Erst wenn sie auch solche Gegenstände wahrnehmen, die für sie keine Funktion haben, werden sie fähig, selbständig zu lernen und die Gegenstände zu prüfen, ob sie zu irgendetwas taugen, also funktionell sind, oder ob sie nur zum Zeitvertreib dienen oder angenehme und schöne Empfindungen erregen.

Ich meine, nicht erst der Mensch hat die besonder Fähigkeit, Irrationales und Unfunktionelles zu erfassen und Unerklärbares und Unsinniges zu tun. Auch bei Tieren sind die Freiräume des Wahrnehmens und Erfassens groß. Die Voraussetzung für das Vermögen, Ästhetisches wahrzunehmen, sind für mich bei Tieren also vorhanden. Nicht bestimmte Formen, die Ästhetisches signalisieren, scheinen erblich eingeprägt zu sein, sondern der Freiraum zur Wahrnehmung von zwecklosen Objekten. Daraus schließe ich: Der Mensch hat kein direkt angeborenes Schönheitsempfinden, aber er hat die Fähigkeit, unendlich viele Objekte, auch unfunktionelle, wahrzunehmen und diese ästhetisch zu erkennen.

Die Aufnahmefähigkeit von Ästhetischem kann individuell sehr unterschiedlich angelegt sein. Bei Kindern scheint diese Fähigkeit noch größer zu sein als bei Erwachsenen.

Nachdem ich in Einfachheit, arttypischer Asymmetrie und Spiegelbildlichkeit erblich bedingte Komponenten für das visuelle Wahrnehmen zu erkennen glaube, möchte ich mich auf dem Wege über die Biologie auch an jenes ästhetische Selektionskriterium der Architektur heranwagen, das in diesem Jahrhundert Bedeutung erlangte: „Weniger ist mehr" (Mies van der Rohe).

Man kann dieses wichtige Kriterium der Baukunst in zwei Bedeutungen sehen: einmal im Sinne von Einfachheit der Form zugunsten der Aussagekraft bis hin zur berühmten Feststellung „So einfach wie möglich, koste es, was es wolle" und zum anderen im Sinne von: weniger Masse ist mehr Leistungsfähigkeit und durch Vollkommenheit auch mehr Schönheit.

Für alle biologischen Objekte gilt das Prinzip der physischen Effizienz, d. h. sie haben die Fähigkeit, Kräften mit geringem Aufwand an Masse und Energie relativ großen Widerstand entgegenzusetzen. Es ist genau gesagt das „Prinzip Leichtbau", nämlich das der Verringerung des eigenen Körpergewichts bei Steigerung des Reaktionsvermögens, der Schnelligkeit und der Vielseitigkeit.

Physisch stärker ist das Individuum, das schneller ist, das höher springen kann, das Naturgewalten besser trotzt. Stärker sein heißt nicht unbedingt absolut größer sein. Oft sind kleine Tiere schneller, wendiger, sprungfähiger, gefährlicher. Dieses „Weniger ist mehr" ist physikalisch meßbar.

In der Biologie herrscht weitgehend Konsens darüber, daß das wichtigste Ausleseprinzip der lebenden Natur der physische Überlebenskampf ist, in dem der Potentere überlegen ist. Der physische Überlebenskampf hat die Gestalten geprägt[3].

Tiere und Menschen erkennen das physisch Effektive zumeist an der typischen Gestalt, die häufig nicht symmetrisch ist. Dieses Erkennen bezieht sich

---

[3] Bei einer Diskussion am Institut für leichte Flächentragwerke (IL) der Universität Stuttgart wurde von K. Bach, H. P. Bahrdt, B. Burkhardt, I. Eibl-Eibesfeldt, W. F. Gutmann, J. G. Helmcke, W. Schäfer, C. Siegel, W. Wickler, A. Nitschke, J. Posener, R. Graefe, E. Schaur, V. Magnano-Lampugnani zum Thema „Das Ästhetische bei materiellen Objekten" ausführlich Stellung genommen. Einige der hier geäußerten Gedanken knüpfen daran an. Sie wurden 1979 dargelegt in IL 21, „Grundlagen – Basics" des Stuttgarter Institutes.

nicht nur auf Tiere und Artgenossen, sondern auch auf Naturereignisse. Es bezieht sich ebenso auf die Techniken der Tiere und auf die des Menschen.

Die Mehrzahl aller Objekte, die dem Menschen täglich begegnen, haben ihre Gestalt durch einen langen Prozeß der Gestaltverbesserung erhalten. Fast ausnahmslos alle Objekte der lebenden Natur gehören dazu, ebenso hochentwickelte Objekte der Technik besonders Werkzeuge, Fahrzeuge, Sportgeräte. Doch nicht alle Objekte, die den Menschen umgeben, sind vollkommen.

Als physisch vollkommen gilt ein Objekt, das an Leistungsfähigkeit alle anderen seiner Zeit überragt. Als unvollkommen erscheint ein Objekt, das nicht ganz so effektiv ist wie ein anderes. Schon kleinste Mängel sind ausschlaggebend.

Wir wissen inzwischen, daß Spiegelbildlichkeit und Gleichmaß keine Bedingung für die Leistungsfähigkeit von statischen Tragkonstruktionen ist. Die Tragwerke großer Hallen und Dächer sind beispielsweise nicht leichter, wenn sie symmetrisch geplant wurden! Symmetrische Konstruktionen und Strukturen aus exakt gleichen Teilen sind sogar empfindlich bei Belastungen. Ähnlich ist es bei den Materialien: Die unregelmäßigen, die nicht kristallinen (amorphen) sind – zumeist weniger empfindlich gegen die Gefahr des Aufspaltens.

Nach heutigem Wissen gibt es keinen Hinweis darauf, daß sich symmetrische und beliebig asymmetrische Formen in ihrer Leistungsfähigkeit wesentlich unterscheiden.

Auch wenn ich der Meinung bin, daß Objekte, bei denen das Prinzip Leichtbau bis zur klassischen Vollkommenheit ausgereift ist, als besonders, ja als ästhetisch angesehen werden, soll in diesem Zusammenhang nicht behauptet werden, daß allein physisch leistungsfähige Objekte ästhetisch sein können.

Meinem Empfinden nach können extrem leistungsfähige Objekte aus allen Bereichen der Natur und Technik erst dann ästhetisch werden, wenn sie mehr sind als leicht, kräftig, zweckmäßig. Sie können erst ästhetisch werden, wenn sie sowohl die typische Form aller vollendet optimierten Objekte der gleichen Art haben, als auch die typischen Abweichungen des individuellen Einzelobjektes zeigen.

In der Technik und Baukunst können wir beobachten, wie Weiterentwicklungen soweit getrieben werden, daß fast Unverbesserbares entsteht, daß dann das Objekt zeitlos wird und schließlich außerhalb der aktuellen Funktionalität wahrgenommen werden kann.

Viele, wegen ihrer physischen Effizienz gefürchteten Objekte, wie Burgen, Bunker, Waffen, Flugzeuge werden in ihrer Vollendungsform unter Verdrängung der Wahrnehmung des belastenden Funktionellen ästhetisch. Mit zunehmendem Alter verlieren sie ihre Gefährlichkeit. Sie können dann ohne Furcht, also entspannt betrachtet werden.

Die Fähigkeit, physische Effektivität einschätzen zu können, scheint auch beim Menschen verwurzelt zu sein. Es ist erstaunlich, wieviele unverbildete Menschen ein Gefühl für Sicherheit und Festigkeit von technischen Objekten haben.

Nicht alle Formen, die uns umgeben, sind durch das allgemeine Prinzip der physischen Leistungsfähigkeit geprägt, insbesondere nicht Objekte der Kunst und modische Attribute bei Gebrauchsgegenständen. Sie müssen und sollen es nicht sein und können dennoch als ästhetisch wahrgenommen werden. Auch für sie ist Gleichmaß und Spiegelbildlichkeit keine Voraussetzung.

In der Entwicklungsgeschichte der Tiere folgt die geistige Höherentwicklung der physischen. Die geistigen Fähigkeiten erweitern die physischen Grenzen. Intelligenz erlaubt mit noch weniger Masse mehr.

Nur intelligente Tiere können überhaupt die Fähigkeit zum ästhetischen Wahrnehmen haben.

Als Sitz der geistigen Fähigkeiten gilt das Gehirn. Materiell-formal gesehen ist es symmetrisch. Die geistigen Vorgänge in ihm können jedoch nicht als symmetrisch angesprochen werden.

Im Gegensatz zur physischen Leistungsfähigkeit kann geistige Effizienz an der sichtbaren Form nicht erkannt und also die daran gebundene Symmetriediskussion nicht geführt werden. Auf geistige Leistungsfähigkeit kann eher aus individuellen Verhaltensweisen geschlossen werden. Für einige Künste, z.B. die Literatur, ist die geistige Effizienz des Geschriebenen ausschlaggebend. Sie ist auch eine ganz wesentliche Komponente der Baukunst.

Mit der Entwicklung der geistigen Fähigkeiten der Arten bis hin zum Menschen tritt ein neues Phänomen auf, das das Erkennen des Ästhetischen erschwert. Es ist die bewußte Nutzung des Überraschungseffekts. Das intelligentere Tier kann dem physisch stärkeren seine Geisteskraft entgegensetzen. Es gebraucht Täuschung und List als Überlebenshilfe.

Täuschung ist z.B. die für den Gegner symmetrisch wirkende Aufstellung des physisch Unterlegenen, in der Hoffnung, daß dieses Imponiergehabe wirkt.

Voraussetzung für sein Überleben ist also, daß es intelligenter ist, daß es die physische Überlegenheit des kräftigeren Tieres blitzschnell erkennt, richtig einschätzt und entsprechend reagiert. Stehen sich zwei intelligente Tiere gegenüber, so steht Täuschung gegen Täuschung.

Der Mensch als intelligentestes aller Tiere ist der Meister im Täuschen und zugleich auch das Lebewesen, das am umfangreichsten getäuscht werden kann.

In der Kunst – auch in der Baukunst – erregen intelligente Täuschungen Aufmerksamkeit. Mit ihnen wird häufig erreicht, daß Objekte überhaupt wahrgenommen werden. Wenn diese gekonnt gemacht wurden, und besonders, wenn sie die Stufe des nahezu Unverbesserbaren erreichen, wird die anfängliche Täuschung vergessen und unwichtig.

Um Aufmerksamkeit in der Architektur zu erregen, sind Täuschungen nicht Voraussetzung. Anstoß zur Wahrnehmung des Ästhetischen kann jedes Signal sein, wie z.B. auch neu gefundene Formen oder Farben.

Nach diesen Betrachtungen über das Ästhetische will ich mich schließlich auch an die Ästhetik in der Baukunst heranwagen, also an die Lehre vom Ästhetischen oder vom Schönen.

Ich selbst suche das Ästhetische in der praktischen Arbeit. Die Ästhetik, also die Lehre dessen, was in der heutigen Zeit als schön gelten soll, kann mir dabei kaum helfen.

Die Ästhetik kennt Regeln, das Regelmaß und auch die Symmetrie. Ästhetik soll helfen, auf der Basis von Erfahrung und Wissen aus der Fülle des Gewöhnlichen und Gemeinen das Besondere, das Herausragende zu erkennen.

Ästhetik soll auch helfen das Unschöne, den Kitsch und die Täuschung vom Schönen zu unterscheiden. Durch sie wird das Wahrnehmungsvermögen von Ästhetischem geschult und verstärkt. Ohne Ästhetik sind Kulturen nicht denkbar. Sie wird oft als Basis für die Suche nach dem Schönen und Wahren betrachtet. Da sie aber selbst regelt, richtet, mißt, verstärkt und zugleich einengt, kann sie nicht zur unabhängigen Bewertung des Ästhetischen führen.

Die Forderung nach Gleichmaß und Spiegelbildlichkeit – also nach Symmetrie – findet sich in der Ästhetik fast aller Zeitepochen, insbesondere in den Lehrsätzen der Architektur. Es gibt Epochen, in denen nur symmetrisch gebaut wurde. Ganze Städte bestehen aus symmetrischen Häusern in gerasterten und somit symmetrischen Straßennetzen.

Das Spannungsfeld der Ansichten und Meinungen, die jeweils die Architektur einer Epoche prägen, ist groß. Symmetrie wird jahrzehntelang verteufelt, dann wieder das Nichtsymmetrische. Nach dem letzten Krieg, nach dem totalitären Staat mit Marschkolonnen und symmetrischer Machtarchitektur konnte man symmetrische Architektur nicht mehr ertragen. Wer in den fünfziger Jahren symmetrische Gebäude entwarf, hatte kaum Chancen, denn Asymmetrie wurde zum Symbol wiedererlangter Freiheit. Durch den Überdruß nach vieljährigem Gebrauch wurde Asymmetrie allmählich zum Ausdruck von Unordnung und Anarchie. So kam die Symmetrie zurück und regiert heute wieder bis ins kleinste Teil hinein.

Man meint und lehrt es sogar von vielen Kanzeln, daß Symmetrie gleichzusetzen sei mit Ökologie und Menschlichkeit im Sinne des friedlichen Verhaltens des Menschen. Eben das ist der verfremdete, vielleicht sogar gefährliche Gebrauch des Wortes Symmetrie.

Ich habe immer wieder darüber nachgedacht, warum viele Gebäude symmetrisch entworfen und z.T. auch symmetrisch gebaut werden, auch wenn eine nichtsymmetrische Form eine bessere Nutzung durch den Menschen oder eine bessere Einbindung in die Umwelt gestatten würde oder sogar möglicherweise einen höheren ganzheitlichen, also physischen, energetischen und ökologischen Vollendungsgrad erschließen könnte.

Exakt spiegelbildliche Gebäude wirken auf mich steril, wie tot, wirken künstlich. Viele der als besonders schön geltenden Kirchen, Schlösser und Grabbauten sind nur in der Großform symmetrisch, nicht aber im Detail. Sie entfalten ihre wahre Gestaltfülle im Asymmetrisch-Individuellen, das erst beim näheren Erwandern und Hinsehen ins Zentrum der Betrachtung rückt.

Da in der „kleinen" Architektur, bei den Häusern des täglichen Behausens des Menschen Symmetrie selten ist – und zwar umso seltener, je weniger Architekten dabei mitwirken – scheint es mir, als fördere der Beruf des Architekten die Symmetrie.

Ich frage mich immer wieder: warum ist Symmetrie ein vielgepriesenes Gestaltungsmittel der Architektur? Warum ist in vielen Kulturen das Nichtsymmetrische tabu? Ist es vielleicht der Kampf gegen den großen Feind, die Natur, der die Gebärde der Symmetrie unverzichtbar macht? Ich weiß es nicht.

Die Symmetrie hat in der Baukunst Symbolgehalt erhalten. Sie symbolisiert das Künstliche, das Herrschen des Menschen über die übrige Welt.

Bringt uns die noch immer wirkende Forderung nach Symmetrie in der Architektur in die Zukunft? Hilft sie uns, Bauten menschlicher zu gestalten? Hilft sie uns bei der Einpassung von Bauwerken aller Art in Biotope, Landschaften, ökologische Großsysteme, also in offene Strukturen, für die es Wiederkehrendes, Regelmäßiges nicht gibt, da sie in ständiger Veränderung sind? Das sind die Fragen, die uns heute bewegen.

Ich habe über biologische Prägungen gesprochen, über biologische Grundlagen zum Wahrnehmen des Ästhetischen, über Einfachheit, Spiegelbildliches und „Weniger ist mehr". Ich habe auch über die Fähigkeit, Uneffektives wahrzunehmen, reflektiert, die für mich die Basis zur Wahrnehmung des Ästhetischen zu sein scheint.

Aus all dem lassen sich keine Vorschläge, Regeln oder Formeln ableiten. Meine Ausführungen sind somit kein Beitrag zur heutigen Architekturästhetik. Ich stehe außerhalb dieser Diskussion. Theorien waren für mich nie bindend. Ich habe Symmetrisches und Asymmetrisches, Einfaches und Komplexes gebaut und daran studiert, wie Ästhetisches entstehen kann.

Im Kern meines Interesses stand und steht der Wunsch, möglichst wenig in das prozeßhafte Geschehen der Natur einzugreifen. Für mich werden besonders solche Gebäude ästhetisch, die vollkommen und dabei am wenigsten widernatürlich sind. So denke ich an Bauten, die sich entwickeln und verändern können, wobei Gleichmaß und Spiegelbildlichkeit, Ebenmaß und Ordnung keinesfalls ausgeschlossen sind. Ich stehe nur dem Übermaß an Symmetrie in der Lehre vom Schönen, also in der Ästhetik, distanziert gegenüber.

Symmetrie ist für mich ein Naturereignis. Symmetrie ist für mich wertneutral. Sie ist weder böse, noch gut, noch schön. Sie ist!

Real Turned Ideal Through Symmetry

István Hargittai

Aleksandr Isaakovich Kitaigorodskii, 1914–1985, In memoriam

"The rainbow is an elusive thing;
yet the study of colored spectra provided
clues to the structure of matter."
(after Arthur Koestler)

Preamble

Chemistry is sometimes called the central science, and various justifications can be given to such claim. From considerations of the symmetry concept, there is also reason to observe the universality of chemistry [1]. Embracing the properties and behavior of matter on the level of electrons, molecules, and crystals as well as chemical transformations, point-group symmetries and space-group symmetries are as much involved as antisymmetry, dynamic symmetries, and the symmetry of similarity.

Yet symmetry has long been identified with the properties of geometrical figures and E. S. Fedorov gave the following definition to the concept of symmetry: "symmetry is the property of geometrical figures to repeat their parts, or more precisely, their property of coinciding with their original position when in different positions. Such self-coincidence may be of two types: either the figure shows self-coincidence as a result of a certain movement, or the self-coincidence results from a mirror reflection [2]."

It has also been recognized for a long time, however, that symmetry as observed in real nature cannot be reduced entirely to this geometrical symmetry. Accordingly, the terms material figures [3] and material symmetry [4] have been introduced.

Purpose

The present paper is aimed at two purposes trying to best serve the broad interdisciplinary scope and wide audience of the Darmstadt Symmetry Symposion. One is to show the applicability of the symmetry concept to some real (chemical) systems and phenomena, indicating the intrinsic importance of symmetry in the cognitive process, rather than it being merely a tool of convenience. At least some of the examples will be taken from among hot topics of current research but the illustrative material is selected in such a way as not to tire even the non-chemist part of the audience. Placing further emphasis on using analogies to facilitate grasping abstract chemical ideas, our second purpose is an offering of bricks to the bridges that are being built between various fields at this Symposion. Our illustrative material will be selected from areas of handedness, antisymmetry, point groups, and space groups.

Introduction

First of all, let us get some definitions out of the way. For handedness, or *chirality*, Lord Kelvin's Baltimore Lectures [5] are quoted here: "I call any geometrical figure, or group of points, *chiral*, and say that it has chirality if its image in a plane mirror, ideally realized, cannot be brought to coincide with itself. Two equal and similar right hands are homochirally similar. Equal and similar left and right hands are heterochirally similar ... These are also called 'enantiomorphs' ...". Then, for antisymmetry, Mackay's definition [6]: "Operations of antisymmetry transform objects possessing two possible values of a given property from one value to the other."

Shubnikov [3] called attention to the fact that chirality and antisymmetry meet at a certain point. "Upon comparison of two mirror-equal *enantiomorphic* figures it is impossible not to note that their observed likeness is a likeness which arises in the compared objects from a certain *oppositeness* in their properties. The right one has no more or less equality with the left one than a positive has with a negative. This is apparent, incidentally, from the fact that the right-hand figure is transformed into the left-hand one by changing the sign of one or three (but not two) coordinates of all its points. Hence it must be considered pure chance that the right-hand figure has not been called positive and the left-hand one negative, and mirror equality was not called *reverse equality* or *anti-equality* ...". Figure 1 presents a homochiral pair of hands, a heterochiral pair of hands and additional homochiral and heterochiral pairs displaying color change and thus representing anti-identity and anti-mirror-symmetry. While a heterochiral pair could be considered a pair of "positive" and "negative" objects, the heterochiral pair with color change displays an additional change. Anti-identity (the shadow) and reflection operations appear in Jean Effel's drawing in Fig. 2.

The combination of mirror symmetry and antisymmetry is especially dramatically represented in Fig. 3 by two drawings kindly prepared at our request by architect Gyorgy Doczi (Seattle, WA) [1]. There is a long mirror wall and in one case we are walking alongside this mirror. Our mirror image will be walking with us, and not only the magnitude of speed but the direction of the movement will also be the same (our *velocities* will be the same). Walk now from a distance towards the mirror perpendicular to it. Our velocity will differ from

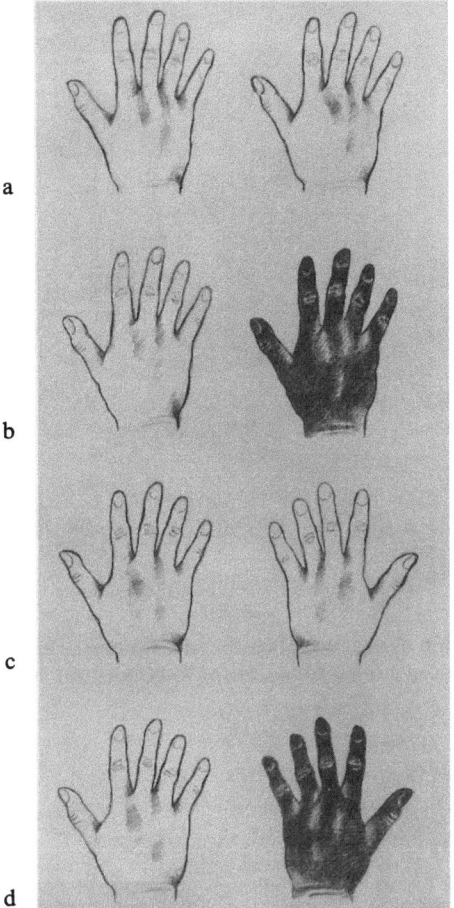

Fig. 1. (a) Identity operation (homochiral pair), (b) Anti-identity operation, (c) Mirror symmetry (heterochiral pair), (d) Anti-mirror symmetry. Drawing courtesy of Ferenc Lantos, Pecs

the velocity of our image in this case: the speeds will be the same but the directions will be just the opposite. The consequences of the mirror operation are different for the two movements. One is symmetric and the other is antisymmetric.

Some words now about point-group symmetries and space-group symmetries. The symmetry classes characterizing figures or objects which have at least one singular point are called point groups. A singular point has no equivalent in a particular figure or object. The symmetry classes characterizing entities with translational symmetry are called space groups. This kind of symmetry precludes the presence of singular points though it does not preclude the presence of a singular line or plane. One-dimensional space groups describe the symmetries involving infinite repetition or periodicity in one direction, two-dimensional space groups involve periodicity in two directions and three-dimensional space groups describe the symmetry classes when periodicity is

«Und jetzt mußt du es in den Entwickler
tauchen!»

Fig. 2. Jean Effel's drawing from "La Creation du Monde". Reproduced by permission. © Mme Jean Effel and Agence Hoffman, Paris. "And now you must have it processed"

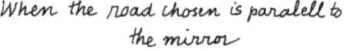

Fig. 3. Symmetric and antisymmetric consequences on two different movements. Drawing courtesy of Gyorgy Doczi, Seattle, WA

present in all three directions. Figure 4 summarizes the possible cases considering dimensionality and periodicity. Figure 5 presents a photograph of part of an old square in downtown Prague. The lamp post has octagonal point-group symmetry, the stone pavement with its regular periodic arrangement of rectangular stones extending to infinity possesses two-dimensional space-group symmetry. Of course a closer look reveals nonregularity in the pavement arrangement and we also know that it has boundaries, but we can ignore these

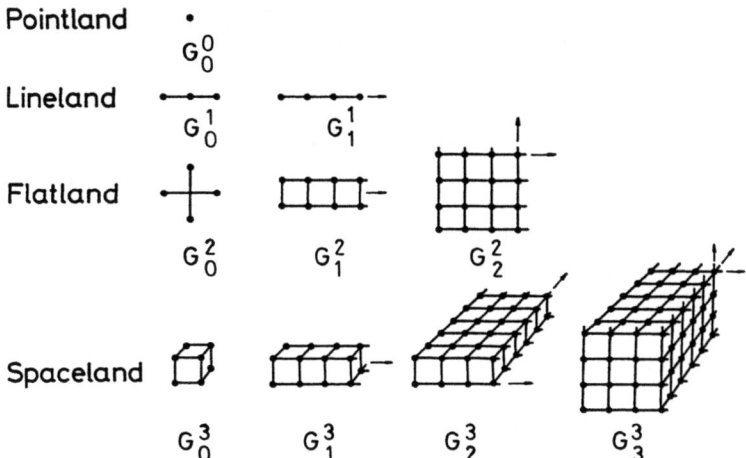

Fig. 4. Dimensionality and periodicity in point groups and space groups; m and n express dimensionality and periodicity, respectively, in G_n^m

Fig. 5. Old square in downtown Prague. Photograph by the author

limitations and *assume* that the requirements for space-group symmetry are fulfilled.

Similar assumptions are virtually always made whenever space-group symmetries are applied. The most important area is of course the crystals; their space group characterizations ignore not only internal structural defects but such fundamental limitations that crystals never extend to infinity.

Chemical behavior is primarily determined by electronic structure. The principle of symmetry considerations in discussing the electronic structure of atoms and molecules [7] is succinctly expressed by the fact that the wave function of the system of two electrons is antisymmetric with respect to the exchange of the coordinates of these electrons. This exchange causes this function to change sign. Antisymmetry is thus a fundamental property of the electronic structures of atoms and molecules. The beauty of the mathematical description of antisymmetric phenomena has apparently played a genuine role in establishing the particle theories. In Dirac's words [8]: "The resulting wave equation for the electron turned out to be very successful. It led to correct values for the spin and the magnetic moment. This was quite unexpected. The work all followed from a study of pretty mathematics, without any thought being given to these physical properties of the electron."

The role of symmetry considerations, among them antisymmetry, in the description of the electronic structure of molecules and chemical reactions, cannot be discussed properly in the framework of the present paper. Those interested in this topic are referred to the literature (cf. [1]).

Molecular Point Groups

By the geometry of a molecule we mean the spatial arrangement of the nuclei of the constituent atoms; the symmetry of the molecule is the symmetry of this nuclear arrangement. Some examples are shown in Fig. 6. The point group of most molecules can be reliably established by relatively simple schemes, an example of which is given in Fig. 7. The old Schoenflies notation is used which is still most common in describing molecular point groups. Very high symmetries are labeled special groups. An important feature of molecular symmetries is that virtually no limitation exists as to the general number n figuring in several of the symmetry elements and classes. Thus the number of possible molecular point groups is, at least theoretically, infinite.

There is one special problem of the molecular point groups that is particularly relevant to our present discussion, and that is the possible difference between the symmetries of real and idealized molecules. Consider a simple *linear,* symmetric triatomic molecule AB_2, B-A-B. As all molecules are, this one is also, in perpetual motion. Possible translational and rotational motion will not change its point group, whereas its intramolecular vibrations may. These vibrations can be described by the three so-called normal modes represented in Fig. 8. Whereas the normal mode v_1, called symmetric stretching, will not change the extremely high symmetry ($D_{\infty h}$) of the motionless arrangement, the asymmetric stretching (v_3) and the bending will reduce it. As the bending motion may be relatively slow, the molecule is likely to spend a considerable amount of time displaying a bent, rather than linear, geometry.

Imagine now that we are to determine the geometry of this molecule with some experiments. Let one experiment measure the electric dipole moment of the molecule. There is no electric dipole when the molecule is linear whereas there is one in the bent arrangement of its nuclei. As the bending goes in two

Real Turned Ideal Through Symmetry

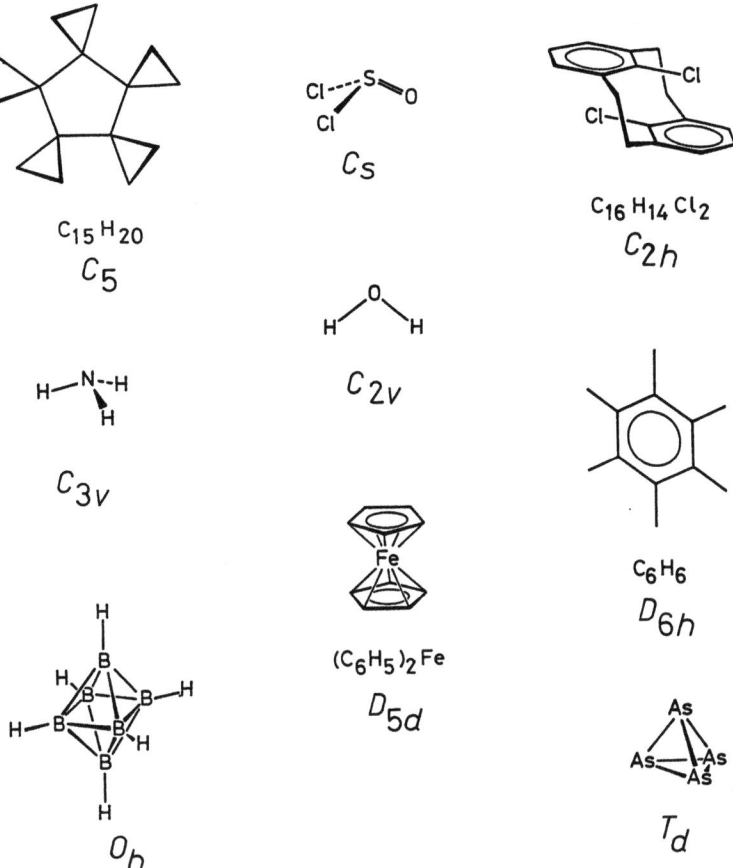

Fig. 6. Examples for molecular point groups

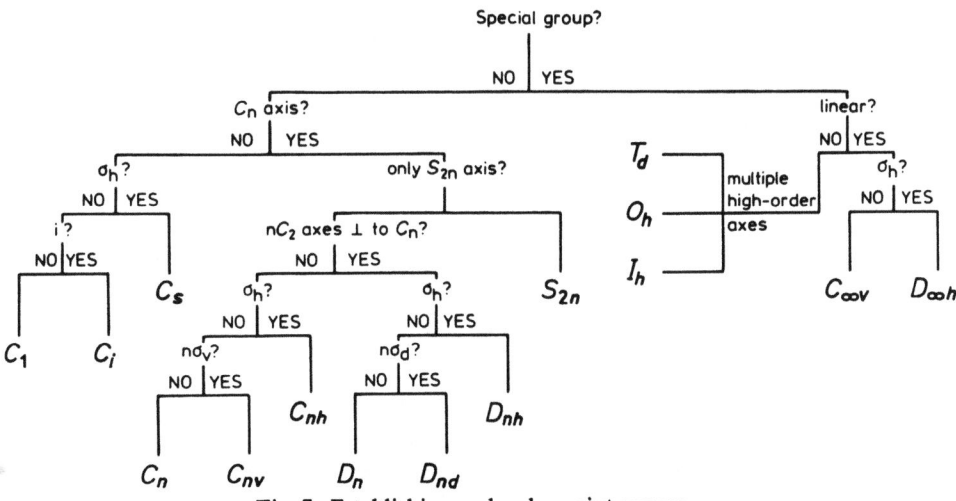

Fig. 7. Establishing molecular point groups

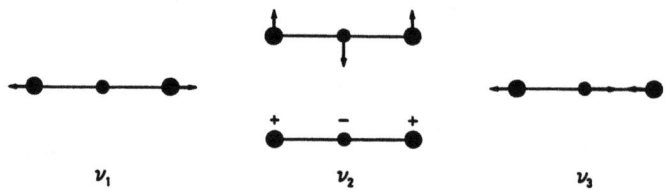

Fig. 8. Normal modes of vibration of a symmetric linear AB$_2$ molecule

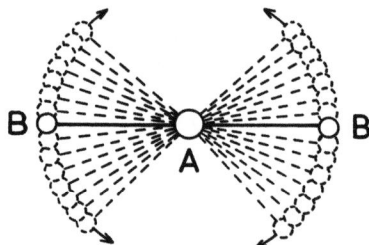

Fig. 9. Consequences of bending motion on the geometry of a symmetric linear AB$_2$ molecule. Electric dipole moments are generated but they cancel on average. The BB distance will be shorter than twice AB; this apparent shortening is invariant to the direction of bending

opposite directions, as shown in Fig. 9, the generated dipoles will cancel over a period of time. If we were able to observe the molecule for just one bending, we might be able to detect its electric dipole moment. However, the measurement time is much longer than the time for one bending, so the molecule performs many bendings in opposite directions during the measurement, and thus the molecule is observed to be linear.

Employ now a different technique, electron diffraction, in which the molecular geometry and symmetry are established by determining all possible distances between the constituent nuclei; BB should be twice AB for a linear ($D_{\infty h}$) arrangement whereas BB is smaller than twice AB for any bent geometry. The distances are scalar quantities and bendings in both directions will add to the apparent shortening of the BB distance as compared to the linear configuration. Therefore this experiment will indicate, as an average, a bent geometry. Thus one experiment yields a linear structure with $D_{\infty h}$ point group, the other experiment a bent structure with a lower, C_{2v}, point group. Should one of the two be discarded? Each finding has important merits. Linearity characterizes the hypothetically motionless molecule, it corresponds to its most stable state, to the minimum position of the potential energy function describing its geometry. However, the bent configuration represents its real structure, the arrangement that also other molecules "feel" when they get into interaction with this molecule. Thus this seemingly ambivalent situation should not be confusing as long as the origin of the difference in the point groups established for the same molecule in the two experiments is well understood.

Intramolecular motion may be even more drastic, leading to a rearrangement of the atomic nuclei, called permutational isomerism. This may happen in

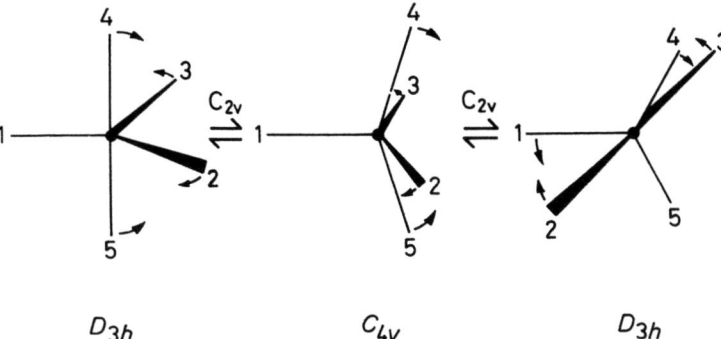

Fig. 10. Permutational isomerism of the phosphorous pentafluoride, PF_5, molecule called also Berry pseudorotation [9]

molecules of any substance. However, there are tremendous differences in the frequency of this occurrence. Thus, for example, the trigonal bipyramidal and the square pyramidal arrangement of phosphorus pentafluoride, PF_5, so easily interconvert by means of bending vibrations (Fig. 10) [9] that such rearrangements may take place thousands of billions of times every single second. On the other hand, one may have to wait thousands of billions of years for an intramolecular nuclear rearrangement in a methane, CH_4, molecule. The lifetime of the PF_5 configurations is commensurable with the interaction times of some physical measurements and is much longer than the interaction times of some other techniques. It is the relationship between the lifetime of the species under investigation and the interaction time of the measurement that will determine the result of the particular experiment. Thus different experiments may determine different point groups for the PF_5-molecules. We may even be able to change the lifetime of the species by changing the temperature, thus accelerating or slowing down the rearrangements. Again, this should cause no confusion as long as the origin of differences in the determined point groups is well understood. It is stressed, however, that the model of a molecule established by physical measurement, depends on the time-scale of the measurement.

Chirality

Chirality is illustrated by a heterochiral pair of hands in Fig. 1 (third pair from the top). Further heterochiral pairs of hands are seen on the tombs from the Jewish cemetery in Prague in Fig. 11. A heterochiral pair of feet appears in a sculpture in Newport, RI, in Figure 12. Heterochiral pairs also exist for many molecules although none of the above-mentioned two experiments, neither the measurement of electric dipole moment nor the determination of all possible distances between constituent nuclei, would reveal any difference between two molecules of a hetrochiral pair. Yet consequences of chiral differences may be literally vital: living organisms contain a large number of chiral constituents, but only L-amino acids are present in proteins and only D-nucleotides in nucleic

Fig. 11. Heterochiral pairs of hands on tombs in the Jewish cemetery, Prague. Photographs by the author

Fig. 12. Heterochiral pair of feet. Detail of a sculpture in Newport, RI. Photograph by the author

acids. Living things usually use only one form of a chiral chemical. Thus humans metabolize only D-glucose while the also sweet L-glucose passes through the system. Figure 13 lists several examples of specific biological actions of some chiral substances used as medicines [10]. Currently there is much effort, and success, in the preferential production of biologically active compounds with the desired chirality.

Louis Pasteur first suggested that molecules can be chiral. In his seminal experiment (1848), he recrystallized a salt of tartaric acid and obtained two kinds of crystals which were each other's mirror images. The simplest chiral molecules contain a carbon atom surrounded by four different atoms or groups at the vertices of a tetrahedron.

Chirality can be defined as the absence of symmetry elements of the second kind [3]. Identity, for example is an element of the first kind and so are simple rotations. Mirror-rotations, on the other hand, characterize figures consisting of right-handed and left-handed components and are of the second kind. So is simple reflection, as it is related to the existence of two enantiomorphic components in a figure.

Pasteur used "dissymmetry" for designating the absence of elements of symmetry of the second kind in a figure. Generalization then came from Pierre Curie [11] who called a crystal dissymmetric in case of absence of those elements of symmetry upon which depends the existence of one or another physical property in that crystal: "Dissymmetry creates the phenomenon." Namely, a phenomenon exists and is observable due to the absence of some symmetry elements from the system.

The observability of chirality in real chemical systems, molecules or molecular ensembles is the topic of an important paper by Mislow and Bickart entitled "An Epistemological Note on Chirality" [12]. As real systems are represented by geometrical figures, i.e., models, there is a degree of idealization em-

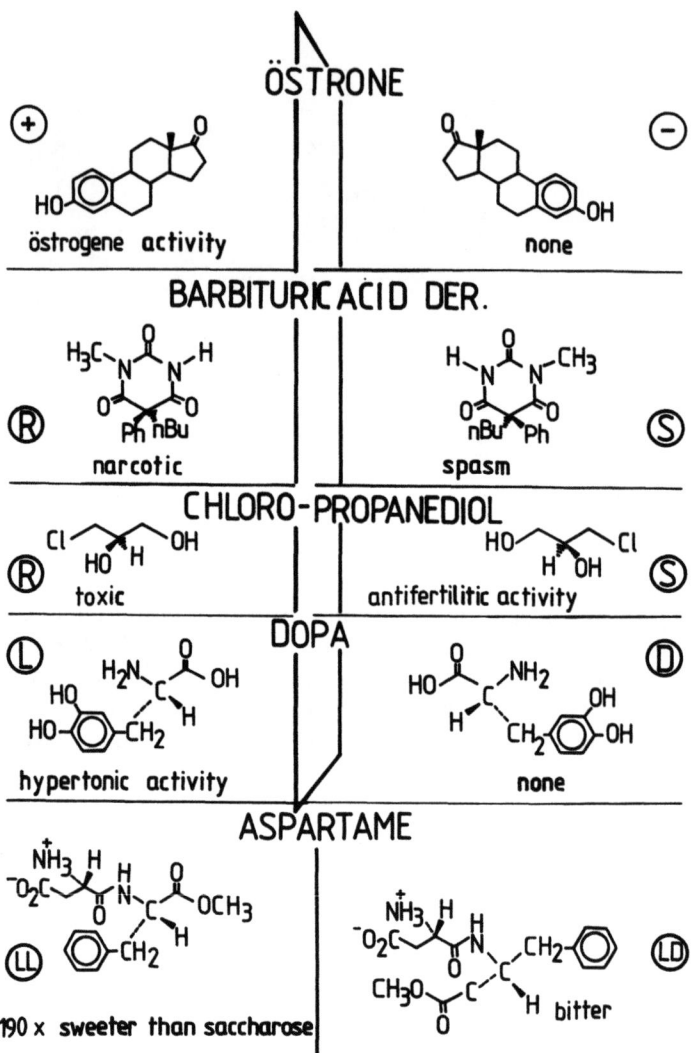

Fig. 13. Distinguished biological actions of some chiral substances. Drawing courtesy B. Heil

phasizing some features and ignoring others. Thus, for example, the model of handshaking allows all right hands, regardless of other details, to satisfy a certain criterion, while this criterion is failed by all left hands. Mislow and Bickart show that chemical practice designates a system as chiral when observable chirality properties are unambiguously associated with it. However, the converse designation of achiral is not straightforward by the absence of such observations. The authors conclude "that it is unreasonable to draw a sharp line between chiral and achiral molecular ensembles: in contrast to the crisp classification of geometric figures, one is dealing here with a fuzzy borderline distinction...".

Recall now our discussion of the geometry and symmetry of the AB_2-molecule. Observation of an electric dipole moment would indicate a bent configuration. The converse absence of electric dipole moment, however, is a less convincing *evidence* for its linearity. The problem is that the threshold of observability of a tiny electric dipole, i.e., of a tiny deviation from linearity of the true motionless structure is not well established. Generally speaking, the absence of an observation is usually an evidence with some ambiguity. Curiously, establishing the linearity of an AB_2 molecule may be possible with another powerful technique, infrared spectroscopy, where again the primary evidence for linearity is the absence of observation of the vibrational transition associated with the symmetric stretching normal mode. Thus we experience the "fuzzification" of such a seemingly clear-cut designation as linear.

Let us now quote again Mislow and Bickart [12]: "... although the term 'chiral', like 'pure' and 'perfect', is an absolute, the word is so widely used in its fuzzy (real system) as well as its non-fuzzy (geometric) sense ... After all, a chemist may say 'purer' rather than 'less impure' without danger of being misunderstood." Ultimately, it is "permissible to speak of degrees of chirality, and to compare molecules or molecular ensembles by the use of expressions such as 'more' or 'less' chiral or achiral."

The greatest puzzle in chirality is manifested in the already mentioned phenomenon that living organisms contain chiral constituents which always

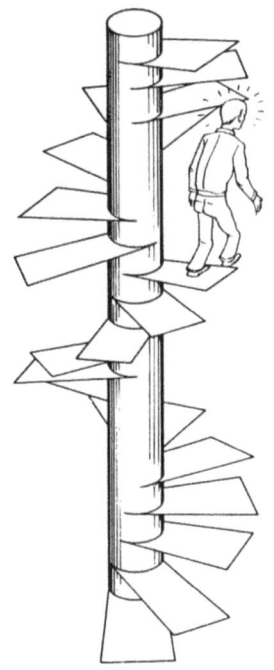

Fig. 14. It's easier together: Survival above the conservation of parity (German student poster)

Fig. 15. A spiral staircase which changes its chirality from L. E. Orgel [16]. Reproduced by permission

have the same sense of chirality. This is in strong contrast with the fact that chiral substances produced under laboratory conditions are yielded in equal numbers of the right-handed and left-handed versions.

The origin of having exclusively L-amino acids (and accordingly D-nucleotides) in all living organisms, and not the other way around, has been subject of much speculation. The subject has pointedly been termed molecular theology [13]. At some early point there may have been simply an accidental event determining this choice. Pasteur himself thought that life must be a product of the dissymmetry of the universe [14]. Until 1957 nothing suggested that the laws of physics would not be completely indifferent to left and right. Then the discovery was made that certain kinds of radioactivity are predominantly left-handed. The preference between left and right on the subatomic level was shown to originate from weak forces between the electrons and the nucleus [15]. On a lighter note, remember Buridan's Ass who was prepared to exchange its life for the conservation of parity, but consider also the recent poster reproduced in Fig. 14 advocating asymmetry by placing survival above parity.

Returning now to the chirality of life-carrying substances, once the original (accidental?) choice was made, the consistency in the chirality of biologically important molecules is well understood. Figure 15 shows a spiral staircase with changing chirality reproduced from Orgel's book entitled "The Origins of Life: Molecules and Natural Selection" [16]. This drawing indicates that mixed chirality would prevent the formation of truly helical structures.

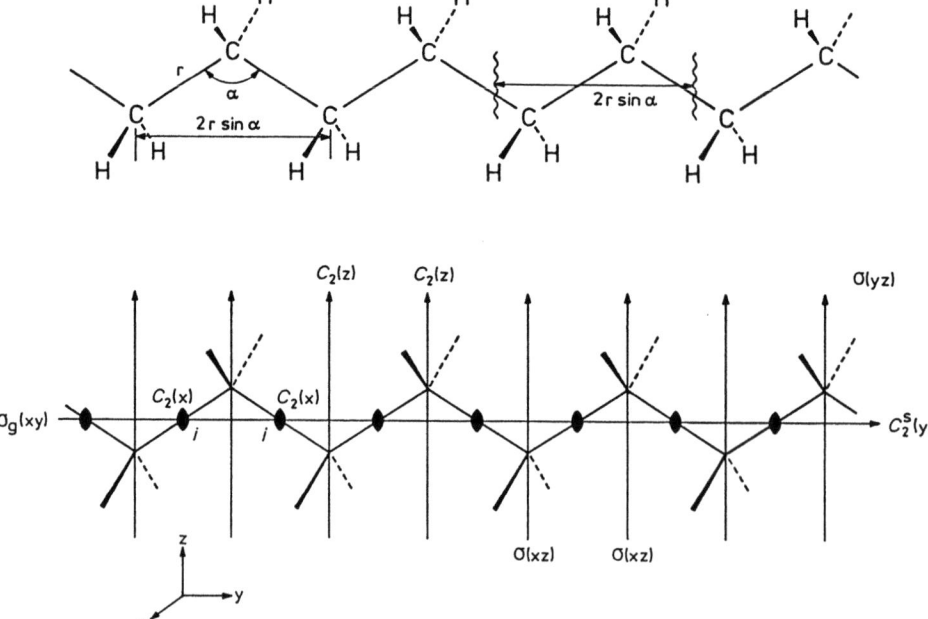

Fig. 16. Structure and translation period of polyethylene molecule

Space Groups

Polymeric molecules can be viewed as a transition from smaller molecules with point group symmetries to crystal structures with three-dimensional periodicity. Figure 16 shows the structure and translation period of the polyethylene chain molecule. Such a molecule is a three-dimensional object with periodicity in one direction. For translational symmetry it is essential that the molecule is thought to extend to infinity. Infinity is emphasized in the "impossible" stairway of Fig. 17. The simplest space-group symmetries, however, belong to the one-sided bands for which altogether seven symmetry classes exist only. They are illustrated by genuine Hungarian needle-work in Fig. 18 [17]. Crowe [18] has recently communicated a scheme for establishing the symmetry classes of one-dimensional space groups reproduced in Fig. 19. The number of possible symmetry classes for two-dimensional space groups is seventeen as was first shown by Polya in 1924 [19]. Examples are shown for three of them in Fig. 20 [20]. Crowe's scheme for establishing the two-dimensional space-group symmetries is given in Figure 21 [18].

The Crowe schemes are thought to facilitate recognizing and systematizing decorations in various areas and times that may be of importance for anthropology and other studies.

Two-dimensional space-groups are expected to have an increased importance in chemistry as surface studies intensify. Surfaces are, for example, the primary sites of heterogeneous reactions [21, 22]. Even such physical changes as melting are subject of renewed investigative effort when they take place in two dimensions [23].

Crystals

Translation periodicity limits the symmetries that crystals may possess. The number of three-dimensional space groups is limited, 230. This may seem to be a small number if one considers that no crystal can ever be produced either in

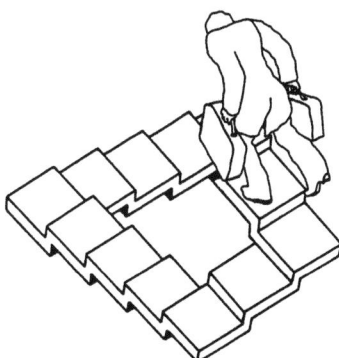

Fig. 17. "Infinite" stairway. The idea for this drawing originated from a movie poster advertising "Glück im Hinterhaus", which is reminiscent of Escher's famous 1960 lithograph "Ascending and Descending"

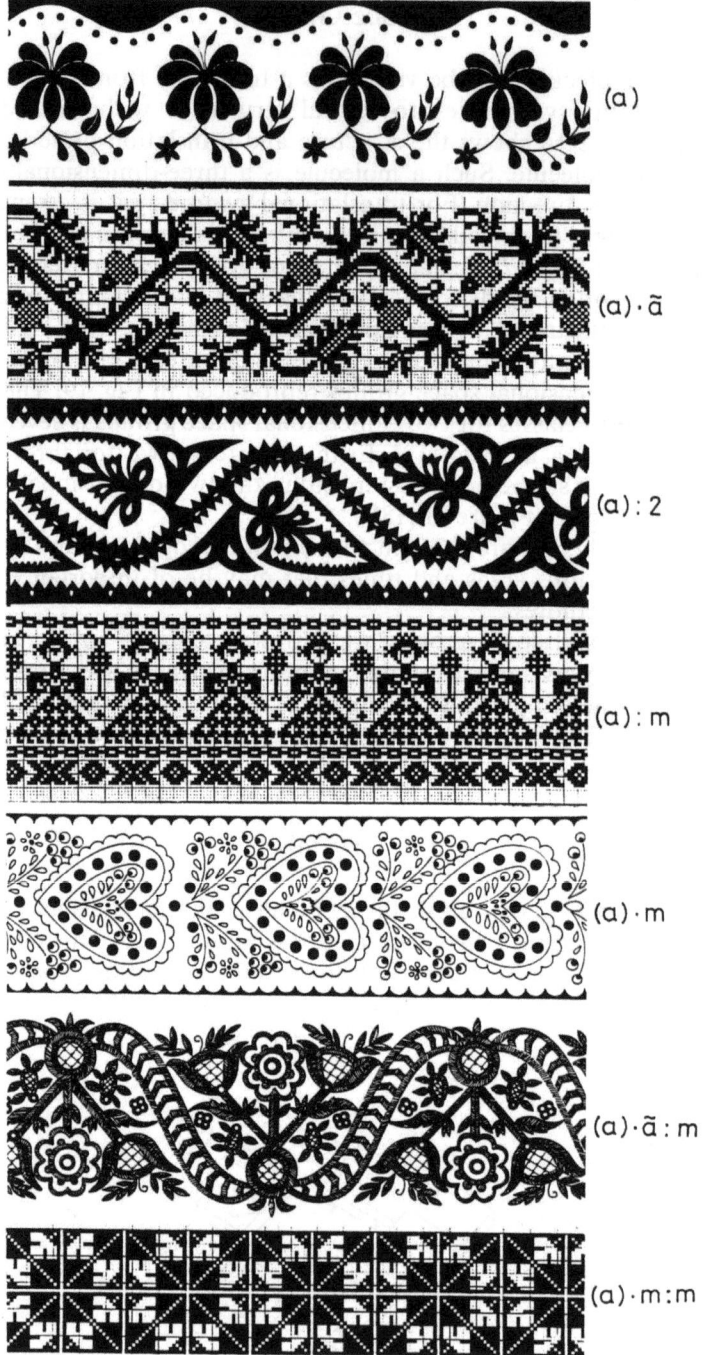

Fig. 18. The seven symmetry classes of one-sided bands in Hungarian needle-work [17]. The notation is adopted from [26]

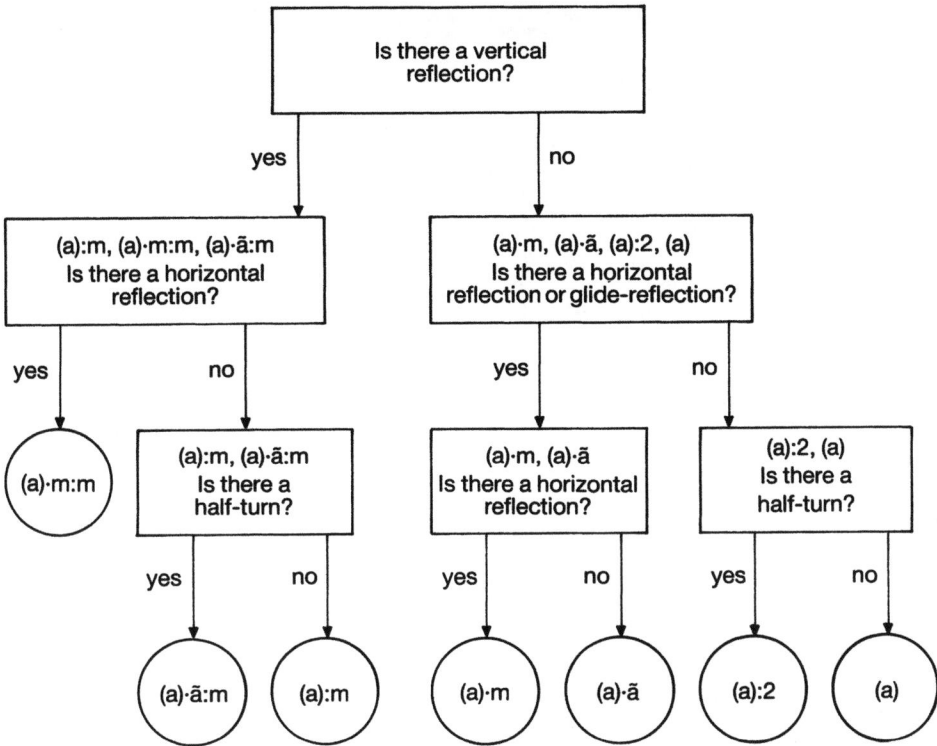

Fig. 19. Flowchart for the seven one-dimensional patterns after Crowe [18]. The notation is consistent with that in Fig. 18

nature or in the laboratory whose structure would not fall into one or other of these 230 groups. On the other hand, 75% of some thirty thousand organic compounds whose crystal structures have been determined by the early eighties, fall into only five of those 230 space groups, and 12 space groups account for 87% of the compounds [24]. These statistics by Donohue [24] supersede others by Mighell et al. [25] that were based on the same sample of data. Donohue simply doubled the frequencies for those space groups that do not contain any operations of the second kind. The reasoning is that when the space group of an L-compound is determined, this automatically means the determination of the space group of the D-compound as well. Of the 230 space groups, 65 contain no operations of the second kind. Mighell et al. [25] noted that in addition to the overwhelming majority of crystal structures falling into only a few space groups, there are 117 space groups with very low frequencies, of them 29 have only one entry, and 35 none at al. Mighell et al. [25] stated: "Thus, it may be possible to develop theories which would explain why certain space groups are rare or uninhabited, or one may be able to correlate the molecular shape, physical properties, etc. with the probability that the compound crystallizes in a given space group."

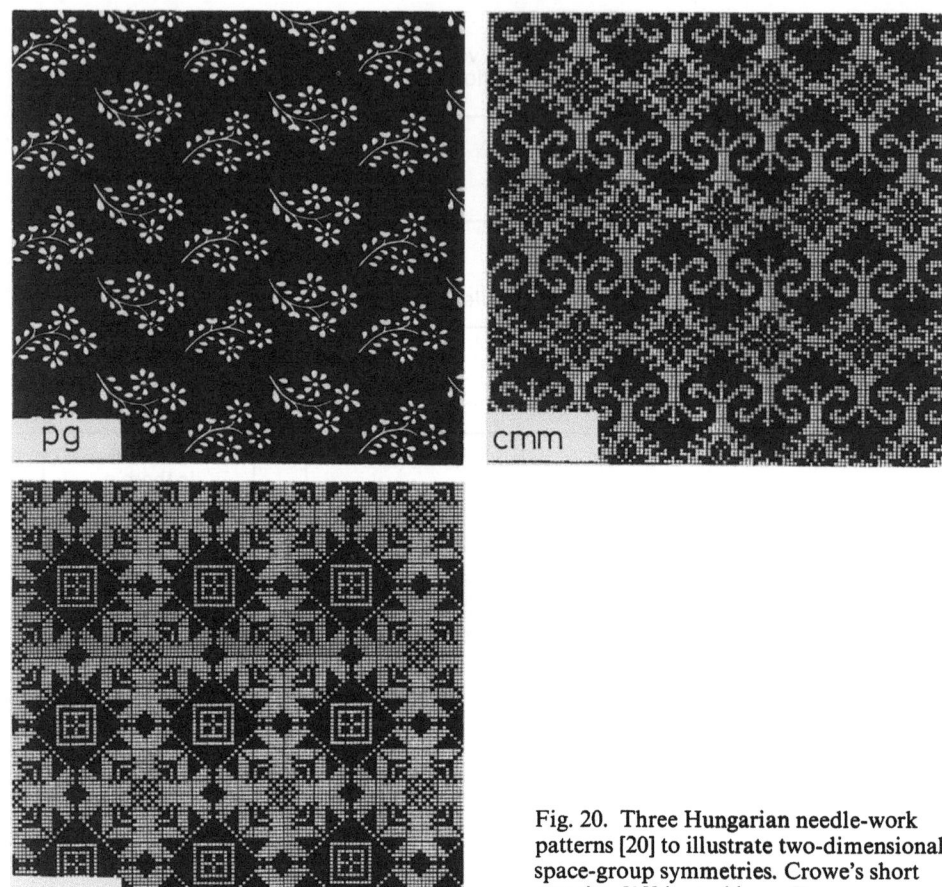

Fig. 20. Three Hungarian needle-work patterns [20] to illustrate two-dimensional space-group symmetries. Crowe's short notation [18] is used here. For a more complete system of notation, see, e.g., [26]

Perhaps the single most important concept for describing crystal structures is *densest packing*. Of course, much depends on what is being packed. In ionic/atomic crystals the problem is reduced to the close packing of spheres. Hexagonal closest packing and cubic closest packing, for example, are shown in Fig. 22 after Shubnikov and Koptsik [26]. In molecular crystals, molecules often with strange shapes have to be packed together in such a way as to minimize the empty space among them. Thus the concave part of one molecule accommodates the convex part of the other molecule. An example is the dove-tail packing of 1,3,5-triphenylbenzene molecules after Kitaigorodskii [27] on the left side of Fig. 23. This representation of molecular packing merges into a characteristic pattern of Eastern decoration on the right side of this Figure after Mamedov et al. [28].

Kitaigorodskii [27] created a geometrical model for investigating the relationship between densest packing and crystal symmetry. He considered mol-

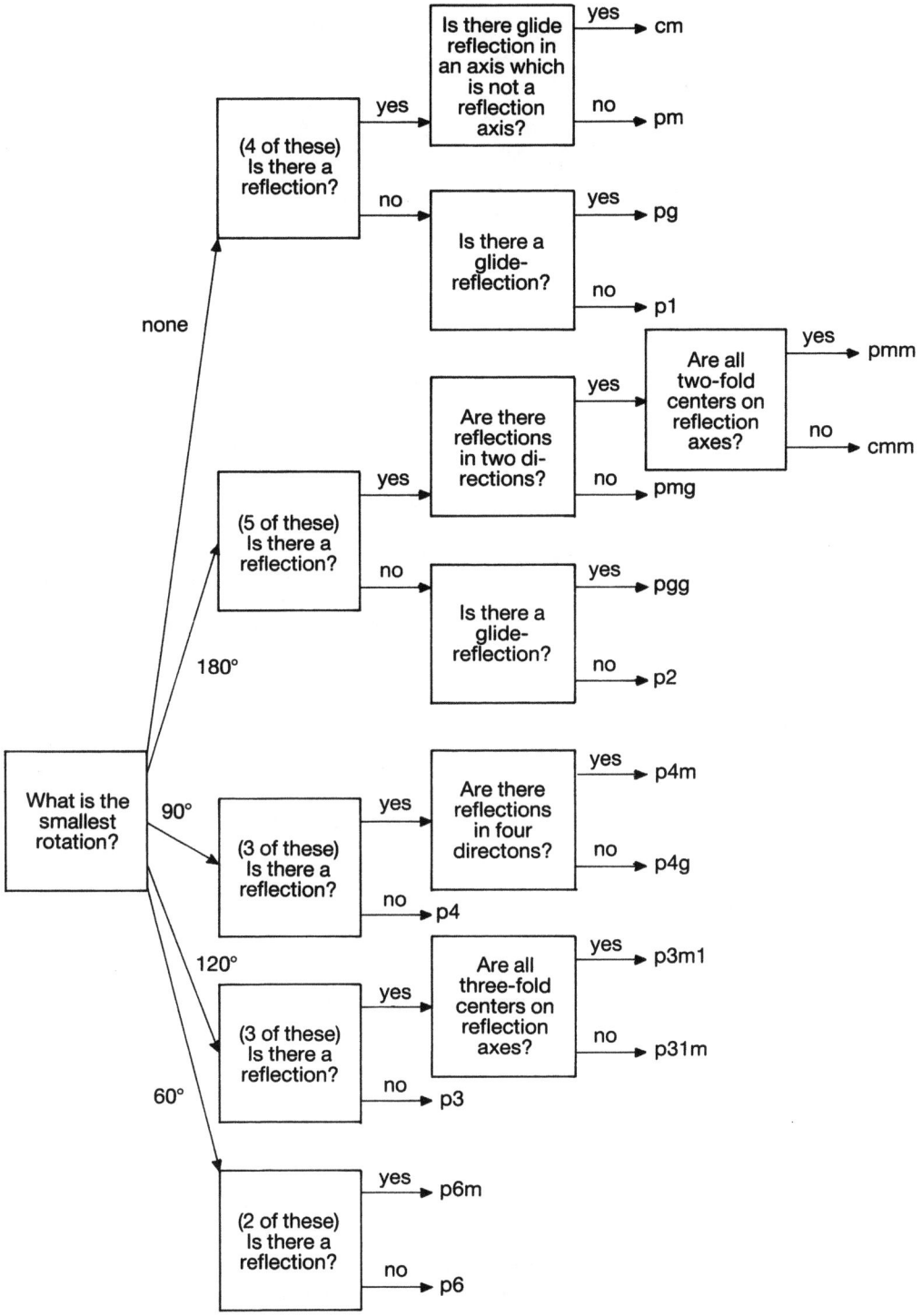

Fig. 21. Flowchart for the seventeen two-dimensional patterns after Crowe [18]

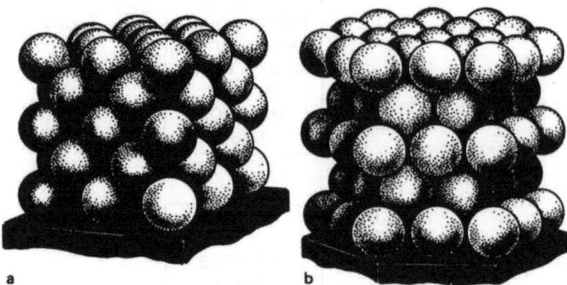

Fig. 22. (a) Cubic closest packing and (b) Hexagonal closest packing from Shubnikov and Koptsik [26]. Reproduced by permission

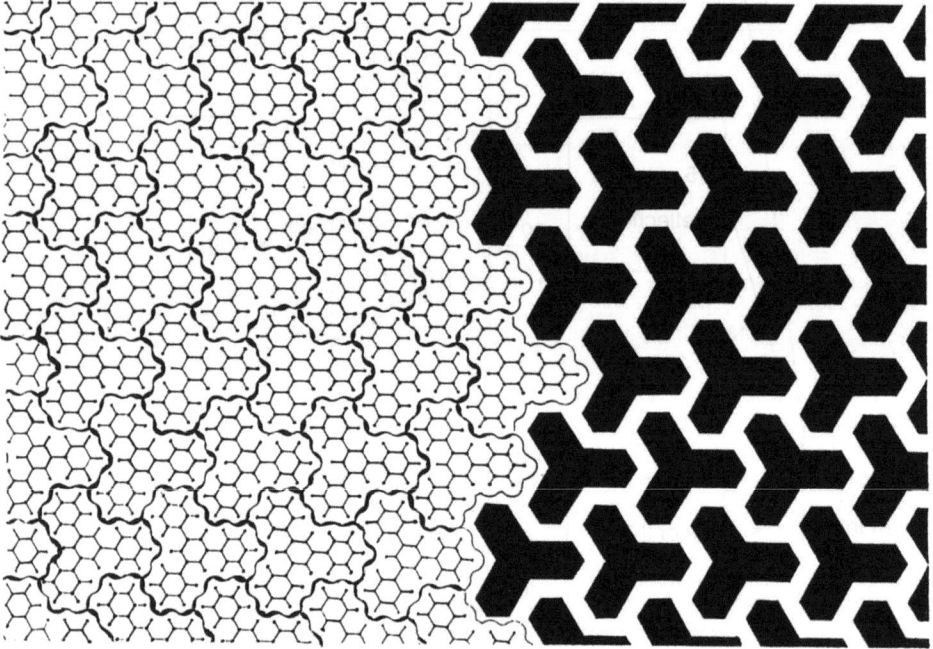

Fig. 23. Dove-tail packing of 1,3,5-triphenylbenzene molecules after Kitaigorodskii [27] and pattern of an Eastern decoration after Mamedov et al. [28]

ecules with arbitrary shape, constructed two-dimensional layers allowing maximum coordination number in the plane, and found ways for stacking these layers achieving densest packing. Kitaigorodskii [27] has also analyzed all 230 three-dimensional space groups from the point of view of their ability for densest packing of molecules with arbitrary shape. Both approaches predicted a few low-symmetry crystal classes to be most probable for molecular crystals. The above cited frequency distribution statistics [24, 25] are in astonishing agreement with Kitaigorodskii's conclusions from his relatively simple geometrical model. The application of Kitaigorodskii's model has been recently extended [27a].

The sound and accurate predictions by Kitaigorodskii's geometrical model [27] preceded Mighell et al.'s [25] call, cited above, for developing theories to explain space group distribution by more than two decades. One is reminded of the statement attributed to Kitaigorodskii, "A first-rate theory predicts; a second-rate theory forbids; and a third-rate theory explains after the event." [29].

It is also remarkable that the 230 three-dimensional space groups were derived at the end of the last century, i.e., well before x-ray diffraction began to be applied to the determination of crystal structures. Fedorov, Schoenflies, and Barlow each performed this feat, working independently.

As for their external shapes, all crystals belong to one or another of only 32 symmetry classes. They are the 32 crystal point groups. The scheme of Fig. 6 is applicable to establishing the point groups of crystal shapes except that many of the point groups that may be common to molecules will be forbidden to crystals. An example for each of the crystal point groups (with one missing) is provided in Fig. 24 [1].

A nice example for the correlation of molecular packing and crystal morphology is the occurrence of polar crystals [33]. Polarity here refers to distinguishable orientation rather than charge separation. A line is polar if its two directions can be distinguished and a plane is polar if its two surfaces are not equivalent. Thus, in some cases, the question of polarity is also related to the fundamental differences between geometrical figures in the Fedorov sense and material figures in the Shubnikov sense [3]. Whereas a square section of a plane figure can be substituted for a square sheet of cardboard or glass conserving its symmetry, such a substitution will not be valid for a square face of rock salt since the crystal face has no symmetry plane coinciding with it. In other words, the square section of a plane figure and the cardboard and glass sheets are nonpolar while the crystal face is polar.

Returning now to polar crystals, let us cite an example from Curtin and Paul [33]: 1-*tert*-butyl-4-methylbenzene, CH_3-C_6H_4-$C(CH_3)_3$, crystallizes in a polar space group. The molecular packing is shown in Fig. 25 and it is seen that all the molecules are parallel and oriented in the same direction. The 1-*tert*-butyl-4-methylbenzene crystal will be polar as the crystal faces bound by *tert*-butyl groups are expected to be different from the faces bound by methyl groups at the other end of the crystal. Incidentally, the 1-*tert*-butyl-4-methylbenzene molecule itself is practically "nonpolar" in that it has negligible permanent electric dipole moment.

Five-Fold Symmetry

Figure 26 reproduces some of Kepler's patches attempting to tile the plane with figures of five-fold symmetry [35]. His was but one of many similar attempts. Kepler's endeavor is the more remarkable by his distinguished place in the history of crystallography. The birth of modern crystallography is placed [36] with Kepler's discussion of the possible arrangements of close-packed spheres related to the shapes of hexagonal snowflakes [37]. Crystal structures involve symmetrical rotations of the orders of 2, 3, 4, and 6 and no others. No crystals

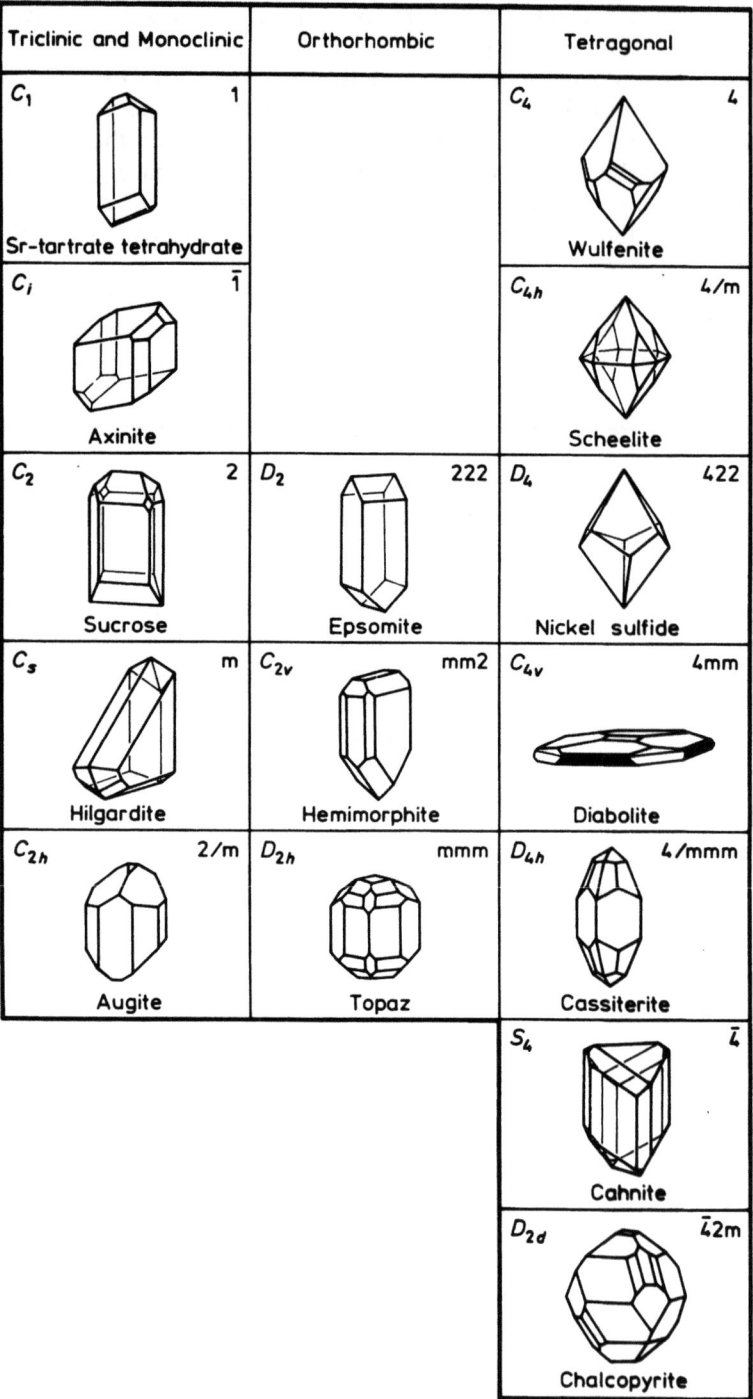

Fig. 24. Representations of crystal point groups after Hargittai and Hargittai [1]. For actual minerals Buerger [30], Dana [31], and Zorkii [32] have been consulted. The Schoenflies notation and the Hermann-Maugin notation are given, see, e.g., [1, 26]

Real Turned Ideal Through Symmetry

Hexagonal		Cubic (Isometric)	
C_3 3 NaIO$_4$·3H$_2$O	C_6 6 Nepheline	T 23 NaClO$_3$	
S_6 $\bar{3}$ Dioptase	C_{6h} 6/m Apatite	T_h m$\bar{3}$ Pyrite	
D_3 32 Quartz	D_6 222 Quartz	O 432 Cuprite	
C_{3v} 3m Turmaline	C_{6v} 6mm Zincite	T_d $\bar{4}$3m Sphalerite	
D_{3d} $\bar{3}$m Calcite	D_{6h} 6/mmm Beryl	O_h m$\bar{3}$m Fluorite	
	C_{3h} $\bar{6}$?		
	D_{3h} $\bar{6}$m2 Benitoite		

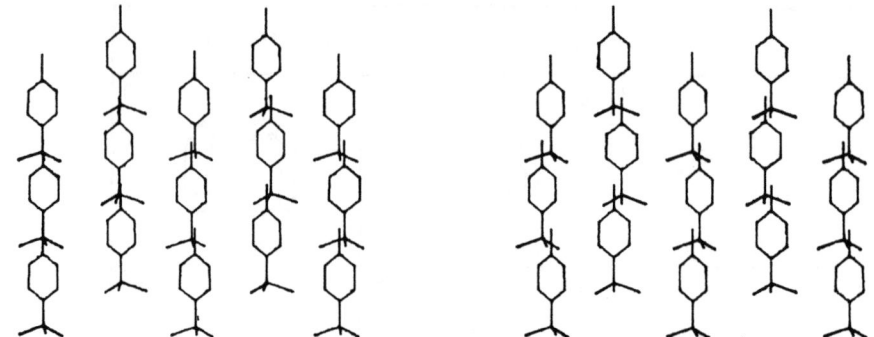

Fig. 25. An example of order and orientation: The 1-*tert*-butyl-4-methylbenzene molecules are aligned in a head-tail orientation resulting in a polar axis of the crystal habit. After Curtin and Paul [33] and Kravers [34]

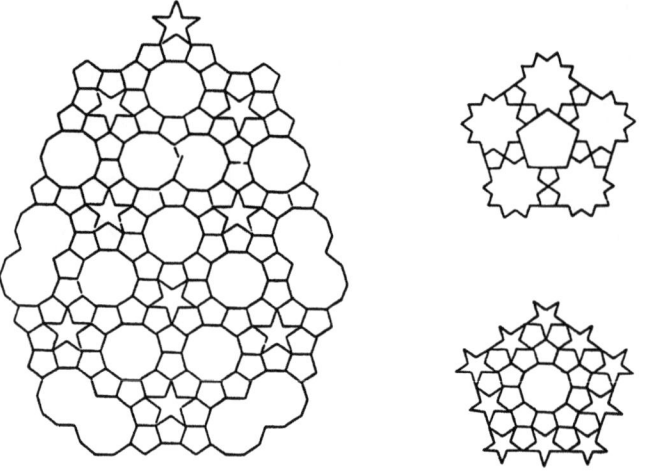

Fig. 26. Kepler's attempts for five-fold symmetry tiling after Danzer et al. [35]

can be built with the rotations of 5 and larger than 6, although there are no such restrictions in the worlds of plants and animals nor among the molecules either. The regular pentagon dodecahedron and icosahedron are possible shapes for them. Figure 27 shows some examples. The crystallographic restriction, in fact, does not exclude the possibility of a tiling in which each individual tile has five-fold symmetry [35, 38].

The icosahedral arrangement has been considered for three-dimensional packing, as it is the most symmetrical way to arrange twelve spheres. However, it is not the densest packing, and it is not a crystallographic packing. When the icosahedra are packed together, they do not form a plane but curve up gradually and eventually form a closed system [39]. This is illustrated in Fig. 28 by a model of polyoma virus drawn after Adolph et al. [40]. Another model is also

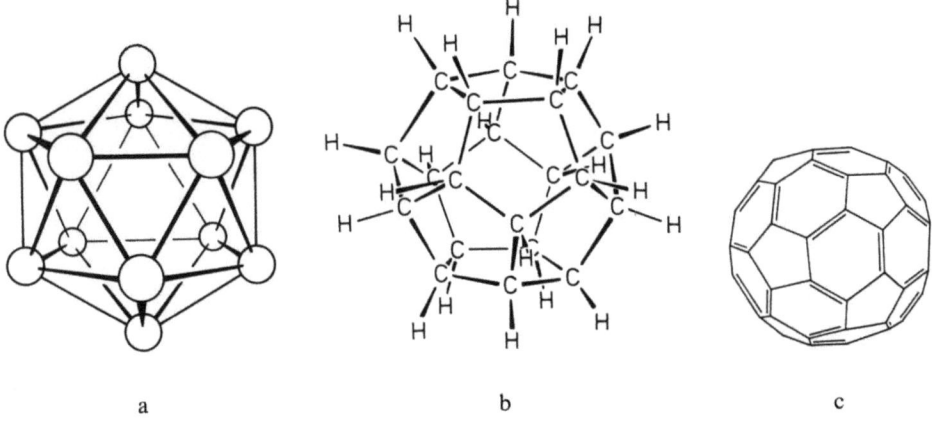

Fig. 27. (a) The boron skeleton of the ion $B_{12}H_{12}^{2-}$, (b) The dodecahedrane, $(CH)_{20}$, molecule, (c) C_{60} cluster

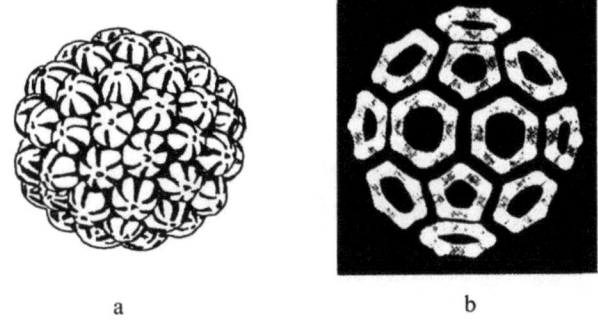

Fig. 28. Virus models: (a) Polyoma after [40], (b) Turnip yellow mosaic after [41]

shown: the diagram of turnip yellow mosaic virus displays hexamer-pentamer clusters, after Bernal and Carlisle [41]. The similarity to the C_{60} cluster molecule (Fig. 27) is noticeable. Viruses and icosahedral arrangements are on the borderlines between living and nonliving matter, point-group and space-group symmetries. The lifelessness of perfect crystallographic symmetry has been repeatedly expressed. Belov [42] suggested that pentagonal symmetry, so conspicuously present in primitive organisms, was their means of self-defense against crystallization. Can it be that some mystery surrounds pentagonal symmetry? Figure 29 shows examples of pentagon dodecahedra in artistic expression. It may also be telling that the only known attempt at pentagonal tiling by Escher,

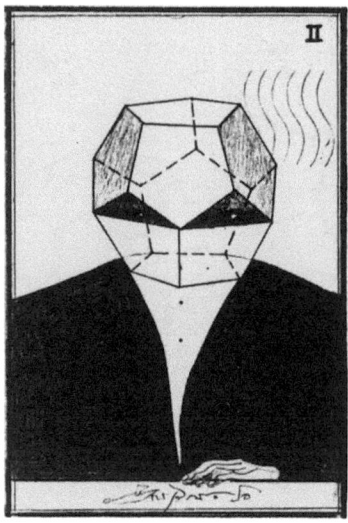 

Fig. 29. Pentagon dodecahedra in artistic expression. (a) Horst Janssen: "ChriStall-Knecht" (crystal slave), (b) Salvador Dali with a pentagon dodecahedron, drawn after a photograph, by Ferenc Lantos, Pecs

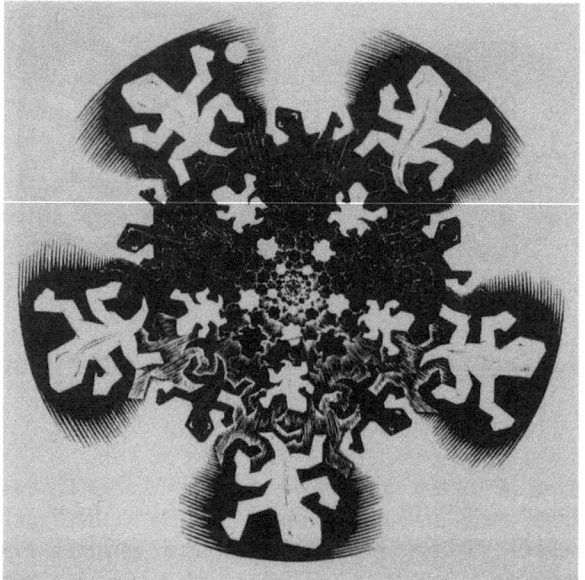

Fig. 30. M. C. Escher's woodcut, the first version of "Development II" [43]. Pentagonal tesselation with widening gaps. Reproduced with permission. © M. C. Escher Heirs c/o Cordon Art, Baarn, Holland

reproduced in Fig. 30, never made it to wood-cut printing [43]. According to a remark attributed to Polanyi [44], a perfectly ordered environment is not a suitable human habitat. Then, crystallographers simply stated that "Crystallization is death" [45].

Crystallography is, however, expanding while it is undergoing a transformation toward becoming a science of structures [41, 46]. On the other hand, modern studies on noncrystalline substances [47], gaseous molecules, liquids, amorphous bodies, metallic alloys, liquid crystals reveal unexpected extents of structuration.

Scale is also important in defining short-range and long-range orders. One of the advantages of the determination of molecular structure in crystals is that the crystal is an amplifier. It multiplies the scattering of x-rays or neutrons from a molecule by the number of molecules in the arrays of the crystal. However, the crystal needs only to be large enough to allow the determination of all those properties, viz. intramolecular as well as intermolecular interactions, molecular packing, space-group characteristics, that are related to the crystal structure being infinite. The actual finiteness of the crystal can be ignored as long as the *assumption* of its infiniteness is a satisfactory one for the detection and determination of the properties sought. This applies, of course, not only to the crystal dimensions but to the crystal defects as well. Conversely, an experiment of such a nature is not suitable for examining the consequences of the finiteness of the crystal or those of the crystal defects.

The demand for generalizing crystallography, to expand beyond the "perfect" system got a tremendous boost recently when Shechtman et al. [48] published their discovery of a fivefold symmetric point diffraction pattern (Fig. 31) from a sample of a splat-cooled alloy with composition about. Al_6Mn. The publication was a bombshell, it was called "the most exciting scandal since the Braggs announced that there were no molecules of sodium chloride." [49]. Indicative of the far-reaching implications of interpretation, *The New York Times* ran an article entitled "Theory of New Matter Proposed" [50].

The electron diffraction pattern in Shechtman et al.'s [48] experiment clearly indicated that the micron-sized grains of the alloy were indeed simple crystals. On the other hand, the pattern unambiguously displayed the icosahedral symmetry group, an inadmissible crystal symmetry. The possibility of crystal twinning as origin of the five-fold symmetric pattern was considered and dismissed by the discoverers (cf. [51]). Others were more persistent in ascribing the phenomenon to directed multiple twinning of cubic crystals [52]. However, the main stream of interpretation continues to look for a description with well-formulated regular though nonperiodic "quasicrystals" (see also [53–57]). An interesting feature of the aluminummanganese alloy structure is (cf. [51]) that there are two distinctly different Mn sites both asymmetric to the Al sites, and the relative frequency of occurrence of these two sites is close to the golden mean given by $(1 + \sqrt{5})/2$.

The golden mean is pointedly characteristic also of the Penrose tiling pattern, a portion of which is reproduced in Fig. 32. Penrose [58] developed a set of tiles with which it was possible to cover a plane nonperiodically but having five-fold symmetry. He used pairs of quadrilateral shapes preventing them,

Fig. 31. Electron diffraction pattern of a rapidly cooled grain of Al_6Mn alloy by Shechtman et al. [48]. Photograph courtesy of Professor Shechtman, Haifa

however, from forming rhombi which could tile periodically. Mackay [45, 59, 60] then generalized the Penrose pattern with a pair of rhombohedra, one acute, and the other obtuse, and he stressed the implications for generalized crystallography. Thus what started to be considered a recreational or decorational device, is now part of the arsenal of frontier science...

Fig. 32. Penrose tiling

Concluding Remarks

The presence and utility of the symmetry concept in the scientific cognitive process is unquestionable. What is truly remarkable is that as science is turning to the examination of less orderly systems and phenomena, symmetry is not losing but gaining importance. In this, of course, we are far from the merely geometrical symmetry of geometrical figures and well into the material symmetry of material figures. And yet, it is our ability to "geometrize", and Nature's capability to get "geometrized" that make this transition possible. In a rigorous sense, symmetry helps us to make quick and qualitative decisions. It is then up to us, how far we allow a vaguer and fuzzier interpretation of the symmetry concept to describe things and phenomena in degrees of symmetry. The material symmetry concept may use a whole range of criteria for determining symmetries and relative symmetries, and these criteria may well change in time and in purpose. Thus symmetry is an eternal subject of man's learning and at the same time is an indispensable tool in this quest of ours.

Acknowledgements

I express my appreciation and gratitude to Professors J. E. Boggs (Austin), D. W. Crowe (Madison), K. Mislow (Princeton), and R. Wille (Darmstadt) for comments, encouragement, and suggestions.

References

1. Hargittai, I., Hargittai, M.: Symmetry through the Eyes of a Chemist, VCH Verlagsgesellschaft, Weinheim and VCH Publishers, New York 1986
2. Fedorov, E. S.: Brief Course in Crystallography, 1910, as cited in Ref. 3
3. Shubnikov, A. V.: Simmetriya i antisimmetriya konechnykh figur, Izd. Akad. Nauk SSSR, Moscow 1951. English translation: A. V. Shubnikov, N. V. Belov et al., Colored symmetry: A Series of Publications from the Institute of Crystallography, Academy of Sciences of the U.S.S.R., Moscow 1951–1958, W. T. Holser, ed., Pergamon Press, New York 1964
4. Hargittai I.: Limits of Perfection. In: Symmetry, Unifying Human Understanding, I. Hargittai, ed., Pergamon Press, New York, Oxford 1986
5. Lord Kelvin: Baltimore Lectures, C. J. Clay and Sons, London 1904
6. Mackay, A. L.: Acta Cryst. 10, 543 (1957)
7. Kober, F.: Chem. Zeit. 104, 151 (1980)
8. Dirac, P. A. M.: Int. J. Theoret. Phys. 21, 603 (1982)
9. Berry, R. S.: J. Chem. Phys. 32, 933 (1960)
10. Heil, B.: Lecture, Veszprem 1985
11. Curie, P.: J. Phys. (Paris) 3, 393 (1984). "C'est la dissymetrie qui cree le phenomene."
12. Mislow, K., Bickart, P.: Israel J. Chem. 15, 1 (1976/77)
13. Prelog, V.: Science 193, 17 (1976)
14. See Haldane, J. B. S.: Nature 185, 87 (1960), citing L. Pasteur, C. R. Acad. Sci. Paris, June 1, 1874
15. Bouchiat, M.-A., Pottier L.: Sci. Am. 250, 100 (1984)
16. Orgel, L.E.: The Origins of Life: Molecules and Natural Selection. John Wiley & Sons, New York, London, Sydney, Toronto 1973
17. Hargittai, I., Lengyel, Gy.: J. Chem. Educ. 61, 1033 (1984)
18. Crowe, D. W.: In: The Geometric Vein, the Coxeter Festschrift, C. Davis, B. Grünbaum, and F.A. Sherk, ed., Springer-Verlag, New York, Heidelberg, Berlin 1982
19. Polya, G.: Z. Krist. 60, 278 (1924)
20. Hargittai, I., Lengyel, Gy.: J. Chem. Educ. 62, 35 (1985)
21. Gavezzotti, A., Simonetta, M.: In: Symmetry, Unifying Human Understanding, I. Hargittai, ed., Pergamon Press, New York, Oxford 1986
22. Somorjai, G. A.: Science 227, 902 (1985)
23. Venkataraman, G., Sahoo, D.: Pramana 24, 317 (1985)
24. Donohue, J.: Acta Cryst. A 41, 203 (1985)
25. Mighell, A. D., Himes, V. L., Rodgers, J. R.: Acta Cryst. A 39, 737 (1983)
26. Shubnikov, A. V., Koptsik, V. A.: Simmetriya v nauke i isskustve, Nauka, Moscow 1972. English translation: Plenum Press, New York, London 1974
27. Kitaigorodskii, A. I.: Molekulyarnie kristalli, Nauka, Moscow 1971
27a. Kitaigorodskii, A. I.: Smeshannie kristalli, Nauka, Moscow 1983
28. Mamedov, Kh. S., Amiraslanov, I. R., Nadzhafov, G. N., Muzhaliev, A. A.: Decorations Remember (in Azerbaidzhani), Azerneshr, Baku 1981
29. Mackay, A. L.: The Harvest of a Quiet Eye. A Selection of Scientific Quotations. The Institute of Physics, Bristol, London 1981
30. Buerger, M. J.: Elementary Crystallography, An Introduction to the Fundamental Geometrical Features of Crystals (Fourth Printing), Wiley, New York, London, Sydney 1967
31. Dana, E. S.: A Textbook of Mineralogy, Fourth Edition, revised and enlarged by W. E. Ford, Wiley, New York, London, Sydney 1932
32. Zorkii, P. M.: Arkhitektura kristallov, Nauka, Moscow 1968
33. Curtin, D. Y., Paul, I. C.: Chem. Rev. 81, 525 (1981)
34. Kravers, M. A.: Cryst. Struct. Commun. 9, 951 (1980)
35. Danzer, L., Grünbaum, B., Shephard, G. C.: Am. Math. Mo. 89, 568 (1982)
36. Schneer, C. J.: Morphology and Crystal Growth, Am. Cryst. Assoc. 1983
37. Kepler, J.: Strena, seu De Nive Sexangular, 1611. English translation: Six-cornered Snowflake, Clarendon Press, Oxford 1966
38. Mackay, A. L.: Phys. Bull. 495 (1976)
39. Mackay, A. L.: Acta Cryst. 15, 916 (1962)

40. Adolph, K. W., Caspar, D. L. D., Hollingshead, C. J., Lattman, E. E., Phillips, W. C., Murakami, W. T.: Science *203*, 1117 (1979)
41. Bernal, J. D., Carlisle, C. H.: Sov. Phys. Crystallogr. *13*, 811 (1969)
42. Belov, N. V.: Ocherki po strukturnoi mineralogii, Nedra, Moscow 1976
43. Escher, M. C.: His Life and Complete Graphic Work with fully illustrated Catalogue, J. L. Locher, ed., H. N. Abrams, Inc. Publ. New York 1982
44. Private communication from Professor W. Jim Neidhardt, New Jersey Institute of Technology, Newark, NJ, 1984
45. Cf., Mackay, A. L.: Jugosl. Cent. Kristalogr. *10*, 5 (1975)
46. Mackay, A. L.: In: Symmetry, Unifying Human Understanding, I. Hargittai, ed., Pergamon Press, New York, Oxford 1986
47. Hargittai, I., Orville-Thomas, W. J. eds.: Diffraction Studies on Non-Crystalline Substances. Akademiai Kiado and Elsevier, Budapest and Amsterdam, New York 1981
48. Shechtman, D., Blech, I., Gratias, D., Cahn, J. W.: Phys. Rev., Lett. *53*, 1951 (1984)
49. Mackay, A. L.: Chem. Br. 1061 (1985)
50. The New York Times, p. C2, Tuesday, January 8, 1985
51. "BMS", Physics Today, p. 17, February 1985
52. Pauling, L.: Nature (London) *317*, 512 (1985)
53. Maddox, J.: Nature (London) *313*, 263 (1985)
54. Milgrom, L.: New Scientist, p. 34, 24 January, 1985
55. Mackay, A. L.: Nature (London) *315*, 636 (1985)
56. Mackay, A. L., Kramer, P.: Nature (London) *316*, 17 (1985)
57. Peterson, I.: Science News *127*, 188 (1985)
58. Penrose, R.: Bull. Inst. Math. Appl. *10*, 266 (1974)
59. Mackay, A. L.: Sov. Phys. Crystallogr. *26*, 517 (1981)
60. Mackay, A. L.: Physica *114A*, 609 (1982)

Diskussion

zu den Vorträgen von Sir Ernst Gombrich, Frei Otto und István Hargittai in Verbindung mit dem Thema
„Ordnung und Orientierung durch Symmetrie"

Diskussionsleitung: Hans Günter Gassen

Diskussionsteilnehmer: Rudolf Arnheim, Sir Ernst Gombrich, István Hargittai, Frei Otto, Peter Paulitsch, Hans-Gerd Schumann

Gassen: Ich möchte den ersten Teil der Diskussion so gestalten, daß die Vortragenden jeweils von einem der weiteren Diskussionsteilnehmer gefragt bzw. ergänzt werden. Von Herrn Arnheim weiß ich, daß er zu einigem, was er von Herrn Gombrich gehört hat, Klärendes hinzufügen möchte.

Arnheim: Ich möchte eine grundsätzliche Frage aufwerfen, die damit zu tun hat, daß wir hier im wesentlichen uns mit der Beziehung zwischen Ordnung und Unordnung befaßt haben. Ich spüre da drei mögliche Weltsichten und hätte gern von Herrn Gombrich gehört, welcher er am meisten zustimmen würde. Von der ersten könnte man vielleicht sagen: Wir leben in einer Welt, in der es Ordentliches und Unordentliches gibt, und geben dem Unordentlichen den Vorzug, weil es den größten Informationsgehalt bietet. Das wäre Nummer eins. Nummer zwei wäre: Die Welt ist voller Unordnung, und wir erfinden eine Ordnung, die wir der Welt auferlegen, um uns darin zurechtzufinden. Und die dritte, zu der ich mich selber bekenne, könnte sein, daß die Welt auf einer Ordnung beruht, die sehr kompliziert und uns weitgehend verhüllt ist. Wenn Sie sich das sehr schöne Blumenarrangement auf dem Podium ansehen, was ich vielfach betrachtet habe, dann können Sie sehen, daß da die Symmetrien der Blüten vorhanden sind, daß auch die Symmetrien der Blätter herausgefunden werden können, wenn wir uns Mühe geben, daß aber das Ganze eine Kompliziertheit hat, die sich unserer direkten Einsicht entzieht. Das wäre mir willkommen als eine Art von Weltbild.

Gombrich: Danke, Herr Arnheim. Ich fürchte, meine Antwort wird Sie kaum befriedigen. Ich weiß nicht, ob die Welt geordnet oder ungeordnet ist. Ich weiß nur, daß wir Ordnung suchen. Darüber habe ich ja gesprochen. Ich habe in der Beziehung keine Weltanschauung. Wir können ja nicht wissen, was es alles im unendlichen Raum geben kann, und es beschäftigt mich im Moment überhaupt gar nicht. Wir als Organismen sind ganz gewiß geordnete Wesen, sonst könnten wir ja weder einen Herzschlag haben noch atmen noch sonst irgendeine unserer organischen Funktionen vollziehen. Und wir suchen als Organismen auch in der Welt eine Ordnung. Diese Ordnung – ich glaube, da ist ein kleines Mißverständnis – hat an sich nichts mit dem Informationsgehalt zu tun. Worüber ich gestern gesprochen habe, ist gerade das Gegenteil: Die Ordnung ist etwas sehr Unwahrscheinliches in der Welt. Jeder staunt, wenn er diese geordneten Dinge sieht, die wir im Bild gesehen haben, ob es nun Kristalle oder Infusorien oder Blumen sind, weil uns das merkwürdig erscheint, daß in der Natur solche Ordnungen vorkommen. Wie sie vorkommen, hat zum Beispiel Herr Haken sehr schön erklärt, als er über die Wellen in der Sanddüne gesprochen hat: Die kleinste Abweichung in der relativ uniformen Struktur des Sandes kann dazu führen, daß an gewissen Stellen sich Sand aufstaut, aber nur soweit, als die Strömung dem Luftstrom standhält, was eben zur Bildung regelmäßiger Wellen führt. Daß es Gesetzlichkeiten in der Natur gibt, hat jeder bemerkt, der einen Wasserhahn tropfen gehört hat. Ist aber die ganze Welt derart geordnet? Der Waldboden scheint mir ein gutes Beispiel dafür, daß es nicht immer geordnet zugeht, da zu viele Dinge aufeinanderstoßen. Solange nur eine einzige Kraft wirkt, sehen wir Ordnung, wie im tropfenden Wasserhahn oder in der Sanddüne. Sobald sehr viele Kräfte zusammenkommen, wird es immer schwieriger. Das Sonnensystem ist ein berühmtes Beispiel einer relativ einfachen Gruppierung von Kräften Newtonscher Art, die in einem geordneten System resultieren. Schon bei den Kometen ist das nicht mehr ganz so einfach, und ob es in den black holes, in den schwarzen Löchern, noch eine Ordnung gibt, weiß ich nicht; ich war noch nicht dort. So weiß ich nicht, ob ich auf die Frage, die Herr Arnheim gestellt hat, eine schlüssige Antwort geben kann. Meine Antwort ist: Wir können ohne diese Hypothese eines geordneten Daseins nicht überleben. Stellen Sie sich vor, daß wir uns in einem finsteren Raum befinden: Wir können nur tasten, wir finden die Wand, wir tasten uns an der Wand entlang, wir finden die Tür und die Türklinke; wir haben uns orientiert, weil wir eine Ordnung annehmen und diese Ordnungshypothese allmählich einer Wahrnehmung entspricht. Sollte aber in einem Alptraum der Raum sich unausgesetzt ändern, während wir tasten, wäre das eine chaotische Welt, in der wir nicht überleben könnten. Das ist meine Vorstellung davon, wie der Organismus die Ordnung braucht, die er zu finden sucht und manchmal auch findet, aber nicht immer.

Gassen: Herr Schumann möchte sich an Herrn Otto wenden, weil in seinem Vortrag an der Symmetrie prinzipiell Kritik geübt worden ist.

Schumann: Ja, ich war bei diesem Symposium zum erstenmal zufrieden, als heute in dem Vortrag von Herrn Otto Zweifel an dem Weltbild der Symmetrie geäußert wurden. Wenn ich im gesellschaftlichen Bereich, in politischen Vorstellungen und sozialen Vorstellungen das Wort Symmetrie höre, dann werde ich hellwach und nervös. Warum? Bisher wurde Symmetrie dargestellt als ein Prinzip der belebten und nichtbelebten Materie im Strukturaufbau. Gesellschaft ist aber nicht ein sozialer Körper, wie gern organizistisch argumentiert wird, sondern Gesellschaft ist genau das, was willensmäßig ein Ordnungsprinzip sucht. Und in dem Augenblick, wo ein Ordnungsprinzip in der Gesellschaft gesucht wird, stellt sich immer die Frage: Welches Interesse steht hinter diesem

Ordnungsbild, das für diese Gesellschaft genommen werden soll. Vorgestern fiel der Satz: Je totalitärer ein Gesellschaftssystem sei, desto symmetrischer sei die Kunst und Architektur in dieser Gesellschaft. Ich möchte diese Überspitzung um eine weitere bereichern: Je symmetrischer die Vorstellungen in einem politischen System sind, desto verschärfter gibt es die Todesstrafe für politische Delikte. Das heißt, in der gesamten politischen Theoriegeschichte und in den Utopien haben Sie immer das Streben nach Ordnung, aber nach Ordnung in bezug auf grundsätzliche Ungleichheiten in der Sozialstruktur, die nur mit der Rechtsfigur der Rechtsgleichheit übertüncht werden soll. Das heißt, es ist immer ein dialektisches Verhältnis zwischen Unordnung und Ordnung, zwischen sozialer und rechtlicher Ungleichheit und Gleichheit vorhanden. Das scheint mit die zentrale Idee zu sein, die auch in den Ottoschen Ausführungen zu Tage trat, daß Symmetrie nicht einfach übertragbar ist als Technizismus auf Gesellschaft.

Otto: Ich versuche einen Weg zwischen Naturwissenschaften und Ästhetik. Der Waldboden, den Herr Gombrich erwähnt hat, ist für mich ebensowenig wie die Wiese, die ich in meinem Vortrag angeführt habe, mit den Begriffen Chaos, Unordnung, Ordnung und Symmetrie zu erfassen, oder eine Tierstadt wie der Ameisenhaufen. Viele ungeplante Städte des Menschen haben keine Symmetrie. Ich vermag sie nicht als chaotisch anzusehen. Menschliche Städte sind nur dann symmetrisch, wenn Symmetrie durch Planung – also technokratisch – erzwungen wird. Ich kann den Waldboden, die Wiese, die Stadt nicht als ungeordnet ansprechen. Zwischen den Polen Symmetrie und Chaos sehe ich die riesige Welt des Lebendigen, des Biologischen, auch die des Ästhetischen. Vielleicht müssen wir noch einen Ausdruck finden für diese Welt, die sich dem Begriff der Symmetrie entzieht. Symmetrie ist für mich in der Baukunst wie in der Politik totalitär, ist widernatürlich.

Paulitsch: We are confronted with the question: How to survive? According to Professor Hargittai, the best method is to look for symmetry. But how can we understand the appearance of symmetry? We have 230 space groups of symmetries; but unfortunately, they are not all in the same frequency. Could you, Professor Hargittai, tell us the reason why they do not appear equally?

Hargittai: Perhaps it is the best to give just an example. If we have one of those molecules for which I showed that they are packed in a "head-tail" order, that a dent of one molecule is used to accommodate the outstanding part of another molecule providing a densest packing. Now imagine, if we have a different kind of packing in which these molecules will be packed in a more symmetric way, so it will not be a "head-tail" packing but may-be a "head-to-head" packing. In between those two molecules there would be a symmetry plane. So the arrangement would be more symmetrical, but the packing would be by far less dense. The advantage of any packing is its density. Such space groups which have more internal symmetry will be less frequently used. This is a simple way to explain why the frequency among the space groups is very different. I like to mention that there is some misunderstanding: I did not say that symmetry is needed for survival. It is an oversimplification, but if we can say anything about survival then it is probably less symmetry that is needed.

Schumann: Die Frage ist: Welche Vorstellung von Ordnung versucht die Gesellschaft in sich zu realisieren? Diese Ordnung, die realisiert wird, ist insofern keine naturgegebene Ordnung, als sie von spezifischen Interessen in einer Gesellschaft organisiert wird, die ein ganz bestimmtes Interesse als das Gemeinwohl ausgeben. Es zeigt sich in der Geschichte der Ordnungsmodelle von Gesellschaft, daß man, wie es Hermann Haken formuliert hat, Symmetrie nur als den Spezialfall von gesellschaftlicher Ordnung nehmen darf. Wenn wir uns diesen Spezialfall ansehen, dann sind alle politischen Systeme, die die Gesellschaft nach symmetrischen Vorstellungen – ich meine hier die hierarchische Symmetrie – herstellen wollten, im Sinne abgestufter sozialer Ungleichheit Gewaltregime gewesen. Der eigentliche Grund dieses gesellschaftlichen Prozesses ist immer der Versuch gewesen, Ordnung in der Asymmetrie herzustellen.

Gombrich: Ich wollte nur kurz – ich hoffe, es wird niemand Anstoß nehmen – sagen: Ich bin Historiker von Hauptberuf, und wenn ich eine Verallgemeinerung höre wie die, daß alle totalitären Staaten symmetrische Kunst haben, dann denke ich sofort: Ja, ist das denn eigentlich wahr? Zum Beispiel: Das Rokoko ist die erste wirklich systematisch unsymmetrische Kunst, von China und Japan ganz zu schweigen. So möchte ich dem Publikum raten, derartige Verallgemeinerungen nicht ernstzunehmen. Als Historiker will ich nur daran erinnern, daß es auch in der Gesellschaft Regelungen oder Symmetrien gibt, die mit der Herrschaft von bestimmten Gruppen überhaupt nichts zu tun haben. Zum Beispiel die Verkehrsordnung. In England fährt man links, hier fährt man rechts. Das hat nichts mit dem Interesse einer bestimmten rechtshändigen Gruppe zu tun, sondern ist reiner Zufall von der Art, wie Professor Haken es uns auch gezeigt hat, daß es eben vorkommt.

Schumann: Herr Gombrich, Ihre Argumentation in Ehren, aber der Begriff „totalitär" ist für den Politologen ein anderer als der Begriff „autoritär". Die vorindustriellen Gesellschaften wie die geschlossene Spielgesellschaft des Rokoko mit dem Zwang zum französischen Garten, der da voll entwickelt worden ist, fällt für den Politikwissenschaftler nicht unter den Begriff „totalitär". Zu Ihrem letzten Einwand muß ich bemerken, daß ich nicht über Teilstrukturen spreche, da haben Sie absolut recht. Die Rechtsfigur der rechtlichen Gleichheit ist im wesentlichen eine symmetrische, denn jeder ist austauschbar. Was ich meinte, ist das Gesamtbild der Rechtfertigung in der Ideologie eines faschistischen oder stalinistischen Regimes. In diesem Punkte meinte ich „totalitär" und „symmetrisch".

Wille: Entschuldigen Sie, wenn ich als Leiter des Symposions das Wort ergreife und etwas von der Intention dieses Symposions in die Diskussion bringe. Ich meine, nicht nur die historische Dimension, die Herr Gombrich angesprochen hat, sollte uns zur Bescheidung führen, sondern die wissenschaftliche Methode überhaupt. Wir haben ein wissenschaftliches Symposion, insofern sollten wir versuchen, die Klärung und Begrenzung von Begriffen in die Diskussion hineinzunehmen. Ich vermute, daß einige Mißverständnisse und Engführungen, die wir in Deutungen und Wertungen hatten, darauf beruhen, daß wir von verschiedenen Symmetriebegriffen reden. Bei aller Reichhaltigkeit und Vielfältigkeit des Denkens geht es auf diesem Symposium auch um Bescheidung und Disziplinierung im begrifflichen Denken, um zu einer besseren Verständigung zu kommen und nicht unnötige Engführungen entstehen zu lassen, die eigentlich mehr Gräben aufreißen als Verbindungen herstellen.

Aus dem Publikum: Herr Gombrich hat gesagt: Der Mensch sucht nach Ordnung. Auch Herr Arnheim sieht Ordnung positiv, dagegen Destruktion und Deformation als negativ. Ich zweifle, ob man diese Sätze heute noch aufrechterhalten kann, besonders nach Tschernobyl, wo die Welt ganz deutlich mit einer Destruktion und Deformation, einer Asymmetrie konfrontiert ist, die von Menschen kreiert ist. Daß der Mensch nach Ordnung sucht und daß die Welt auf Ordnung beruht, das kann nicht stimmen angesichts dieser Geschichte, mit der wir konfrontiert sind. Wenn wir da mitmachen, unterstützen wir diese Entwicklung. Wie ist das zu vereinbaren mit dem, was Sie in Ihrem Vortrag und in der Diskussion dargestellt haben?

Arnheim: Das ist eine recht schwierige Frage, denn es hat zu tun mit der grundsätzlichen Tendenz zur Ordnung. Wir haben jeder auf seine Weise darüber gesprochen, daß der Mensch sich zur Ordnung richtet, auf die Ordnung hinrichtet, was auch in den Künsten deutlich der Fall ist. Gleichzeitig haben wir aber mit der Beschränktheit und der Einseitigkeit der Menschen zu rechnen, indem eben jeder auf seine Weise auf die Ordnung zugeht, die meisten von uns mit gutem Gewissen, die meisten von uns mit der Vorstellung, daß wir unser möglichstes tun, um diese Ordnung zu schaffen, wo es dann aber zum Zusammenprall kommt, in dem Ordnung gegen Ordnung steht. Da wir es mit Teilordnungen zu tun haben, entstehen bei dem Aufeinandertreffen von Teilordnungen sehr oft Disharmonien und Komplikationen.

Gombrich: Ich habe den Worten von Herrn Arnheim nichts hinzuzufügen. Ich bin absolut seiner Meinung.

Aus dem Publikum: Ich habe eine Frage an Herrn Gombrich: Sie haben gestern den Begriff der Symmetrie verbunden mit Information und auch Informationsbearbeitung. Kann man sagen, daß Symmetrie ein informationstheoretisches Prinzip ist dergestalt, daß es der Versuch ist, eine extreme Informationsreduktion durchzuführen und damit den Wahrnehmenden in die Lage versetzt, das Phänomen zu klassifizieren und auch zu begreifen?

Gombrich: Darf ich ganz kurz darauf antworten? Die Informationstheorie, soweit ich sie verstehe, bedarf immer eines geschlossenen Systems, wo der Empfänger im Zweifel ist, welche Alternativen möglich sind. Das gibt es in unserer Wahrnehmung nicht, und insofern ist es immer eine Metapher, eine Analogie, von der wir sprechen, wenn wir versuchen, aus der Informationstheorie neue Dinge zu lernen über die Wahrnehmung. Daß in einer symmetrischen Konfiguration eine gewisse Redundanz herrscht, das scheint mir selbstverständlich. Insofern ist die symmetrische Anordnung eine Kraftersparnis. Das ist eigentlich eines der wesentlichen Dinge, die ich sagen wollte.

Aus dem Publikum: Herrn Otto möchte ich fragen: Ist der Hang zur Ordnung, der Hang zur Symmetrie oder auch, wie in Ihrem Vortrag dann erweitert, zur Ästhetik, ist der in unserer Art angelegt? Wieviele Generationen braucht es, damit es angelegt wird? Werden wir geprägt dadurch, daß wir über viele Generationen in einem Staat konstanter künstlerischer, politischer oder historischer Entwicklung leben? Oder: Sind wir zur Symmetrie schon geboren aufgrund unseres Erbguts?

Otto: Ich kann keine Antwort geben, ich bin kein Biologe. Ich habe lediglich die Vermutung geäußert, daß bei vielen Tieren und auch Menschen Symmetrie Aufmerksamkeit, ja Warnung bedeutet, also wenn beispielsweise ein kräftiges Tier plötzlich eine symmetrische Silhouette zeigt, ist u. a. Angriff zu erwarten. Dieses Aufmerksamwerden könnte u. U. erblich veranlagt sein und könnte dann eventuell auch auf andere Gegenstände übertragen werden.

Schumann: Ihre Frage zielt voll in die Probleme der Sozialbiologie, die als neue Richtung sich gerade mit der anthropologischen Tatsache befaßt, daß der Mensch auf der einen Seite die sich selbst bewegende, über sich selbst reflektierende Materie ist, aus der Säugetierklasse, Unterklasse Raubtier, und auf der anderen Seite dieser Mensch aber nicht mehr ganz instinktgeboren ist wie andere Säugetiere und dementsprechend Informationssysteme entwickeln muß, die sozusagen ihm soziales und individuelles Gedächtnis geben. Das ist so der Grundproblemkreis, der in der Sozialbiologie diskutiert wird. Hier scheint mir das eigentliche Problem zu liegen, daß von der Naturseite des Menschen her selbstverständlich Muster für Ordnung angelegt sind, die in der Kleinstruktur seiner Zellen auch vorhanden sind, daß eine Gen-Information da ist, und das schwere Abschätzen für Sozialwissenschaftler – darum geht eigentlich ununterbrochen der Streit – ist: Wo setzt jetzt sozusagen die individuelle Entscheidung, was ich grob Interesse nenne, aufgrund von Interessenstruktur ein, wo also nicht mehr Instinktgesteuertes da ist. Das heißt, während alle anderen Strukturen in der Natur sich einfach aufgrund ihres Programms weiterentwickeln oder denaturieren aufgrund bestimmter Umweltbedingungen, ist nicht festzustellen, wo degeneriert der Mensch im sozialen Verhalten aufgrund natürlicher Faktoren und wo degeneriert er aufgrund von sozialen Faktoren, die durch das Zusammenleben gegeben sind. Grundlegend in allen Bereichen ist aber, daß der Mensch grundsätzlich in Gesellschaften Harmonie anstreben muß, um selbst zu überleben, also Ordnungsmodelle entwerfen muß. Der Streit geht nur darum – das war auch mein Symmetrieeinwand am Anfang –, wie er den Gedanken der Symmetrie benutzt, um diese Ordnung zu deformieren. Mein Symmetriebegriff war also ein Sich-dagegen-wenden, daß der einfache, platte spiegelbildliche Symmetriebegriff so nach dem Format „einen Kopf kürzer machen, und dann sind alle gleich" in Gesellschaftsbilder übernommen wird. Es ging mir nicht um den Symmetriebegriff, den die Naturwissenschaften fordern.

Arnheim: Ich glaube, daß tatsächlich hier sehr unterschiedliche Ansichten oder Begriffe von Symmetrie herrschen und daß zwischen der strengen geometrischen Betrachtungsweise, der biologischen und philosophischen, historischen doch Welten zu klaffen scheinen.

Paulitsch: Darf ich dazu ergänzen? Zweifellos haben Sie recht, daß das Wort „Symmetrie" die Natur nicht umfassend beschreibt und auch die Gesellschaft, wenn man sich nur auf die Rechts-Links-Symmetrie beschränkt. In der Kristallographie haben wir eine Vielfalt von Symmetrien – ich darf nur auf die Vorträge von gestern und heute verweisen. Die Kristalle zeigen uns, daß es mehr als die bilaterale Symmetrie gibt.

Arnheim: Wir sollten uns ins Bewußtsein bringen, daß wir in der Dynamik des Geschehens immer zwei Kräfte gegeneinander haben, eine ist die spannungserhöhende Kraft und die andere ist die spannungserniedrigende Kraft.

Mir scheint, daß die Symmetrie die Tendenz zur Einfachheit, die Tendenz zur Ökonomie oder auch zu dem „Weniger ist mehr" hat. Um das Leben überhaupt zu retten, und zwar um das Leben überhaupt möglich zu machen, haben wir eine Gegentendenz, die zur Spannungserhöhung; die hat damit zu tun, auf Neuigkeiten auszugehen, auf Spannung, auf Erlebnis und so weiter. Als Künstler haben Sie mit beiden Kräften dauernd zu tun. Wenn Sie eine Spannung erzeugen, so muß die dann wieder ins Gleichgewicht der Komposition gebracht werden. Wenn man von Symmetrie in einseitiger Weise spricht, dann kommt man auf das unterste Niveau der Spannung. Wir sollten diesen Gegensatz zwischen den beiden einander entgegengesetzten Antagonismen im Auge behalten, weil wir sonst zu der Einseitigkeit kommen, gegen die Sie sich wenden.

Gombrich: Ich bin wieder ganz mit der Ausführung von Professor Arnheim einverstanden, möchte doch aber eine Bemerkung hinzufügen, die mir in der Diskussion aufgefallen ist, nämlich der allzu rasche und unüberlegte Sprung von Beobachtungen rein wissenschaftlicher Art zur Ideologie. Der pythagoräische Lehrsatz ist der pythagoräische Lehrsatz über die Verhältnisse der Seiten eines rechtwinkligen Dreiecks. Wenn dann sofort hinzugefügt wird: „Wir dürfen das nicht haben", „Wir sollen das haben", das scheint mir eine sehr gefährliche Einstellung. Wer nicht fachlich über Fragen sprechen und bei der Sache bleiben kann, der schadet sowohl der Sache als auch seiner eigenen Ideologie.

Schumann: Dazu möchte ich folgendes antworten: Es ist ja nicht nur reizvoll, sondern legitim für alle Wissenschaften, unter einem besonderen Aspekt Vergleiche anzustellen. Was nur nicht gemacht werden darf, ist Monokausalität. Aber im Vergleich der Begriffe in den verschiedenen Wissenschaften und der teilweise anderen semantischen Interpretation stellt sich dann heraus, ob ich einen solchen Begriff auf ein anderes Wissensgebiet übertragen kann, damit etwas anstellen kann. Da würde ich für die Sozialwissenschaften auf jeden Fall sagen, daß vorrangig für mich der Begriff der Ordnung ist, und im Sinne von Herrn Haken, daß Symmetrie also ein Spezialfall von Ordnung ist und daß ich mit dem Aspekt des Dualismus und der balance of power natürlich in meinem Bereich wesentlich mehr anfangen kann. Aber ich muß auch diesen Begriff kontrollieren, ob er mir eine Erkenntnis vermittelt, die ich vielleicht durch bisherige Aspekteinengung übergangen habe. Auf jeden Fall darf er aber nicht monokausal angewandt werden.

Rotunde und Panorama –
Steigerung der Symmetrie-Ansprüche seit Palladio

Adolf Max Vogt

1. Das Pantheon-Rotunden-Syndrom

Palladio selber, so muß man aus der Darstellung und Beschreibung seiner Bauten in den „Quattro libri" schließen, hielt seine Villa rotonda (Abb. 1) gewiß für ein gelungenes und wichtiges Werk, – aber er hatte keinen Anlaß, diesen einen Bau als seine überragende, völlig außergewöhnliche Leistung zu bewerten. Genau das aber hat die Nachwelt mehr und mehr getan. In den dreihundert Jahren seiner Existenz ist dieser kleine Hügelbau vermutlich zum meistbeschriebenen, meistzitierten Profangebäude privater Natur geworden.

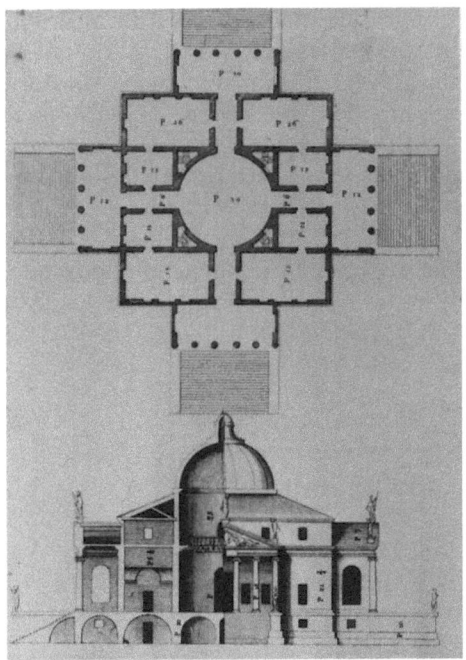

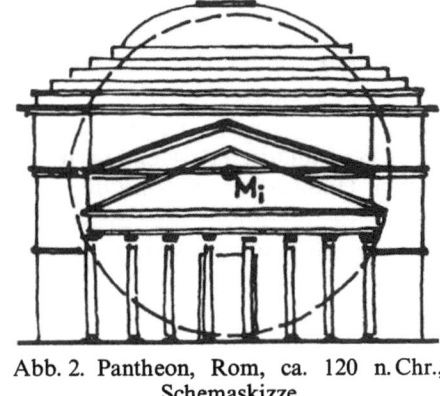

Abb. 2. Pantheon, Rom, ca. 120 n. Chr., Schemaskizze

Abb. 1. Palladio: Villa rotonda, Vicenza, ca. 1566–70

Erklärbar ist das nur aus dem Symmetrieaspekt. Die Fassade und die Treppenanlage sind auf allen vier Himmelsrichtungen viermal wiederholt. Erstaunlich genug, daß das gerade nicht als eine ermüdende Phantasielosigkeit und Variationsarmut in der Repetition beurteilt worden ist – sondern ganz im Gegenteil als ein bahnbrechendes Beispiel dafür, wie selbst im privaten Profanbau die Überführung von bilateraler Symmetrie in Zentralsymmetrie gemeister werden kann.

Daß diese selbe Überführung ein leitendes Thema der Antike gewesen war, wußten nicht nur die oberitalienischen Humanisten um Palladio. Die Präsenz des altrömischen Pantheons war ein grandioser Beleg dafür. Die Tatsache, daß dem Römer Pantheon eine reine Kugel eingeschrieben ist (Abb. 2), mag höchstens im Mittelalter für einige Zeit vergessen gegangen sein. Von der Renaissance an wird das in jedem Architekturtraktat festgehalten und wiederholt.

Die Kugel als letzte oder erste Gestalt, eben weil sie die Erfüllung der Symmetrie darstellt, wird zum geradezu magischen Problem, gleichzeitig zum unerreichbaren, unmöglichen Problem für Architektur – muß es bereits gewesen sein in gewissen Phasen der Antike, vorab der Spätantike, ist es wieder seit der Generation Palladios.

Der Nachruhm aus der Villa rotonda steigert sich im 18. Jahrhundert. Kopien werden erstellt über halb Europa hin, wobei der Norden merklich heftiger reagiert als der Süden. Noch leidenschaftlicher als in Polen oder Rußland entbrennt ein „Palladionismus" in England, und Lord Berlington ist 1725, wenn er Chiswick House bei London (Abb. 3) zu bauen beginnt, nicht einmal der erste, sondern der zweite britische Palladianist: Inigo Jones hatte sich vor ihm für Palladio begeistert. Auffällig ist, daß Burlington keineswegs wörtlich kopiert. Er hält sich zwar an das Quadrat des Grundrisses und an die zentral plazierte Kuppel, aber die vier selben Treppenläufe mit den vier selben Säulenportiken übernimmt er nicht. Burlingtons ambitiöse Frontaltreppe, das eine Fenstermotiv der „Palladiana" oder „Serliana" und das andere Fenstermotiv des altrömischen Halbkreisfensters an der Kuppel – sie alle zitieren Palladio, aber durch Palladio „hindurch" die Antike. Genau um dieses Durchsehen scheint es zu gehen. Burlington demonstriert, wenn ich das so sagen darf, einen „panoptischen"

Abb. 3. Lord Burlington: Chiswick House, London, 1725

Abb. 4. Jacques Gondoin: Amphithéâtre de Chirurgie, Sorbonne, Paris, 1769

Blick nicht nur in, sondern durch bestimmte Geschichtsphasen hindurch. Dieser Blick kombiniert gewissermaßen Teleskop mit Mikroskop, um durch Palladios Renaissance hindurch auf die Antike sehen zu können — und diese Kombination schwebte ja Jeremy Bantham vor, als er (eine Generation jünger als Burlington) im selben London den Begriff des „Panopticons" lancierte.

Nach der Jahrhundertmitte, nach 1750, wird die Auseinandersetzung mit dem Pantheon-Villa rotonda-Panopticon selbständiger, aktiver, origineller, man begnügt sich nicht mehr mit bloßem Kopieren.

Eine erstaunliche Variante zum Pantheon-Leitmotiv hat Jaques Gondoin 1769 in Paris verwirklicht. Seine Ecole de Médecine für die Sorbonne wurde vor allem wegen ihrem Hör- und Demonstrationssaal für Chirurgie — dem Amphithéâtre de Chirurgie — rasch berühmt. Ein halbiertes Pantheon, wie mit dem Messer entzweigeschnitten.

Die Begeisterung für alle Stufen des Übergangs von bilateraler zu zentraler Symmetrie, welche die Jahrzehnte zwischen ausklingendem Rokoko und der französischen Revolution so deutlich kennzeichnet, ergreift auch die Bildhauerei. Der Entwurf zu einem Kugeldenkmal von Jean-Pierre Houël beispielsweise mag dabei weniger überraschen, denn er ist erst 1799 entstanden. Völlig überraschend aber ist das kleine Monumentum aus Quader und Kugel in einem Garten in Weimar, sowohl nach Urheber wie nach Datum (Abb. 5). Das Datum ist früh, 1777, und der Urheber ist Goethe[1].

---

[1] Zu Goethes Houëls und anderen Kugelentwürfen siehe: A. M. Vogt: Boullées Newton-Denkmal, Sakralbau und Kugeldenkmal, Basel 1969, speziell Kap. 11.

Abb. 5. J. W. Goethe: Altar der Agata Tyche, Weimar, 1777. J. P. L. Houël: Monument publique, 1799

Nach der Rückkehr von einer Reise in die Schweiz, zusammen mit dem Herzog, errichtete Goethe dieses Monument als einen Altar der Agate Tyche, kaum einen Steinwurf vom Hauseingang entfernt, unter den Bäumen seines Gartenhauses vor der Stadt. Mag man Bedenken haben, vom Kleinen aufs Große, von Skulptur auf Architektur zu schließen. Und doch wäre so ein Denkmal hundert Jahre früher oder später kaum denkbar. Eines der hervordrängenden Leitmotive der Zeit wirkt da mit, und der junge Goethe registriert und reagiert fein und rasch.

Genau ein Jahrzehnt später ist Goethe auf der Italienischen Reise. Er hat Vicenza besucht, um Palladio zu ehren, er hat der Villa rotonda draußen auf dem Hügel über der Brenta seine Aufwartung gemacht. Und nun ist er, Ende März 1787, auf der Überfahrt von Neapel nach Sizilien, begleitet vom Zeichner Kniep, den er eben, auf einem Ausflug nach Paestum, unter Vertrag genommen.

Am 30. März 1787 notiert er: „Der Vesuv verlor sich gegen vier Uhr aus unseren Augen, als Capo Minerva und Ischia noch gesehen wurden. Auch diese verloren sich gegen Abend. Die Sonne ging unter ins Meer, begleitet von Wolken und einem langen, meilenweit reichenden Streifen, alles purpurglänzende Lichter. Auch dieses Phänomen zeichnete Kniep. Nun war kein Land mehr zu sehen, der Horizont ringsum ein Wasserkreis, die Nacht hell und schöner Mondschein..."

Vier Tage später, am 3. April 1787, kommt er auf den „Wasserkreis" zurück und schreibt: „Hat man sich nicht ringsum vom Meere umgeben gesehen, so hat man keinen Begriff von Welt und seinem Verhältnis zur Welt. Als Land-

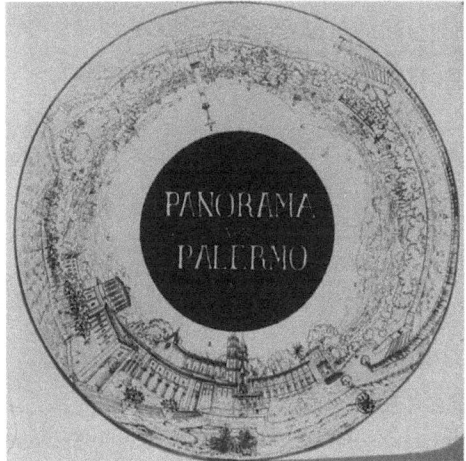

Abb. 6. Karl Friedrich Schinkel: Panorama von Palermo, 1808

schaftszeichner hat mir diese große simple Linie ganz neue Gedanken gegeben."

Die „große, simple Linie", die er „Wasserkreis" nennt, ist nichts anderes als der Grundkreis zur neuen Optik des Panoramas (Abb. 6). Stephan Oettermann, der Verfasser einer Geschichte des Panoramas, verblüfft uns mit dem Nachweis, daß Goethe genau im selben Jahr 1787 den „Wasserkreis" wahrnahm, als auch zwei Erfinder, unabhängig voneinander, die ersten Schritte zum Erstellen von Panoramen durchführten — Robert Barker in Edinburgh und Johann Adam Breysig in Rom[2].

2. Wie Etienne-Louis Boullée die Architektur-Symmetrie ad absurdum führt

Zu diesen eigenartigen Koinzidenzen möchte ich hier eine weitere zufügen: Nur drei Jahre früher, 1784, hat ein Franzose (der weder Goethe noch Barker noch Breysig gekannt haben kann) die Panorama-Idee vorweggenommen. In seinem Entwurf zu einem Newton-Denkmal (Abb. 7, 8) hat Etienne-Louis Boullée allerdings nicht nur einen horizontalen Rundumblick bewerkstelligt, sondern so etwas wie eine Totalvision oder besser: Globalvision entworfen — den Kugelblick von Innen, nicht lediglich den Wasserkreis.

Boullée (1728—1799) war von zentralsymmetrischen Steigerungen nicht nur, wie Palladio, fasziniert, sondern er war von ihnen geradezu bedrängt und besessen. Bereits in seiner „Eglise métropolitaine" und im Entwurf zur „Opéra"[3] befaßt er sich ausschließlich mit Pantheon-Motiven und Villa rotonda-Motiven und steigert diese in nicht mehr nachvollziehbare Größenmaßstäbe.

---

[2] Stephan Oettermann: Das Panorama, Frankfurt am Main 1980, S. 9.
[3] vgl. A. M. Vogt: Boullées Newton-Denkmal, speziell Kap. 5 und 6.

Abb. 7. Etienne Louis Boullée: Newton-Denkmal, Entwurf, Aussenansicht, 1784 (Bibl. nat. Paris)

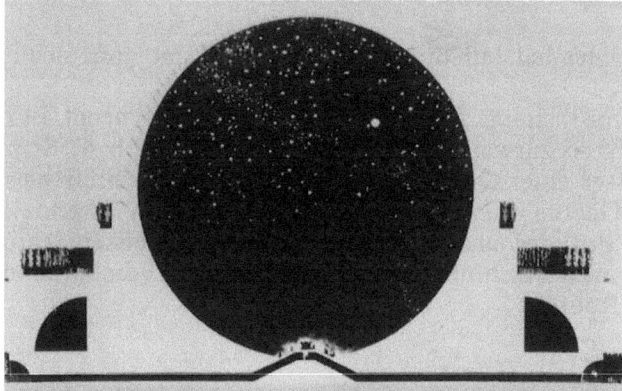

Abb. 8. Etienne Louis Boullée: Newton-Denkmal, Schnitt, 1784 (Bibl. nat. Paris)

Abb. 9. Etienne Louis Boullée: Cénotaphe Conique (Bibl. nat. Paris)

Nicht mehr nachvollziehbar, oder besser: nicht mehr abschätzbar, weil dem Auge der Vergleich der Proportionen bewußt entzogen wird. Entweder dominieren, wie in der „Opéra", eine große Zahl völlig gleicher Säulen – das damalige theoretische Stichwort dafür heißt „Régularité" – oder die Wand ist, wie in der „Eglise métropolitaine" einfach „viel größer" als die Säulenreihen oder Giebel. In beiden Fällen sieht sich das Auge in der Lage der Mücke am Schaufensterglas.

Woher Boullée die innere Rechtfertigung ableiten konnte zu dieser Art von Größen-Wahn oder Megalomanie, das werden wir erst später erkennen können. Die zweite Rechtfertigung, die zur „Régularité", entwickelt er mit bemerkenswerter Sicherheit des historischen Arguments am Konflikt zwischen Bramante und Michelangelo betreffend Säule und Kuppel an St. Peter[4]. Ein Konflikt, der damals immerhin rund 250 Jahre zurücklag. In Boullées Augen hatte Bramante im völlig gleichmäßigen Säulenkranz des „Tempietto" ein Meister- und Musterstück verwirklicht, dessen Prinzipien dann von Michelangelo für St. Peter sträflich mißachtet wurden. Denn Michelangelo wählt statt der reinen Halbkugel die Zitronen-Kuppel, statt der gleichmäßigen Säulenfolge das plastisch durchmodellierte Säulenpaar usw. – kurz: Boullée ist gegen Michelangelo, aber für Bramante und tritt jetzt logischerweise auch gegen Soufflot an.

Soufflot stirbt 1780. Sein Hauptwerk, die Eglise Ste Geneviève – später umbenannt in „Panthéon français" – ist nicht fertig geführt. Boullée bewirbt sich um die Nachfolge Soufflots, vergeblich. Aber sein Einfluß ist trotzdem stark genug, daß beim Fertigstellen der Kirche die „Régularité" schließlich obsiegt: gegen die Absicht des verstorbenen Soufflot umschließt nun ein regulärer Säulenkranz den Tambour.

Dieselbe Tendenz zu „mehr" oder „intensiverer" Symmetrie scheint mir auch belegt in Boullées Tendenz, für seine Denkmalvisionen keineswegs nur die Pyramide zu nützen, sondern zum Konus überzugehen. Die Pyramidensymmetrie mit ihren zwei Spiegelungsebenen genügt ihm nicht, er will näher zum Kreis und zur Kugel. So ist der „Cénotaphe conique" (Abb. 9), der bereits schon Baum-Alleen dort einsetzt, wo von altersher Ornamente zu erwarten gewesen wären, die eigentliche Vorstufe zu dem, was Boullée selber als sein Hauptwerk bewertet hat, dem Newton-Denkmal in Kugelform (Abb. 7, 8).

Der Grundriß (Abb. 10) zeigt, daß es tatsächlich wieder und erst recht um den „panoptischen" Blick geht, d.h. um ein Durchsehen oder Vermitteln zwischen Villa rotonda und Pantheon. Denn die vier Treppen zum Kenotaph in der Mitte, von denen wir drei sehen, sind mit solcher Akuratesse präzisiert, daß die Absicht deutlich mitgeteilt wird.

Boullée hatte zuerst in einer Tag-Variante mit einem immensen Lichtkörper experimentiert, dann entschloß er sich für die sog. Nacht-Variante (Abb. 8), die immer dort einen Durchstich durch die Kugelkalotte erheischt, wo ein Sternlicht erzeugt werden soll. Auf diesen Gedanken, Sternwirkung im dunkeln Innern durch natürliches Außenlicht zu erreichen, war er besonders stolz. Da in den Jahren um 1784 – das ist das Datum des Newton-Kenotaphs – in Paris die türkische Mode Boden gewann und damit überhaupt islamische Architektur in

---
[4] vgl. A. M. Vogt, Boullées Newton-Denkmal, S. 173 ff.

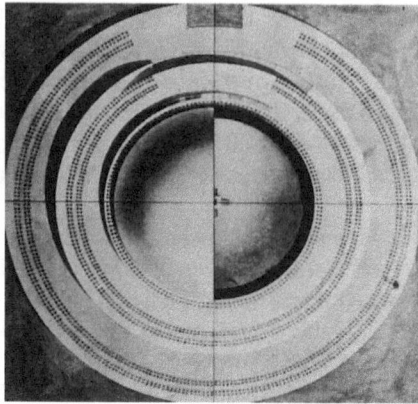

Abb. 10. Etienne Louis Boullée: Newton-Denkmal, Grundriss, 1784 (Bibl. nat. Paris)

Abb. 11. J. B. Fischer von Erlach: Schnitt durch ein Türkisches Bad (aus: Entwurf einer historischen Architektur, 1725)

Frankreich erstmals ernsthaft diskutiert wurde, habe ich mich in der türkischen Bautradition umgesehen. So kam ich zum Vorschlag, Boullées Kalottendurchstiche zu verknüpfen mit den Kalottendurchstichen für die türkischen Bäder (Abb. 11), die dem Dampfabzug dienten, und in Sternform ausgebildet waren. Zugänglich war diese Anregung für Boullée durch Fischer von Erlachs damals weitverbreiteter Architekturpublikation „Entwurf einer historischen Architektur", die übrigens zweisprachig eingerichtet war, deutsch und französisch[5].

Bevor wir uns der Frage zuwenden, was das Ganze soll, wie es gemeint ist — diese Orgie an Symmetrie, die in der Architekturgeschichte ihresgleichen kaum hat, die Grenze des Architektonischen sprengt, sich selbst außerhalb des (da-

---

[5] Wien, 1725.

mals) Möglichen setzt oder: das Monumentale ad absurdum führt – vorher noch ein Blick auf die Formen selbst.

Nirgends so deutlich wie in der Eingangspartie (Abb. 7) wird klar: Boullée übersetzt die Sprache Ägyptens ins Runde, in Kreis und Kugel. Die großen Böschungswände der Pyramide verwandelt er in zwei Kalotten-Schnitte, die zur Eingangs-Viertelskugel herabführen. Er besetzt sie am unteren Ende mit Sphingen und gibt uns damit zu bedenken, daß er der interessanteste unter den sog. „Egiziani" ist.

Die Ägypten-Mode, in denselben 1760er Jahren aufgekommen wie die Türkei-Mode, erwies sich als ungleich langlebiger und verwandlungsfähiger als diese. Angeregt von den damaligen pionierhaften Archäologen, die sich um Enträtselung der Hieroglyphen bemühten, begann vor allem Rom, dieser internationale Marktplatz für Kunstideen und Geschichtsinterpretationen, um Aneignung der typisch ägyptischen Formensyntax sich zu bemühen. Piranesi ist in Rom einer der Ersten, der in einer späten Stichfolge und in einer späten Ausschmückung eines Künstlerkaffees die ägyptische Sprache nachzusprechen sucht. Nur sechs Jahre nach Piranesis Tod, 1784, erlangt Boullée die erstaunliche Spielfreiheit, das „Egiziano" ins Runde überzuführen und damit der Zentralsymmetrie dienstbar zu machen. Als Höhepunkt oder als endgültige „Explosion" und Aufhebung des Monumentalen in der Architektur?

Boullée hat die Idee zum Newton-Denkmal selber kommentiert. Dieser Abschnitt in seinem theoretischen Werk, verfaßt in den letzten Lebensjahren, ist besonders schwer lesbar. In einer forcierten, exaltierten Sprache, die im Deutschen deutlich an die Sprache des „Sturm und Drang" erinnert, bekennt er seine immense Verehrung für Newton.

Nun war die Newton-Begeisterung auch auf dem Kontinent damals längst nicht mehr neu. Doch das Studium der beiden französischen Wegbereiter des Newtonismus – Emilie Marquise du Châtelet als Übersetzerin und Kommentatorin Newtons, Voltaire als Populärdarsteller Newtons – helfen uns im Falle Boullées nicht weiter.

Erst als ich das Inventar von Boullées Bücher-Nachlaß durchsuchte nach aufschlußreichen Titeln, fand ich Bailly's Astronomiegeschichte von 1782, eine Neuerscheinung also im Jahr 1784, als Boullée zu entwerfen begann. Jean-Sylvain Bailly selber, so zeigt es sich, schlägt in seiner dreibändigen „Historie de l'Astronomie moderne..." einen ganz anderen Ton an, sobald er zu Newton gelangt – nämlich fast buchstäblich den selben emphatischen Ton, den Boullée in der Selbsterläuterung seines Newton-Denkmals anschlägt.

Da ich diese Zusammenhänge anderswo publiziert habe[6], beschränke ich mich auf die Resultate, die sich mit Hilfe von Bailly's Text entziffern ließen:
– der Newtonist erkennt, daß die Erdkugel durch Rotation an den Polen abgeflacht ist,
– Boullée zeigt indessen die reine Kugel (Abb. 7). Damit will er die reine Kugelgestalt der Erde zeigen, wie sie im Augenblick der Schöpfung, also in ihrer Urgestalt, hat aussehen müssen.

---

[6] vgl. A. M. Vogt, Boullées Newton-Denkmal, Kapitel 10.

178   Adolf Max Vogt

Der heutige Betrachter kann dieses Motiv von sich aus kaum erkennen, doch der damalige Aufgeklärte, Newtonist und „Cosmopolite" war auf solche Aspekte vorbereitet. Nicht nur durch Newton, auch durch Jean-Jaques Rousseau, dessen Zelebrierung des reinen Ursprungs für das Denken und Vorstellen der französischen Revolutionsepoche von großer Bedeutung war.

Boullées Denkmalgedanke wurde nie verwirklicht, hätte damals und noch lange danach konstruktionstechnisch schwerlich erstellt werden können. Das indessen störte Boullée offensichtlich nicht. Sein Auftraggeber war nicht mehr der König oder der Adel oder die Verwaltung – sein Auftraggeber war ein entrücktes Wesen geworden, entweder der verstorbene britische Gelehrte oder die Gemeinde der Newtonisten oder der Weltbaumeister selber, den er durch die Anrufung Newtons verherrlicht. Und wer im Namen des Weltbaumeisters entwirft, der scheint andere Größenordnungen beanspruchen zu dürfen und kann sich dem Vorwurf der Megalomanie entzogen fühlen.

Unter Frankreichs Architekten hat Boullées Globalvision eine rasche und heftige Reaktion ausgelöst. Von den mannigfachen Spiegelungen und Variationen des Kugelgedankens wollen wir hier nur zwei erwähnen, beide von Claude Nicolas Ledoux (1736–1806), um den Kontrast zwischen „Le Sublime et le Ridicule", dem Erhabenen und dem Lächerlichen wenigstens abzustecken. Wenn Ledoux in einem kugelförmigen Flurwächterhaus (Abb. 12) Landarbeitern und Gärtnern zumutet, ihre Freizeit und ihre Nächte unter beinahe fensterlosen Kalotten zu verbringen, dann gerät er in Konflikte mit dem Januskopf der Symmetrie. Wogegen dem Projekt, eine Friedhofsanlage für die Stadt Chaux um eine unbetretbare Kugel mit Oculus herum anzuordnen (Abb. 13), nichts Lächerliches anhaftet. Die Askese der reinen stereometrischen Form wird ins Schauer-

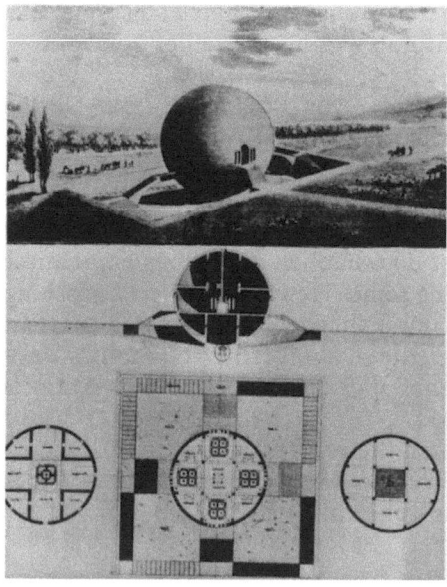

Abb. 12. Claude Nicolas Ledoux: Flurwächterhaus (aus: L'Architecture considérée...)

Abb. 13. Claude Nicolas Ledoux: Schnitt durch den Friedhof für die geplante, aber nur teilweise gebaute Salinenstadt Chaux

lich-Großartige getrieben, verblüffend nah bei dem, was ein Maler wie Johann Heinrich Füssli (1741–1825) an fahlen und kahlen Schattenwirkungen beschworen hat.

3. Die beiden Enden des Symmetrie-Dramas der französischen Revolutionsarchitektur

Boullées großer Wurf, der sich als eine letzte verzweifelte Anstrengung zur Erfüllung der uralten Tradition der Kosmos-Analogie erweist, findet dennoch so etwas wie eine Verwirklichung, wenn auch auf gänzlich unerwarteter Ebene. Die jahrmarktmäßigen Schaugebäude für Panoramen nämlich kristallisieren sich zu einem Typus (Abb. 14), der Boullées Konzept (Abb. 8) zumindest in vier Punkten entspricht: im Kreis-Grundriß, im unterirdischen Zugang (B), im Aufstieg ins Zentrum (C) und in der Ausbildung eines erhöhten Podestes.

Wir dürfen nicht annehmen, daß Barker oder Breysig, als sie 3 Jahre nach 1784 die Panorama-Idee entwickelten, Boullées Entwurf zu Gesicht bekommen

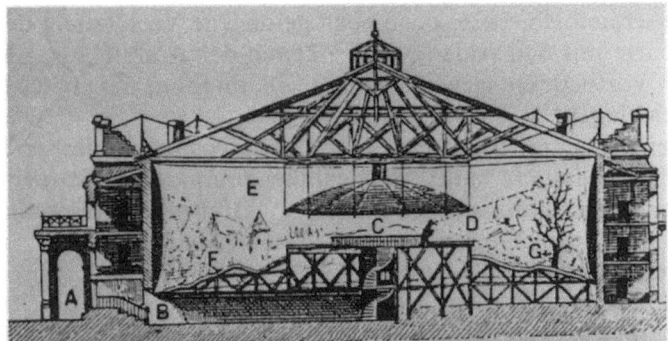

Abb. 14. Anonymer Verfasser: Schnitt durch ein Panorama-Gebäude
(aus: Stephan Oettermann, Das Panorama)

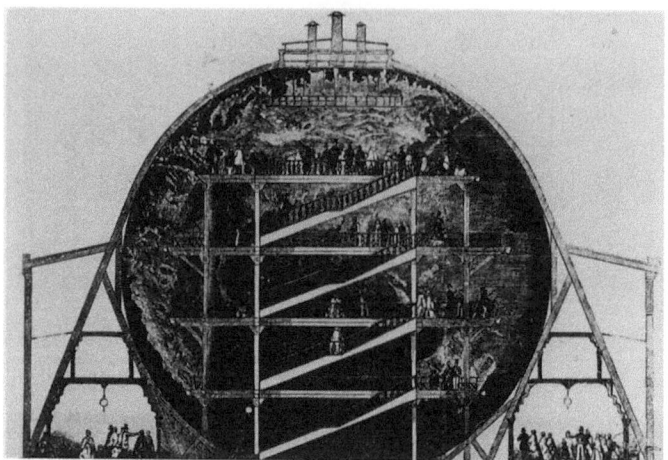

Abb. 15. James Wyld: The Great Globe, Schaustellerkonstruktion, London, 1851
(aus: Stephan Oettermann: Das Panorama)

hatten. Sie kamen zu verwandten Lösungen, weil sie verwandte optische Bedürfnisse wahrzunehmen begannen. Statt Architektur entwickelten sie Schaubuden. Es scheint, daß die Realisierung von Boullées Globalvision nur möglich war um den Preis der Monumentalität. Genau in diesem Sinne des Umkippens vom Erhabenen ins Amüsierliche dauert es volle 67 Jahre, bis einer die Kugel doch noch baut, wenn auch budenhaft und provisorisch genug. James Wyld hat die Woge der Weltausstellung in London 1851 genützt, um seinen „Great Globe" (Abb. 15) vorzuzeigen, und die Attraktion hat sich über ein Jahr lang gehalten.

Das ist das eine Ende des großen westlichen Symmetrie-Traums in der Architekturgeschichte. Wie bei jedem namhaften Ereignis läßt sich jedoch ein zweites Ende erkennen, das nun allerdings nicht in Frankreich, sondern in Deutschland, in Berlin, durch Karl Friedrich Schinkel, seine Verkörperung gefunden hat. Es ist nämlich möglich, Schinkels Altes Museum am Lustgarten zu lesen als die schließlich, 1825, doch noch gelungene Versöhnung der radikalen Kugelsymmetrie mit den realen Möglichkeiten der Architektur. „Aufhebung" in doppelter Wortbedeutung, wenn man so will, im Sinne des gleichzeitig in Berlin wirkenden Hegel.

Durch seinen Lehrer Friedrich Gilly, der einer hugenottischen Familie angehörte und Paris besucht hatte, war Schinkel zumindest in Bruchstücken über die Ambitionen der französischen Revolutionsarchitektur orientiert. Schinkel spielt diese Ambitionen, aber nun in den Grenzen des Machbaren, indem er erstens in seinen Museumsquader einen Würfel zentral einfügt, zweitens in diesen Würfel die Rotunde – als „Pantheon" für Skulptur – einschreibt (Abb. 16) und dabei Sorge trägt, daß das Ornament auf dem Bodenkreis die nur halb durchgeführte Kugelgestalt voll suggeriert. Damit hat er den Januskopf der Symmetrie weder gespalten noch versöhnt, aber doch für eine Weile beruhigt.

Abb. 16. Karl Friedrich Schinkel: Die Rotunde für Skulpturen im Alten Museum am Lustgarten, Berlin, errichtet 1822–25

Schinkels Gabe zur redlichen Vermittlung provozierender Probleme erweist sich auch in einem Zwischenauftrag, den er während des Bauprozesses am Alten Museum annimmt. Die Stadt Berlin beauftragt ihn, zur Heirat einer der preußischen Prinzessinnen ein Gemälde als Geschenk zu malen. Er komponiert das höchst eigenartige Querformat „Blick in Griechenlands Blüte", das sich bei näherem Zusehen als eine grandiose Auseinandersetzung mit der neuen Optik des Panoramas erweist[7].

Bild-Nachweis

Aus dem Bande A. M. Vogt: Boullées Newton-Denkmal, Basel 1969: Abb. 1, 2, 4, 5, 7–13
Aus dem Bande A. M. Vogt: K. F. Schinkel, Blick in Griechenlands Blüte, Frankfurt a. M. 1985: Abb. 16
Aus dem Bande Stephan Oettermann: Das Panorama, Frankfurt a. M. 1980: Abb. 6, 14, 15
Aus der Rotch Visual Library, MIT, Cambridge MA: Abb. 3

---

[7] vgl. A. M. Vogt, K. F. Schinkel, „Blick in Griechenlands Blüte, Ein Hoffnungsbild für Spree-Athen", Fischer Taschenbuch Verlag, Frankfurt am Main 1985.

Symmetry in Physics

Louis Michel

Symmetry is a concept very natural to man. The marvellous exhibition at Mathildenhöhe reveals its importance in Art. During this colloquium we have heard of its role in many human activities. It is fundamental in Science. I will make a quick survey of the history of symmetry in Physics (not in chronological order!). Indeed the study of the symmetry of physical states leads physicists to make predictions and new discoveries. However, it is much more important to follow man's unending quest to discover the deep hidden symmetries of the laws of physics.

The last book of Hermann Weyl (he himself called it his swan song) entitled "Symmetry" is short, but it is a great classic that I advise you to read. The oldest known symmetry argument in physics is quoted there. It is due to Archimedes: when two identical objects are placed one on each plate of a scale, this must stay in equilibrium. However such reasoning is very dangerous! Consider, for instance, the ozone molecule: it is made up of three identical oxygen atoms. It vibrates and rotates, but the average position of the three identical atoms, by symmetry arguments, must form an equilateral triangle. This is not the case: they form an isoceles triangle with one angle of 58°30′ and two of 60°45′. But do not conclude that symmetry arguments are not valid. On the contrary, they led P. Curie to formulate in 1894 two important principles.
1. The symmetry of causes must be found in their effects.
2. When some effects have a dissymetry, this dissymetry must exist within the causes which produced these effects.

As we shall see, these obvious *principles* are of very general applicability, but they suffer many exceptions, the study of which is important and fruitful.

Most of us were told about symmetry in school when we studied Euclidean geometry. To verify the equality of two figures we can translate and rotate them in order to bring them into coincidence. Technically, in doing so, we are studying the "invariants" of the Euclidean group $E_0(3)$ of translations and rotations (3 stands for the number of dimensions); these invariants are the distances between points. To obtain the full group $E(3)$, which leaves invariant the distances between points, one must add to $E_0(3)$ the plane reflections. For example, a plane reflection allows two molecules with "asymmetric carbon" to

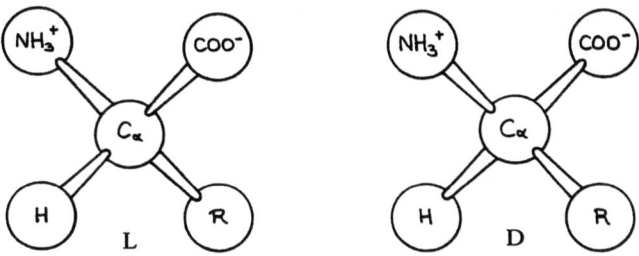

Fig. 1. The four valences of a carbon atom are directed toward the vertices of a regular tetrahedron. These two diagrams represent the "left" and "right" forms of amino acids (L and D). There exist twenty different R forms, e.g. CH_3 in alanine, $HC(CH_3)^2$ in valine, etc. In the simplest case of glycine R=H, the molecule has a symmetry plane (no possible distinction between L and R). The other amino acids appear in their *left* form only, as building blocks of all proteins.

be transformed into each other. Both exist, but we like to distinguish between them (see Fig. 1).

If we are interested not in the distance between points, but only in the angles between lines, then the invariance group S(3) is larger: one can add the uniform dilations. And one can consider larger groups: the conformal group (preserves angles but not straight lines or planes), the affine group (transforms points into points, straight lines into straight lines, planes into planes, keeping the intersection properties, but forgetting about distances and angles), and so on.

So, more and more, mathematicians have studied general symmetry groups. It is very striking that, at all stages of history, physicists have discovered greater (and necessarily more abstract) symmetries in the laws of physics, although we live in an *asymmetrical* environment. Indeed, here on Earth, the vertical and horizontal directions are very different: they are also more special than any arbitrary slanting direction. This disymmetry was basic in the scientific study made by Galileo at the beginning of the XVIIth century, when he discovered the laws of falling bodies. It became irrelevant before the end of the century, in Newton's theory of gravitation, which applies both to weighing bodies on Earth and to celestial bodies. Since the gravitational potential between two bodies depends only on their separation ($V = -Gm_1m_2/r$), the Euclidean group E(3) is a symmetry group of Newtonian theory. The solar system is in a space which is homogeneous (all points of it are alike) and isotropic (all directions play the same role). One century later, it became clear that the symmetries of this physical theory imply conservation laws: the invariance under translation implies momentum conservation and the invariance under rotation implies angular momentum conservation. During the same period Newtonian mechanics was extended to include electric and magnetic phenomena with a striking similarity between the electrostatic and the gravitation law.

Newtonian theory has permanence in that it does not depend on the choice of the origin of time: invariance under time translation implies energy conservation. From this theory one can compute the position and velocity of the sun, planets, satellites, comets, etc. at any (past or future) time, from the knowledge of these quantities at a given time. But the history of the solar system only became a scientific problem with the work of Laplace around 1800.

Newtonian dynamics contains, moreover, a subtle invariance that Galileo had discovered. The experiments he made would have led to the same results whether he had done them on a large sailing boat – or today on a train or a plane (provided the vehicle was travelling at constant speed along a straight trajectory). The laws of physics are the same in all frames in relative rectilinear motion at constant speed. The case of zero speed (rest frame) is only a particular case. This invariance is called Galilean relativity; the corresponding conservation law implies that the velocity of the center of mass is constant (in the solar system the center of mass is outside the sun). The full symmetry group of Newtonian dynamics is called the Galilean group[1].

In the XIXth century the first great unification of physics took place: Maxwell's theory of electricity and magnetism also includes optics, since light (and radio waves, γ rays, etc. discovered later) is composed of electromagnetic waves. However, the Galilean group is not the symmetry group of Maxwell's equations. This was not immediately noticed because the concept of a symmetric group of a physical theory (which I have just presented to you) was still foreign to the thinking of physicists! But it led to contradictions in physics and to a crisis which was resolved by Einstein's relativity theory (1905). Einsteinian dynamics, which contains the famous equivalence between mass and energy $E = mc^2$ (where c is the velocity of light) has a symmetry group of Maxwellian theory[2]: it is again a 10-parameter group that we call a Poincaré group because it was explicitly defined by Poincaré in 1906. It contains, of course, translations in space and time, and the Lorentz group, built from the rotations and a 3-parameter family of "Lorentz transformations". For these time is not an absolute concept; time and space can be partially transformed into one another for two observers in relative rectilinear motion at constant speed.

It took eleven more years for Einstein to obtain the relativistic modifications to be made to the Newtonian theory of gravitation (and Hilbert found the same equations independently, two weeks later in 1916). Indeed these required a pro-

---

[1] It has ten parameters: 3 for translations (the 3 components of the translation vector), 3 for rotations (2 for the direction of the rotation axis, 1 for the rotation angle), 1 for time translation, and 3 for the 3 components of the relative velocity of the reference frame.

[2] As we shall see later, Maxwellian theory has a larger symmetry group.

Relativistic effects appear only for velocities not negligible with respect to c, the velocity of light. This does not happen for we humans, in everyday life, but it is common for cosmic rays, for accelerator beams, for electrons emitted in β-decay or even those in a television tube (an electron accelerated to 25 000 volts acquires a velocity $v = c/10$). Figure 2 depicts another relativistic effect. Let θ be the angle between the trajectories of two particles with the same mass m, after an elastic collision, where one particle was originally at rest and the other had velocity v. When v/c is negligible, $\theta = 90°$ (check it with billiard balls!). When v/c is no longer negligible, θ depends on v and on η, the difference in energy between the two particles, and it is a minimum when $\eta = 0$ (the initial direction is the bisector of the angle between the two final directions). So, in any case,

$$\frac{v}{c} \gtrsim \frac{\sqrt{8 \cos \theta (1 + \cos \theta)}}{1 + 3 \cos \theta}$$

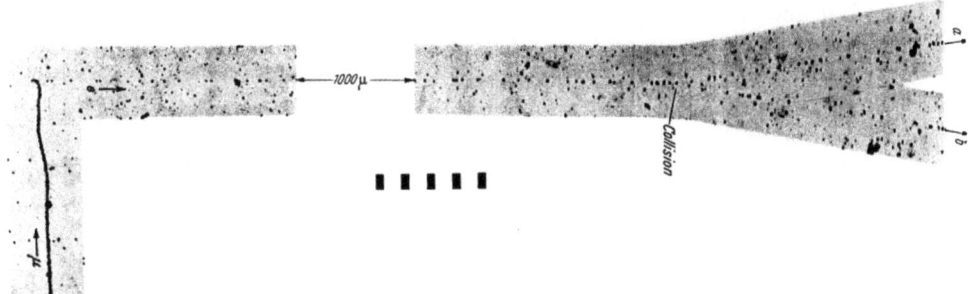

Fig. 2. The electron trajectories seen in this specially prepared photographic emulsion form an angle $\theta = 20°$. We deduce that the velocity of the initial electron at the point when it knocked out another electron from its atom was $<.999875\ldots c$.

found modification of our concept of space-time: it is no longer flat, but curved by the presence of matter or radiation[3].

However the general relativity principle is easy to formulate: physics is the same in all "free falling" systems; it looks as if there are no external forces. What was so abstract and difficult to understand seventy years ago is very natural for those of us who have seen movies taken by cosmonauts inside their space capsule.

From Einstein, we learned the importance of symmetry principles for physical theories; they have deeply influenced the evolution of the physics of fundamental particles in our century. Another Einstein discovery[4], the corpuscular aspect of light in the photoelectric effect, started a new crisis in physics, since light is also considered to be electromagnetic waves. The corpuscular aspect of light was strikingly confirmed by the Compton experiment (1922). This dual corpuscular and wave aspect was discovered by L. de Broglie (1924) to be a new general principle: electrons, for example, can also have a wave aspect. This phenomenon was soon confirmed experimentally (Davisson and Germer) and used in electron microscopes[5].

The apparent contradiction within this general corpuscle-wave duality was solved with the advent of quantum mechanics (Heisenberg 1925), in 1926, through the combined efforts of Born, Heisenberg, Dirac, Pauli, etc. Physics has to use noncommutative mathematics: $P_x x - x P_x$ (P_x is the component of the momentum along the x axis) is not zero but $\sqrt{-1}\,\hbar$, where $\hbar$ is ½ π times the Planck constant, which was introduced in 1900[6]. Quantum mechanics has a

---

[3] Starlight deflection by the sun, predicted by Einstein, was observed in a 1919 solar eclipse. Within the last five years double images of five quasars have been observed; they are due to partial light refraction by interposed galaxies!

[4] Also published in 1905, while Einstein was still working at the patent office in Berne!

[5] Proton microscopes have also been made; neutron diffraction is a necessary complement to x-ray diffraction for studying the structure of crystals, liquid crystals, proteins, etc. Recently, at Saclay, wave interferences have been observed between beams of neon atoms.

[6] Why the pure imaginary $\sqrt{-1}$ appears in quantum mechanics is well worth another lecture.

simple, but new, symmetry: it is invariant under the group of permutations of identical particles, so *identical particles cannot be distinguished.* This statement seems very inoccuous, but it has deep consequences: one cannot hope to follow two electrons and keep track of their identity. So, one has to give up the idea of the trajectories of these two particles. More generally, *we cannot describe locally all causal effects.* There is an essential partial lack of determinism in the theory. It leads to effects that some still consider paradoxical. But, up to now, experiments completely support quantum theory.

It took years to understand a new fundamental dichotomy which appears in quantum mechanics. A physical state is described by a "vector" in a functional space (of infinite dimensions) but only its square length is observable. So, in the permutation of two particles, it can be either unchanged (Bose-Einstein statistics) or multiplied by -1 (Fermi-Dirac statistics). The constituents of atoms — electrons and nucleons (i.e., protons and neutrons inside the atomic nucleus) — all follow the Fermi-Dirac rule and all have a quantized spin (intrinsic angular momentum corresponding to a spinning on themselves) with the value $\hbar/2$. The quanta of forces (such as the photon — the light quantum) have a spin $n\hbar$ (n integer) and obey Bose-Einstein statistics. The first hint towards explaining this fundamental relation between spin and statistics was given by Pauli in 1940. We know now that it is a consequence of the Lorentz group symmetry. For the last fifteen years we have even known how to formulate a physical theory invariant under the exchange of bosons and fermions; we call it supersymmetry because it needs new mathematical tools, going beyond those of group theory.

Quantum mechanics was first formulated with the Galilean symmetric group, but in 1928 Dirac wrote the famous relativistic equation for spin-$\hbar/2$ particles. To do this, he rediscovered Clifford algebras, which had been introduced fifty years earlier in mathematics. The Dirac equation was able to explain refined details of atomic spectra but it contained a disastrous feature: to each normal state corresponded a state with negative energy; the existence of these unnatural states led to paradoxes and catastrophe. Instead of abandoning his equation Dirac fought hard for three years before finding the solution. His equation has a new type of symmetry built into it; so it predicts a new type of matter very similar to the sort we live in: the particles have the same mass and the same spin as those in our matter, but their electric charge is of the opposite sign. Dirac called them antiparticles. When a particle and an antiparticle meet, they annihilate into electromagnetic waves. Antielectrons were discovered the year after in cosmic rays by physicists who did not know about Dirac's work. It took another twenty-five years to observe antiprotons at the specially built Berkeley bevatron.

The Maxwell and Dirac equations form the basis of quantum electrodynamics, the best physical theory available: its predictions fit the most precise measurements (8-digit precision) of electron or muon properties. (Muons are identical to electrons but for their mass; their mean life is 2 microseconds. Together with electrons and neutrinos they form the *lepton* family of particles).

Quantum electrodynamics has another type of built-in symmetry which is purely mathematical. It corresponds to a group of functions in space-time whose values are one complex phase. This group is called a U(1) gauge group. It is related to the zero mass of the photon.

We call the operation exchanging matter and antimatter C. Of course $C^2 = I$. Although we live in matter, Dirac found this new type of physical symmetry. To distinguish it from the geometrical symmetry, the Poincaré group, we call it an internal symmetry. It was a surprise in 1956 to discover that C is not an exact symmetry of physics: the laws of physics in antimatter are the same as those of physics in matter but with a supplementary exchange of left and right! Let us call this operation P. The electromagnetic effects (in contradiction to what I was badly taught at school – and maybe you too – with the Maxwell corkscrew, etc.) do not distinguish between right and left. Electromagnetism and gravitation theory have P in their symmetry group (and therefore the full E(3) group). This is not the case for radioactive phenomena, which are responsible for β-radioactivity, the decay of many particles, and some nuclear reactions inside the stars. They do not have P as a symmetry, but only the product $PC = CP$.

In 1964 a new, weaker force was discovered, occurring only in some phenomena (some decay modes of the K^0 meson) violating the symmetry PC. Only the product PCT is preserved, where T is badly called time reversal in our jargon. The precise meaning of T is as follows: at a given instant, reverse all velocities of the components of a physical system. Then these components will have the same trajectories as before, but will go "backward in time". This operation also changes the sign of the electric and magnetic field, since it reverses the velocities of the electrons inside the conductors. For instance, if you see a film of a satellite travelling around a planet, you cannot say whether the movie is going backward or forward (of course this is different for equilibrium states: if you see a piece of ice formed in a pan of water strongly evaporating, you know that the movie is going backward). This abstract PCT symmetry is fundamental; it is a consequence of Lorentz group invariance. If it were violated even partially in some phenomena, our whole physical theory would collapse!

Our universe itself is not in equilibrium. Since the twenties, we have known that it expands, starting from the Big Bang between 10 and 20 billion years ago. Billions of galaxies have been formed, each containing on average billions of stars. Our star, the Sun, is 4.6 billion years old. It has taken all this time in the universe, starting from primordial hydrogen, to make all the chemical elements constituting our own bodies. We are learning more and more about this history of the universe. How much do our physical laws depend on the universe's history? For instance, Dirac suggested that the gravitational constant may depend on the age of the universe. For the last fifteen years we have measured constantly the distance Moon–Earth up to a few centimeters and it seems that we can rule out the change suggested by Dirac. Also, we have strong evidence that the value of the dimensionless ratio $e^2/\hbar c$ (e is the electric charge of the electron), which rules atomic structure, has not changed during the past. This strengthens our ideas that physical laws are independent of our environment – may we say, of our universe? Has this a meaning?

A lecture on the symmetries of physical states would have been easier to illustrate. Their history is also fascinating. It has been discussed in the different workshops. In the XIXth century, for instance, the long chain of works by Weiss, Frankenstein, Hansel, Bravais, and Sohncke, led, in 1892, to the determination of the 230 classes of crystallographic symmetry; this determination was made independently by the Russian mineralogist Fedorov and the German mathematician Schönflies. (There are 17 such classes in two dimensions. They have all been represented by artists, if we consider *all* decorative patterns made in ancient Egypt, in European and Islamic art, and by African tribes.) Reflections on crystal symmetry led the Curie brothers to the discovery of piezoelectricity before P. Curie wrote the paper containing the two principles we quoted above. The study of symmetries of quantum mechanical states gave us powerful tools for computing their properties.

For brevity, let us now concentrate only on the exceptions to Curie's principles. Some were found by Euler. In 1834, while Jacobi was studying the equilibrium shape of a rotating mass of incompressible fluid in self-gravitational interaction, he found that above a critical value J_0 of the angular momentum J, the equilibrium shape is no longer an axially symmetric oblate ellipsoid (as Newton mediated for the Earth) but an ellipsoid with three unequal axes. Pursuing this study in 1884, Poincaré found a higher critical value J_1, above which the symmetry center disappears, and finally a new infinity of bifurcations at critical values J_2, J_3, etc. A similar loss of symmetry has been observed very recently in the fastest spinning bodies: some excited atomic nuclei (and probably in some elliptic galaxies).

This is only one example of the following general fact: when a problem has a symmetry group G, it may have a solution s_0 with a smaller symmetry group $H < G$. Then it has a whole family of solutions obtained from s_0 by the action of the group G. We say that these solutions form an orbit of G (see Fig. 3). The solution $s = gs_0$ obtained by transforming s_0 by $g \in G$ has the symmetry group $H_g = gHg^{-1}$ (indeed $gHg^{-1} gs_0 = g's_0$) conjugate to H (it might even be identical in some cases). We consider all these symmetries H_g to be of the same type (they are simply "rotated" by G).

I gave the ozone molecule as an example of such asymmetrical solutions. Crystals are also beautiful examples. Indeed the interactions between their constituents (atoms, ions, ...) are Euclidean invariants (they depend only on their separation), but the symmetry group H of the crystal is a subgroup of E(3) which contains only discrete translations and a few rotations and symmetries through planes, axes or points. We are very far from predicting for a given chemical compound the possible symmetries of its crystals, but in many cases we can explain the symmetry changes which occur at fixed values of temperature T, pressure p, etc. Nearly fifty years ago, Landau introduced a model for this. Equilibrium states are represented by the minimum of a thermodynamical potential $F(T, p, ...)$. When the temperature changes, this minimum may be transformed into a saddle point, or even to a maximum, and the system falls into another minimum (this is a phase transition with discontinuity, e.g. the "tin pest" in extremely cold winters), or "bifurcation" may appear to several minima which form an orbit of the symmetry group G of the unique minimum which existed before the phase transition (see Fig. 3).

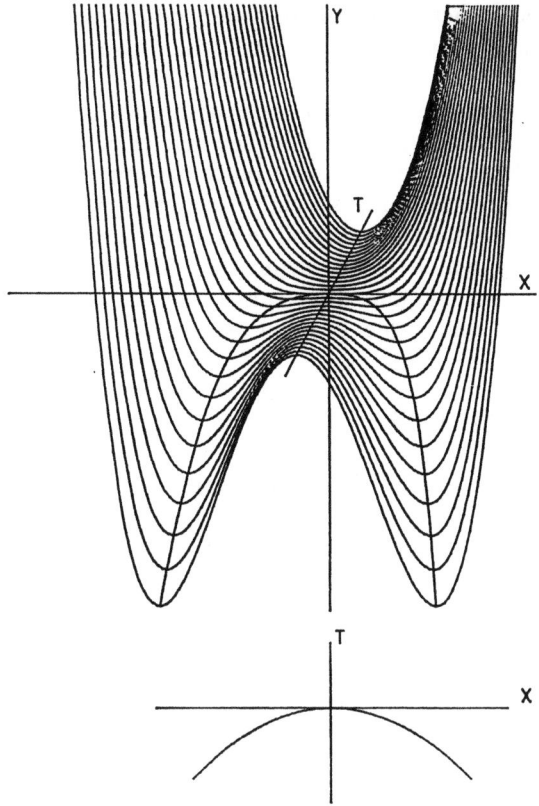

Fig. 3. Polynomial $y = x^4 + Tx^2$ is a simplified model, used by Landau for a thermodynamic potential with $T = \theta - \theta_c$, where θ is the temperature and θ_c the critical value at the phase transition. The polynomial is drawn for 30 values of T. Note that y is an even polynomial, i.e. it has the symmetry $x \leftrightarrow -x$. Its minima are $y = 0$ at $x = 0$ when $T > 0$ and $y = -T^2/2$ when $x_\pm = \pm\sqrt{-T/2}$ (the curve $2x_\pm^2 + T = 0$ is also shown) when $T < 0$; these two minima $x_\pm$ have no symmetry and are exchanged by $x \leftrightarrow -x$. When $T > 0$ and decreasing, the minimum representing the equilibrium state stays in the main, flat valley; at $T = 0$ a *bifurcation* appears: the choice between the two valleys is mainly made by chance.

The Landau model for phase transitions without discontinuities has gone through several improvements and has become reasonably successful at predicting the nature of the symmetry decrease (a violation of the second Curie principle!) which occurs when the temperature is lowered (the transition is reversible and the symmetry is restored when the temperature is raised above the critical temperature).

Which G orbit of the minima is chosen by the phase transition? This is left to change (fluctuation, presence of impurities, etc.). Often the choice will be different for different regions of space. If the G orbit is a discrete set of points (as in a crystal) there are domains, called "macles", corresponding to different possible states (often there are two types of domains; there is even a state of chromium with 24 types). When the G orbit of the possible equilibrium states is continuous, the choice between them may depend continuously on space with some discontinuities, the "symmetry defects" which can be classified topologically (see Fig. 4).

How do we know that we have a state with spontaneously broken symmetry? This might be difficult if we do not see macles or symmetry defects. Let us imagine that conduction electrons in a piece of copper are intelligent. They have explored their universe: it has special directions (those of reticular planes, for instance); they have studied them and they have been able to determine the crystallographic group which is the symmetry group of their universe. But would they be intelligent enough to recognize that the laws of physics in their universe are invariant under the group E(3) containing all translations, rotations and reflections?

Recognizing such a hidden symmetry is what man is presently doing for the internal symmetry of the fundamental interactions. It started in 1972. Eight years before, from what we already knew about the approximate internal symmetries of particle physics, Gell-Mann and Zweig had independently postulated that nucleons were not elementary particles, but composed of three quarks. High-energy experiments soon allowed us to see these quarks inside the nucleons, but not to isolate them. At present, five types of quarks (and antiquarks) are known; a sixth type is expected. Each quark has a new degree of freedom (outside space-time and spin) with three discrete values that were jokingly called "colors". So when Gell-Mann and Fritch found the theory governing quark and antiquark interactions, in 1972, they called it quantum chromodynamics. This theory is a simple extension of quantum electrodynamics (see above) except that the U(1) gauge group is replaced by a U(3) gauge group (n^2 is the number of gauge fields realizing a U(n) gauge group), because this theory has 9 zero-mass quanta: the photon and 8 "colored gluons". In the same year, after a long series of works mainly due to Nambu, Goldstone, Brout, Englert, Higgs, Glashow, Salam and Ward, Weinberg, etc., and finally t'Hooft, we were sure that the Maxwell-Dirac theory with a gauge group enlarged to U(2) uni-

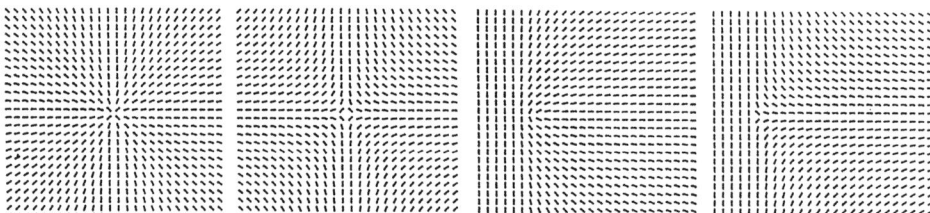

Fig. 4. Nematics are made of very elongated molecules. In the liquid phase, their direction is random. When the temperature decreases there is a transition to the liquid crystal phase: in it, molecules tend to be parallel. In a *perfect* state, the molecules are all strictly parallel, but generally the alignment is only local. These four schematic diagrams give examples of symmetry defects. For a two-dimensional fluid (very thin slice) they are topologically stable and distinct. As sections of a three-dimensional fluid, the two on the left are topologically equivalent to the perfect state, hence these are unstable. The two on the right are topologically equivalent and stable. (In a digital watch a weak electric field aligns the molecules along the shapes of the digits.)

fied electromagnetism, optics and radioactivity as well, provided this U(2) gauge symmetry was spontaneously broken to U(1) (for the massless photon), the 3 other quanta (corresponding to radioactivity and called $W^{\pm}$, Z^0) being as heavy as nearly one hundred nucleons. These predicted particles were created and observed in the big European accelerator (6 km circumference) at the CERN laboratory (near Geneva) in 1983.

After Newton and Dirac, this is the third spectacular discovery of a hidden symmetry of the laws of physics; this new hidden symmetry is not realized in our environment, meaning, this time, our whole universe.

As you may guess, this success led physicists to more speculations. Is it possible to unify electrodynamics, chromodynamics and radioactivity by enlarging the gauge group? At least 12 very massive gauge quanta have to be added to the 3 already discovered in 1983; since their mass is expected to be of the order of 10^{16} nucleon masses, we cannot make them for the time being. But such a theory implies that protons are unstable (with a mean life of 10^{32} to 10^{34} years!) and the existence of one stable topological symmetry defect (predicted independently by t'Hooft and Polyakov in 1974) behaving mostly as a magnetic monopole carried by a heavy mass (of the order of the microgram!). Experiments are presently going on all over the world, in order to observe these predictions. These tremendous efforts have not yet been rewarded by success. One could panic and give up. Physicists prefer to refine the experiments and, meanwhile, to speculate on a completely unified physical theory including gravitation. To produce this theory, one has to use supersymmetry (see above). But the most beautiful and perfect supersymmetry we know of can exist only in a space-time of eleven dimensions. To say the least, that is not our environment! However, we wonder if this perfect supersymmetry was not that of the Big Bang: it was P and C invariant, all gauge quanta had zero mass, space-time had 11 dimensions. During its evolution (a tiny fraction of the first second of expansion) all these symmetries were spontaneously broken (except the U(3) of chromodynamics), seven of the dimensions stayed at 10^{-34} meters, while four of the others, those of our space-time, grew to the actual size ($\sim 2 \cdot 10^{10}$ light years).

Theoretical speculations are necessary if we are to know what experiments and what observations we should make. What has been, since 1983, no longer speculation, is the knowledge that the beautiful hidden symmetry that has already been partly discovered in the laws of physics is *not* realized in the universe we live in.

Symmetrie und Symmetriebruch in der Sprache

Elmar Holenstein

Haiku sind japanische Kurzgedichte, bestehend aus 17 Silben. Primzahlen wie 17 gehören nicht zu den Zahlen, die wir spontan mit Symmetrie assoziieren. So ist man geneigt, japanischen Freunden ein Zugeständnis zu machen, wenn sie beteuern, ihre berühmten Kurzgedichte – neben den 17silbigen Haiku gibt es noch 31silbige Tanka – entzögen sich einer strukturalen Analyse. Nach der strukturalen Sprachwissenschaft (als Strukturalismus bekannt und modisch geworden) gründet der ästhetische Eindruck eines Textes universal, in allen Sprachen, auf Symmetrieerscheinungen, auf mehr oder weniger bewußten Parallelismen, gleichförmigen oder spiegelbildlichen Wiederholungen sprachlicher Strukturen, uns in der deutschen Dichtung am vertrautesten in der Gestalt von Reim und Rhythmus. Die These ist, daß sich nicht sagen läßt, *was* das Ästhetische oder, traditioneller, *was* Schönheit ist, so wenig, wie sich sagen läßt in der Psychologie, *was* Rot ist, oder in der Physik, *was* Kraft ist. Es läßt sich nur sagen, *wie*, unter welchen Bedingungen, mit welchen Eigenschaften (z.B. der Komplementarität, der Opposition oder der Implikation) und mit welchen Folgen sich so etwas wie Schönheit, ein Roterlebnis oder Kraft ergibt. Darüber hinaus wird, *was* es ist, wer es nicht erspürt, nicht erjagen.

Sind Haiku mit ihrer ästhetischen Dichte eine Ausnahme? Die dem Anschein nach sperrige Zahl 17 schließt eine symmetrische Gliederung keineswegs aus. Ebenso kanonisch eingehalten wie die Gesamtzahl der Silben wird in der klassischen Haikai-Dichtung ihre Aufteilung in drei Verse von fünf, sieben und fünf Silben. Das berühmteste Haiku des berühmtesten Haikai-Dichters, Bashō Matsuo (1644–1694), lautet:

Furu-ike ya	Der alte Teich:
Kawazu tobikomu	Ein Frosch springt hinein,
Mizu no oto	Des Wassers Laut.

Man kann sich ein Gedicht einer fremden Sprache, bei der man auf eine Übersetzung angewiesen ist, nicht ohne die Kenntnisnahme der Lautstruktur zu Gemüte führen. Wie etwas gesagt wird, wirkt sich auf das aus, was gesagt wird. Nicht selten sind Lautgestalt und Sinngehalt nicht nur je für sich symmetrisch gegliedert, sondern auch im Verhältnis zueinander. Gleiches gilt für die gram-

matische Struktur, deren Wirkung infolge ihrer Abstraktheit weitgehend unterschwellig bleibt. Wie manche Musikkenner in einem Konzert nicht auf die Begleitlektüre der Partitur verzichten mögen, so Poesiekenner bei Gedichtübersetzungen nicht auf einen begleitenden grammatischen Kommentar.

Bei der ausgeprägten Lautstruktur von fünf, sieben und fünf Silben erwartet man auf der grammatischen Ebene entweder eine Entsprechung oder aber einen spürbaren Bruch in der Symmetrie. Asymmetrie ist als Kunstmittel nicht einfach fehlende Symmetrie, sondern Abweichen von Symmetrie in einer Weise, daß eine nicht-realisierte Symmetrie insinuiert wird, auf deren Hintergrund die Asymmetrie als Antisymmetrie, als Symmetriebruch erfahren wird. Asymmetrie setzt als Stilmittel die Erfahrung von (wenn nicht real, so mindestens fiktional erfahrener) Symmetrie voraus. Es wäre keine Überraschung, wenn sich Symmetrie als das phylo- und ontogenetisch ältere Stilmittel erweisen ließe. Gleichzeitig dürfte der Symmetriebruch wegen der impliziten Kontrastwirkung der stärkere Kunstgriff sein als die schlichte Symmetrie.

In Bashōs Gedicht kommt es zu einer grammatischen Verdoppelung der Grundstruktur: Nominalphrase – Satz – Nominalphrase. (Eine Nominalphrase besteht aus einem Nomen, das von einem anderen Wort, einem Adjektiv oder einem zweiten Nomen, modifiziert wird. In der ersten Zeile ist das Adjektiv *furui* mit dem folgenden Nomen zu einem Wort zusammengesetzt, übersetzbar als ‚Altteich'. Ein Satz besteht in prototypischen Fällen aus einem Nomen und einem Verbum, einem Subjekt und einem Prädikat.)

Die grammatische Symmetrie ist bis auf eine Nuance vollkommen. Die beiden parallelen Zeilen, die erste und die dritte, enthalten je ein Funktionswort, *ya* die erste, *no* die dritte, *ya* am Schluß der Anfangszeile, *no* jedoch und sinnigerweise in der Mitte der Schlußzeile. *no* ist eine Postposition, das Pendant zu unserer Präposition ‚von' im Ausdruck ‚Laut von Wasser', also eine Art Bindewort. *ya* ist dagegen ein in Haiku häufig vorkommendes *kireji*, ein Trennwort oder, wörtlicher, Schneidezeichen, bei einer schriftlichen Übersetzung im Deutschen am besten mit einem Ausrufezeichen oder einem Doppelpunkt wiederzugeben. Das Schneidezeichen *ya* entscheidet die in einem Dreizeiler über die Symmetrie zwischen der ersten und der dritten Zeile hinaus immer auch mögliche Asymmetrie, indem es eine, hier die erste Zeile, von den zwei anderen abhebt, als etwas Selbständiges anzeigend. (Nach der Überlieferung kam die erste Zeile als letzte zum Gedicht hinzu, nachdem die beiden anderen Verse bereits feststanden, und nachdem Bashō seine Schüler nach Vorschlägen gefragt hatte, die er dann mit seiner Version konterte.)

Selbst bei der schriftlichen Wiedergabe kommt es bei diesem vollkommensten aller Haiku zu einer Wiederholung der Grundstruktur. In der ersten Zeile ist nach einer der von Bashō überlieferten Schreibweisen das Verhältnis der chinesischen Wort- zu den japanischen Silbenzeichen 1:3, in der zweiten 1:5 und in der dritten wiederum 1:3. (In der beigefügten kalligraphischen Wiedergabe ist das Verhältnis 2:1, 2:3, 2:1.) Eine solche Nachdoppelung in der Schrift ist eine Ausnahme und mag als Zufall abgetan werden. Aber nicht bestreiten wollen wird man einem Zufall, daß auch er zur Perfektion eines Gedichtes beizutragen vermag.

Sinn und Stimmung eines Gedichtes sind nie unabhängig von seiner formalen (lautlichen, gegebenenfalls schriftlichen, und grammatischen) Struktur. Formale Zusammenhänge stiften Sinnzusammenhänge. Lautformen, die einander gleichen, färben auch in der Bedeutung aufeinander ab.

In der Dichtung wird jede spürbare Ähnlichkeit [Symmetrie] im Laut im Hinblick auf die Ähnlichkeit [Symmetrie] und/oder Unähnlichkeit [Asymmetrie] in der Bedeutung ausgewertet. (Jakobson 1960: 44)

Solchen formalen Zusammenhängen ist bei einer Deutung zuerst nachzugehen, noch vor den Verweisen, die der weitere kulturelle Zusammenhang möglicherweise aufscheinen läßt. In den beiden symmetrisch strukturierten Versen, dem ersten und dem dritten, stehen sich gegenüber etwas, das Bestand hat, sozusagen soweit man sich erinnern kann, ein alter Weiher, und etwas so Vergängliches wie der Hall von Wasser, ausgelöst vom Sprung eines Frosches, von dem man weiß, daß er abrupt, ohne äußerlich sichtbaren Kausalzusammenhang auftreten kann, anscheinend unmotiviert. Das die Änderung auslösende Ereignis steht in seiner ganzen Unbedeutendheit im mittleren Vers, durch die Siebenzahl seiner Silben besonders herausgehoben und auch dadurch, daß es so formuliert ist, wie Ereignisse prototypisch berichtet werden, dynamisch mit einem Verbum, während der Zustand, den es unterbricht, und die Wirkung, die es hat, gegenständlich mit einer Nominalkonstruktion bezeichnet werden.

Ein anderer Gegensatz, den das Gedicht gleichfalls insinuiert, ist der zwischen der Stille, die mit dem alten Teich verbunden wird, und dem Laut des Wassers, der vom Sprung der Frosches herrührt — auch dies ein Gegensatz von zwei ungleichgewichtigen Gegebenheiten. Vom Laut bleibt hauptsächlich, wie sein Nachklang langsam wiederum in die Stille übergeht, die er vorübergehend unterbrochen hat, in Bashōs Gedicht lautmalerisch angezeigt durch die vier dunklen und flachen Vokale *u* und *o*, die im dritten Vers dem ersten hellen *i*-Laut folgen.

Silbenzahl:	5	7	5
Grammatik:	Nominalphrase Funktionswort	Satz	Nominalphrase Funktionswort
Schriftzeichen:	1:3 (2:1)	1:5 (2:3)	1:3 (2:1)
Sinngehalt:	Beständigkeit Stille		Vergänglichkeit Laut

Symmetrische Verhältnisse in der Form, so geht ein Einwand, mögen in dichterischen Texten eine analoge Struktur im Inhalt insinuieren oder aber durch den Kontrast gerade eine Asymmetrie in dem, was gesagt wird, verdeutlichen. Neben der *Poesie* und von ihr grundverschieden gebe es jedoch die *Prosa*. In ihr bestimme nicht, wie etwas gesagt wird, was gesagt wird, sondern umgekehrt, was gesagt wird, entscheide, wie etwas gesagt wird, dem Zweck entsprechend eben prosaisch.

Aber Prosa und Poesie sind einander nicht entgegengesetzt wie gerade und ungerade bei den Zahlen oder wie Rot und Grün bei den Farben, bei denen es keinen graduellen Übergang vom einen zum anderen gibt. Prosa und Poesie verhalten sich vielmehr vergleichbar mit Rot und Gelb, die beliebige Mischungen, Rot mit einem Stich ins Gelbe oder umgekehrt Gelb mit einem Stich ins Rote zulassen. Prosa und Poesie verhalten sich, mit einem alternativen Vergleich, wie Röte und Helligkeit. Röte und Helligkeit sind nicht dasselbe, aber sie schließen sich auch nicht aus. Ein Rot ist immer mehr oder weniger hell und ebenso ist Prosa immer mehr oder weniger poetisch. Ausschlaggebend für den poetischen Charakter von Prosa ist die Dichte der Symmetriebeziehungen.

Symmetriebeziehungen können mehr oder weniger latent sein. Der Eindruck des Poetischen ist daher von der Sensibilität des Rezipienten abhängig. Es gibt Leser, die es sich zum Vergnügen machen, ausgewählte Prosatexte in freier Versform zu rezitieren. In freien Versen sind die Symmetriebeziehungen auf die Syntax und, von ihr abhängig, die Intonation konzentriert. Der russische Sprachwissenschaftler Roman Jakobson hörte in der einfachen Aufschrift auf einem Schild in einer schweizerischen Gartenwirtschaft

In diesem Teil wird nicht serviert

noch vor der Aufforderung, sich in den anderen Teil des Gartens zu setzen, den vierfachen Jambus heraus:

In diésem Téil wird nicht serviért.

Die schlichte Wiederholung eines Musters ist eine Grundoperation zur Erzeugung von Symmetrie.

Nach funktionalistischer Auffassung bestimmt die Funktion die Form: *Form follows function*. Nach strukturalistischer Auffassung verschaffen sich in der Sprache vorgegebene Formen Ausdruck, die bei Gelegenheit funktional ausgewertet werden. Bei der Entschlüsselung des genetischen Codes stellte es sich heraus, daß dieser in einem gewissen Ausmaß eine Struktur aufweist, die man zuvor als eine ausschließliche Eigentümlichkeit menschlicher Sprachen betrachtet hatte. Der genetische Code ist wie die menschliche Sprache doppelt artikuliert. Eine Gliederung von Einheiten, die eine bloß bedeutungsunterscheidende Funktion haben (Phoneme hier, Nukleotide dort) und binär strukturiert sind, erscheint integriert in eine zweite, lineare Gliederung von Einheiten, die eine bedeutungsbestimmende Funktion haben (Wörter hier, Codons dort). In einer Diskussion vertrat Roman Jakobson, einer der Väter des Strukturalismus, die Vermutung, daß die Struktur der Sprache, die ihrerseits ein biologisches Phänomen sei, der Struktur der Molekulargenetik nachgebildet sei. Der Biologe François Jacob, Nobelpreisträger und sein Freund, widersprach ihm mit einer funktionalen Erklärung. Das gleiche Problem, „mit etwas Einfachem etwas Kompliziertes zu machen", habe in beiden Fällen zur gleichen, zur besten Lösung geführt: Mit einer kleinen Zahl von Symbolen, in verschiedener Weise verbunden, werde eine große Zahl von Informationen vermittelt. Die Analogie in der Struktur gründe, so Jacob, auf der Analogie in der Funktion und nicht umgekehrt.

Man ist geneigt, in diesem Fall dem Biologen zuzustimmen. Aber Jakobson, der die ebenso fachkompetente wie fachtypische Argumentation des Gesprächspartners wohl zu gewichten wußte, gab weiterhin seiner Sicht der Dinge den Vorzug. Es ist nicht die Aufgabe des Philosophen, in einer Sachfrage zu richten, die, wenn sie entscheidbar ist, dies empirisch ist. Aufgabe des Philosophen ist es nur, Alternativen zu den vorherrschenden Meinungen offen zu halten, indem er ihren Hintergrund freilegt.

In jenen Jahren der Diskussion über die sprachanaloge Struktur des genetischen Codes wurde Jakobson durch einen anderen Freund, den Physiker Victor F. Weisskopf, seinen Kollegen in Harvard, auf Hypothesen aufmerksam, nach denen einige auffällige Symmetrien in der Makrobiologie, die bilaterale Symmetrie des tierischen Körpers und die Rotationssymmetrie von Blumen, ableitbar sein könnten aus entsprechenden Symmetrien in der Zellbiologie, die ihrerseits zurückzuführen wären auf die Regelmäßigkeiten der subatomaren Vorgänge in Abhängigkeit von deren Wellennatur. Solche morphologische Hypothesen entsprachen Jakobsons Weltanschauung, einem russischen Erbe, geprägt von byzantinischen Denkschemen, von Vorstellungen der Welt als Kosmos, von einer in der Natur der Sache selbst angelegten Harmonie, und von Vorstellungen der Ebenbildlichkeit von himmlischen und irdischen Ordnungen, säkularisiert: von Ordnungen unterschiedlicher Stufen, einer Ebenbildlichkeit gegründet auf Abkünftigkeit.

Ein Aufsatz Jakobsons zur „Unterschwelligen sprachlichen Gestaltung in der Dichtung" ist dazu aufschlußreich:

> Als der russische Dichter Chlebnikov die Neigung zu den häufigen fünffachen Lautwiederholungen in der Dichtung, insbesondere in ihren freien, überbewußten Spielarten, beobachtete und untersuchte, veranlaßte ihn diese Erscheinung zu Vergleichen mit den fünf Fingern oder Zehen und mit der ähnlichen Aufmachung von Seestern und Honigwabe. Wie fasziniert wäre der ewige Sucher weitreichender Analogien gewesen, hätte er erfahren, daß die erstaunliche Tatsache mehrheitlich fünffacher Symmetrien bei Blumen und bei menschlichen Gliedmaßen jüngst zu Diskussionen unter Naturwis-

senschaftlern geführt hat. Nach Victor Weisskopfs Aufsatz „Die Rolle der Symmetrie in nuklearen, atomaren und komplexen Strukturen" hat „ eine statistische Untersuchung der Gestalt von Schaumblasen ergeben, daß die Vielecke, die an jeder Blase durch die Berührungslinien mit den angrenzenden Blasen gebildet werden, allermeist Fünf- oder Sechsecke sind. Die durchschnittliche Winkelzahl dieser Vielecke ist 5,17. Eine Ansammlung von Zellen sollte eine ähnliche Struktur haben. Das regt zum Gedanken an, daß von Berührungspunkten besondere Wachstumsprozesse ausgehen, die möglicherweise die Symmetrie in der Anordnung dieser Punkte widerspiegeln." (Jakobson 1970 a: 139 f.)

Man fragt sich natürlicherweise, weshalb ausgerechnet symmetrische Erscheinungen für uns ästhetisch reizvoll sind, ein klassisches Schönheitsideal geworden sind. Auch hier hat man die Wahl zwischen einer funktionalen und einer strukturalen Spekulation. Symmetrische Verhältnisse sind leicht wahrnehmbar, günstig verarbeitbar und gedächtnisstabil. Es scheint nur funktional zu sein, wenn so vorteilhafte Strukturen durch Wohlgefälligkeit zusätzlich gefördert werden. Ist also Symmetrie wiederum nur eine Form, die sich ihrer Funktion verdankt? Strukturalisten werden versuchen, das ästhetische Wohlgefallen seinerseits als eine Symmetrieerscheinung nachzuweisen (die seelische Ausgewogenheit, die mit einem Wohlgefallen einhergeht, mag als Indiz dienen), die sich bei den zugrundeliegenden symmetrischen Wahrnehmungsprozessen natürlicherweise einstellt. Abermals wird man sich, solange eine empirische Entscheidung aussteht, für beide Erklärungen offenhalten.

Ein Zusammenhang zwischen Symmetrie und Funktionalität (wie auch Ästhetik) ist empirisch nachweisbar bei *Entsprechungen zwischen Form und Inhalt* sprachlicher Äußerungen. Es gab eine Zeit, in der eine Gleichheitserfahrung zwischen Inhalten verschiedener Phänomenbereiche unmöglich schien und nur als subjektive Redeweise, ohne Fundament in der Sache selber, geduldet wurde. Aber man spricht in geschichtlich voneinander ganz und gar unabhängigen Sprachen nicht nur von hellen und dunklen Farben, sondern ebenso von hellen und dunklen Lauten. Die Gleichsetzung von Farben und Tönen läßt sich nicht kulturabhängig oder gar als subjektive Willkür erklären. Synästhetische Übereinstimmungen gründen offensichtlich im Beziehungsgeflecht des Wahrgenommenen, in seinen relationalen Systemeigenschaften. Wir erfassen sie bei aller Abstraktheit ebenso unmittelbar wie den konkreten Stoff, in dem sie realisiert sind.

Relationale Entsprechungen gibt es nicht nur zwischen verschiedenen Sinnesmodalitäten wie Hören und Sehen, sondern auch zwischen sinnlichem und verstandesmäßigem Erfassen und zwischen verschiedenen Weisen des verstandesmäßigen Erfassens, zwischen Laut und Bedeutung und ebenso zwischen Syntax und Semantik. (Solche Verhältnisse nennt man seit Peirce's Zeichenklassifikation ikonisch.)

Nomen est omen

ist ein Sprichwort, das manchem in der Erinnerung haften bleibt, dem sonst sein Latein entschwunden ist. Lautgestalt und Sinngehalt entsprechen sich.

Dasselbe, was schlicht behauptet wird, die Identität von *nomen* und *omen*, wird auch durch die Gleichheit der Wörter (und das Enthaltensein des zweiten im ersten) suggeriert. Die Gleichsetzung von *nomen* und *omen* erfolgt – doppelt codiert – zugleich auf syntaktischem und auf assoziativem Weg.

Guten Morgen!

ist ein Standardgruß. Er kann verlängert werden zu

Einen schönen, guten Morgen!,
Einen schönen, guten Morgen wünsch ich Ihnen!

usf. Er wird auch verkürzt:

Morgen!

Universal, in allen Sprachen, gilt: Je länger der Gruß, desto höflicher und formeller, je kürzer, desto informeller. Fremden und Respektpersonen gegenüber halten wir physische Distanz, (kognitiv) zum Ausdruck und (funktional) zur Aufrechterhaltung der gesellschaftlichen Distanz. Ebenso nehmen wir uns mehr Zeit. Sprachlich bringen wir unser Verhältnis zum Gesprächspartner zugleich formal und inhaltlich zum Ausdruck.

Sprachliche Äußerungen sind zeitliche Sequenzen. Viele beziehen sich auf Vorkommnisse, die ihrerseits zeitlich aufeinanderfolgen. Allgemein werden Sprachsequenzen bevorzugt, die sich mit der chronologischen Abfolge der besprochenen Ereignisse decken. Kinder beherrschen anfänglich nur Äußerungen, die solche zeitliche Symmetrien respektieren. Sie verstehen in einer gewissen Entwicklungsphase

Nachdem Peter gegessen hatte, spielte er

richtig, den Satz

Bevor Peter spielte, aß er

jedoch so, als ob das Spiel dem Essen vorangegangen wäre.

Sprachliche Äußerungen sind auch logische Konstruktionen. Wenn ein Wort mit einem anderen in seiner grammatischen Form übereinstimmt, dann ist es ein Wort, das auch in seinem semantischen Gehalt von dem anderen abhängig ist. Die Bedeutung von *schnell* ist nicht dieselbe in der Rede von ‚einer schnellen Schnecke' und in der Rede von ‚einem schnellen Hasen'. *Schnell* deckt sich (in Numerus, Genus und Kasus) mit *Schnecke* und *Hase* und nicht umgekehrt. Hier hängt die Form eindeutig von der Bedeutung ab. Bei den vorangehenden Beispielen ist die Abhängigkeit wechselseitig.

Wenn mehrere Adjektive ein Nomen begleiten, steht – *ceteris paribus,* wenn keines der Adjektive zur Identifikation des Gegenstandes notwendig ist oder zur Hervorhebung einer Eigenschaft gebraucht wird – dasjenige Adjektiv näher beim Nomen, das eine dem Gegenstand mehr inhärente, weniger äußerliche und weniger leicht änderbare Eigenschaft bezeichnet. Wir sprechen von ‚einem *großen silbernen* Becher' und nicht ohne weiteres von ‚einem *silbernen großen* Becher', von ‚einem *schönen großen* Becher' und nicht ohne weiteres von ‚einem *großen schönen* Becher'. Was sachlich enger verschränkt ist, wird auch sprachlich enger verknüpft. Ein Materialadjektiv (*silbern*) steht näher beim Nomen als ein Formadjektiv (*groß, rund*), ein Formadjektiv näher als ein Wertadjektiv (*schön*), ein verhältnismäßig neutral wertendes Adjektiv (*schön*) näher als ein stark subjektiv, emotional wertendes Adjektiv (*wundervoll*). Wir sagen eher ‚ein *wundervoller schöner* Becher' als ‚ein *schöner wundervoller* Becher'. (Bei der jeweils zweiten Wendung sind wir eher geneigt, ein Komma zu setzen.)

Aber die Verhältnisse sind variabel. Wenn es die Funktion der Rede erfordert, werden strukturale Motive überrannt. Wir können, wenn es der Information förderlich ist, eine dem bezeichneten Gegenstand inhärente Eigenschaft einer äußerlichen voranstellen und ebenso ein späteres einem früheren Ereignis. In solchen Fällen triumphiert jedoch nicht immer sachlich bedingte Asymmetrie über subjektiv gefällige Symmetrie, sondern ein Symmetrieverhältnis über ein anderes, rivalisierendes. Das wichtigere Merkmal oder Ereignis (z. B. im zitierten Satz ‚Bevor Peter spielte, aß er') wird vorgezogen zugunsten einer Symmetrie zwischen sachlicher Rangfolge und sprachlicher Reihenfolge, von der gleich noch auffälligere Beispiele vorzustellen sind. Die menschliche Sprache ist ein *multisymmetrisches* Gebilde, in dem verschiedene Symmetrietendenzen miteinander teils konvergieren, teils konkurrieren.

Symmetrien zwischen Sprache und Besprochenem

Sprachliche Distanz (Länge der Grußformel)
Gesellschaftliche Distanz (Grad der Höflichkeit)

Zeitliche Reihenfolge des Berichts
Zeitliche Reihenfolge des Berichteten

Grammatische Abhängigkeit
Sachliche Abhängigkeit

Nähe der Adjektive zum Nomen
Inhärenz der Eigenschaften im Gegenstand

Reihenfolge in der Aufzählung
Rangfolge in der Wirklichkeit

In der Physik spricht man von abnehmenden Symmetrien in der Evolution des Kosmos, in der Biologie von zunehmenden Symmetrien in der Evolution des Lebens, ermöglicht gerade durch den Bruch in fundamentalen physikalischen Symmetrien. Gegenläufige Entwicklungen sind auch in der Geschichte der Sprache beobachtbar. Symmetrische Entsprechungen, wie die zeitliche zwischen Bericht und Berichtetem, die wegen ihrer Natürlichkeit den Beginn des Spracherwerbs prägen, werden zunehmend zugunsten des Ausdruckspotentials, das von jeder sprachlichen Variation vermehrt wird, gebrochen. Andererseits greift man zur Erhöhung der Verständlichkeit immer wieder auf Symmetrien zurück. Zudem erweisen sich besonders prägnante Entsprechungen zwischen lautlicher oder syntaktischer Form und semantischem Inhalt, einmal etabliert, dem allgemeinen Sprachwandel gegenüber durch erhöhte Resistenz aus. Symmetrie nimmt so auch zu.

In der Mathematik haben wir das Gesetz der Kommutation gelernt: Die Reihenfolge der Zahlen, die addiert werden, wirkt sich nicht auf das Ergebnis aus: 1 + 2 = 2 + 1. Die Reihenfolge ist ohne Bedeutung. In natürlichen Sprachen ist es anders. Nehmen wir Aufzählungen von Politikern. Wir lesen gewöhnlich: ‚Kohl und Genscher', ‚Mitterand und Chirac', ‚Reagan und Schultz', ‚Gorbatschow und Schewardnadze', nicht umgekehrt ‚Genscher und Kohl', ‚Chirac und Mitterand',... Die Regel ist: Der Höherrangige erhält auch in der Aufzählung die erste Stelle. Es gibt eine Symmetrie zwischen der politischen Rangfolge und der sprachlichen Reihenfolge. Die Regel läßt sich verallgemeinern. Bei einer Aufzählung wird das bedeutendere Element dem weniger bedeutenderen vorgezogen. Bei Getränken ulken Sprachwissenschaftler von einer ‚Alkoholregel': Das stärkere wird vor dem schwächeren Getränk genannt, besonders geläufig im Englischen: *scotch and soda, gin and juice.*

Gegenbeispiele fallen ein. Wir sprechen nicht nur von ‚Kaffee und Milch', sondern ebenso geläufig von ‚Milch und Kaffee'. Aber doch in Abhängigkeit davon, was das Hauptgetränk ist und was die Zutat. Die Ausnahme bestätigt eine umfassendere Grundregel, nach der die Reihenfolge in einer natürlichsprachlichen Aufzählung anders als in der formalen Ausdrucksweise der Mathematik mit der sachlichen Rangordnung des Aufgezählten zu tun hat.

Sind die aufgezählten Elemente gleichwertig, wird, wohl aus rhythmischen Gründen, das kürzere Wort vorgezogen: ‚Max und Moritz', ‚Sinn und Bedeutung', ‚nie und nimmer'. Aber die semantische Funktion der Form ist stärker als die poetische. Geläufige Aufzählungen wie ‚Peter und Paul' zeigen es.

Symmetrie ergibt sich, wenn Gegebenheiten bei einer Änderung in gewisser Hinsicht unverändert bleiben. Für natürliche Sprachen gilt nun, daß formale (lautliche oder grammatische) Änderungen, früher oder später inhaltliche (semantische) Änderungen nach sich ziehen (‚Universität' und ‚Hochschule' waren einmal gleichbedeutende Bezeichnungen; sie sind es nicht mehr), wenn sie nicht von vornherein semantisch motiviert sind (wie Umstellungen in der Aufzählung von Personen und Sachen). Vollkommene Synonymie, perfekte semantische Symmetrie, ist in natürlichen Sprachen instabil, ephemer.

In den künstlichen Zeichensystemen der Logik und Mathematik spielt die Bedeutungsgleichheit über formale Transformationen hinweg eine wichtige Rolle. Es geht um Beweise, um den Nachweis von Identität oder Widerspruch, um Ableitungen und Reduktionen. In natürlichen Sprachen ist die Symmetrie zwischen formaler Struktur und Sinnstruktur wichtiger als die semantische Symmetrie über formale Transformationen hinweg. Es gehört zur Eigenart natürlicher Intelligenz, denselben Gehalt mehrfach zu codieren, zugleich sinnlich und verstandesmäßig, grammatisch und lexikalisch, bildhaft und satzhaft. Der Grund? Das Verständnis wird gefördert und, dank der redundanten Vielfalt, auch das Netz der Assoziationen.

Die Wortstellung bei Aufzählungen ist nicht der einzige Fall, in dem die Symmetrie, die in formalen Sprachen herrscht, in natürlichen Sprachen gebrochen ist. Ein anderes Beispiel — mit weitreichenden Implikationen — sind *Wortpaare für einander polar entgegengesetzte Eigenschaften.*

Peter hat *mehr* Freunde als Paul

ist gleichbedeutend mit

Paul hat *weniger* Freunde als Peter.

Logiker schreiben *viel* die gleiche Bedeutung zu wie *nicht wenig* und *wenig* dieselbe wie *nicht viel*. Der natürliche Sprachgebrauch verweist jedoch auf ein komplexeres Verhältnis. Der Satz

Peter hat *soviel* Freunde wie Paul

ist keineswegs gleichwertig mit dem Satz

Peter hat *sowenig* Freunde wie Paul.

Der zweite Satz insinuiert, daß beide, Peter und Paul, verhältnismäßig wenig Freunde haben. Der erste Satz besagt nichts über die tatsächliche Größe des Freundeskreises der beiden.

Analoge Sprachspiele sind mit allen polaren Adjektiven möglich, mit *groß* und *klein*, *lang* und *kurz*, *warm* und *kalt*, *alt* und *jung*, *reich* und *arm*, *gut* und *schlecht* usf. Für sie alle gilt dasselbe teils symmetrische, teils asymmetrische Verhältnis, ebenso für Nomina, am vertrautesten und am problematischsten bei solchen, die das Geschlecht anzeigen. Zur Einführung ein harmloses Beispiel:

Ein *Hund* steht vor der Tür.

Der Gebrauch des Wortes *Hund* in diesem Satz zeigt nicht an, ob es ein männliches oder ein weibliches Tier ist. Wenn ich aber nachfrage:

Ist es ein *Hund* oder eine *Hündin?*

meint dasselbe Wort *Hund* in diesem kontrastiven Zusammenhang, in der Gegenüberstellung zu *Hündin*, ein männliches Tier.

Analog wie *wenig* in neutralen Kontexten mehr Information enthält als *viel*, so auch *Hündin* im Verhältnis zu *Hund*. Bei *Hündin* ist die Mehrinformation morphologisch ausgedrückt, mit der Endung, die das Geschlecht anzeigt. Das Wort ist mit einem Geschlechtsmerkmal versehen, dem Merkmal *weiblich*. *Hündin* wird entsprechend als merkmalhaltiger (markierter) Ausdruck bezeichnet, *Hund* als merkmalloser (unmarkierter). Bei *Hund* sind zwei Verwendungsweisen möglich, eine allgemeine, neutrale, die nichts über die Gegebenheit oder Nicht-Gegebenheit des Merkmals *weiblich* besagt, und eine spezifische, kontrastive, von der kontextabhängig die Nicht-Gegebenheit des Merkmals *weiblich* signalisiert wird.

merkmalhaltiger Ausdruck:	Anzeige der Eigenschaft E
merkmalloser Ausdruck	
(a) neutral:	Nicht-Anzeige der Eigenschaft E
(b) kontrastiv:	Anzeige der Eigenschaft Nicht-E

Für die polaren Adjektive gilt dasselbe Verhältnis, obwohl eine äußere Kennzeichnung durch ein zusätzliches Morphem meistens fehlt. *Groß* ist der merkmallose Ausdruck, *klein* der merkmalhaltige. *Klein* bedeutet eine Beschränkung im Ausmaß eines Gegenstandes (‚ein *kleiner* Mann'). *Groß* kann neutral gebraucht werden, ohne daß über eine solche Beschränkung etwas gesagt wird (‚Der Mann ist x cm *groß*'), oder aber kontrastiv zur Angabe der Abwesenheit einer entsprechenden Beschränkung (‚ein *großer* Mann').

Eine ganze Reihe von Eigentümlichkeiten korreliert mit der Merkmalhaltigkeitsbeziehung. Zwei kamen bereits zur Sprache: (1) In neutralen Zusammenhängen kann anstelle des merkmalhaltigen Ausdrucks auch der merkmallose stehen, aber nicht umgekehrt: Wenn eine Hündin vor der Tür steht, kann ich auch von einem Hund sprechen, nicht aber bei einem männlichen Hund von einer Hündin, außer in einem übertragenen Sinn. (2) Wenn ein Ausdruck eine komplexere morphologische Struktur aufweist, ist es gewöhnlich der merkmalhaltige Ausdruck. Bei den bislang aufgezählten Adjektivpaaren haben wir keinen solchen Unterschied festgestellt. Aber wenn er möglich ist, trifft es asymmetrisch den merkmalhaltigen Ausdruck. Wir können ohne weiteres *ungut* und *unschön* sagen, aber kaum **unschlecht* und **unhäßlich*. Ein merkmalloser Ausdruck wird leichter mit einer Negation in einen merkmalhaltigen verwandelt als umgekehrt ein merkmalhaltiger in einen merkmallosen.

Andere Eigentümlichkeiten, die alle miteinander zusammenhängen, sind: (3) Wenn einer der beiden Ausdrücke fehlt oder weniger geläufig ist, dann ist es der merkmalhaltige Ausdruck: *seicht* (merkmalhaltig) ist im Deutschen vielen weniger geläufig als *tief* (merkmallos). Im Französischen fehlt das Pendant zum deutschen *seicht*. Eine Umschreibung mit dem merkmallosen Ausdruck ersetzt es: *peu profond*. (4) Die merkmallosen Ausdrücke haben eine höhere Frequenz als die merkmalhaltigen. (5) Die merkmallosen Ausdrücke werden im Aufbau der Sprache von Kindern früher erworben als die merkmalhaltigen. (6) Bei einem Abbau der Sprache, individuell bei einer Aphasie und kollektiv bei einem Sprachwandel, gehen die merkmalhaltigen Ausdrücke spiegelbildlich zum Aufbau früher verloren als die merkmallosen.

Die Merkmalhaltigkeitsbeziehung ist ein universales sprachliches Phänomen. Sie ist nicht auf die Semantik beschränkt. Sie wurde zuerst in der Phonologie entdeckt. Auch auf der grammatischen Ebene gibt es eindrückliche Beispiele. Die Einzahl ist z. B. gegenüber der Mehrzahl merkmallos. Die Neutralitätsprobe belegt es: Wir können statt (merkmalhaltig) von *den* Elefanten, die in Afrika leben, (merkmallos) von *dem* Elefanten, der in Afrika lebt, sprechen.

Im poetischen Gebrauch der Sprache stellten wir die Überlagerung einer symmetrischen Beziehung durch eine asymmetrische Beziehung als ein beliebtes Stilmittel fest. Eine Asymmetrie in der Bedeutung erhält ihren ästhetischen Reiz durch eine ihr zugrundeliegende Symmetrie im Laut und/oder in der Syntax. Mit der Merkmalhaltigkeitsbeziehung stellen wir jetzt eine solche Überlagerung einer symmetrischen Beziehung durch eine asymmetrische Beziehung in der Grundstruktur der Sprache selber fest.

Zwei Gegensätze überlagern sich in der Beziehung zwischen einem merkmallosen und einem merkmalhaltigen Ausdruck. Der eine Gegensatz ist der zwischen der Anwesenheit und der Abwesenheit einer Eigenschaft. Der Gegensatz ist, formal (kontextfrei) betrachtet, ein symmetrischer. Die Vorzeichen *plus* und *minus* sind austauschbar. + *weiblich* ist gleich – *männlich* und + *männlich* ist umgekehrt gleich – *weiblich*. Der andere, asymmetrische Gegensatz ist der zwischen der Bestimmtheit und der Unbestimmtheit einer Eigenschaft. Im Satz

Ein *Kater* steht vor der Tür

ist das Geschlecht bestimmt. Nicht so im Satz

Eine *Katze* steht vor der Tür.

Was entscheidet, in welche Richtung die Symmetrie zwischen zwei einander polar entgegengesetzten Eigenschaften gebrochen wird? Ist es bloßer Zufall, daß bei den Hunden im Deutschen das männliche Tier mit dem merkmallosen, allgemeingültigeren Ausdruck bedacht wird und bei den Katzen das weibliche? In romanischen Sprachen ist auch bei Katzen das männliche Geschlecht das merkmallose (vgl. franz. *le chat*). Daß bei den größeren Tieren in den meisten Sprachen mehrheitlich das Männchen den merkmallosen Ausdruck erhält, spricht eher gegen eine Zufallsverteilung. Bei den Menschen ist nur in ganz wenigen Sprachen das weibliche Geschlecht merkmallos. Das Irokesische, eine nordamerikanische Indianersprache, wird als ehrenwerte Ausnahme zitiert.

Manche Sprachwissenschaftler sehen ein quantitatives Kriterium, die Häufigkeit, als ausschlaggebend an. Seltene und neuartige Dinge werden bekannten untergeordnet, sprachlich mit einem merkmalhaltigen Ausdruck. Als mexikanische Indios das von den Spaniern eingeführte Schaf kennenlernten, bezeichneten sie es anfänglich mit einem Ausdruck, der mit *Wollreh* wiedergegeben werden kann. Im heutigen Sprachgebrauch entfällt das Attribut der Wolle bei den Schafen. Statt dessen wird umgekehrt das seltener gewordene Rotwild merkmalhaltig als *Wildreh* bzw. nunmehr *Wildschaf* bezeichnet. Für die aufkommenden Automobile wurde im Deutschen der merkmalhaltige Ausdruck *Kraftwagen* eingeführt. Heute, nachdem sie die häufigste Wagenart geworden sind, werden sie bevorzugt merkmallos als *Wagen* bezeichnet. Jetzt erhalten andere Wagenarten ein merkmalhaltiges Attribut, z. B. Pferde- oder Leiterwagen.

Die Häufigkeit ist, wenn sie überhaupt eine Rolle spielt, höchstens eine entferntere Ursache. Fragwürdig ist das Häufigkeitskriterium augenscheinlich bei den polaren Adjektiven. Es gibt ebensoviele kleine Dinge wie große, dennoch ist universal *groß* der merkmallose Ausdruck. Ändert sich das Verhältnis zwischen großen und kleinen Dingen, ändert sich mit dem Durchschnittswert auch der Maßstab für das, was *groß* und was *klein* genannt wird.

Eine nähere Ursache ist die Vertrautheit. Derjenige Gegenstand eines Paares wird merkmallos bezeichnet, der als der typischere, normalere Vertreter des Paares angesehen wird. ‚Typisch‘ wie ‚normal‘ sind Kriterien, die sowohl quantitativ wie qualitativ gestützt sein können.

In der Phonologie sind qualitative Kriterien für die auffälligen Richtungsänderungen im Bruch der Symmetrie offensichtlich. Bei Vokalen ist die Kompaktheit (früher Farbigkeit genannt) merkmallos und Diffusheit (früher Farblosigkeit genannt) merkmalhaltig. Bei Konsonanten ist es umgekehrt. Diffusheit ist merkmallos und Kompaktheit merkmalhaltig. Erklärbar ist der Bruch in der formalen Symmetrie der distinktiven Eigenschaften + *kompakt* (= – *diffus*) und – *kompakt* (= + *diffus*) in einander entgegengesetzte Richtungen durch die Affinität, die bessere strukturale Verträglichkeit zwischen den Eigenschaften *vokalisch* und *kompakt* einerseits und den Eigenschaften *konsonantisch* und *diffus* andererseits. Die Entdeckung, daß die Richtung des Symmetriebruches zwischen Paaren von distinktiven Lauteigenschaften abhängig ist von der qualitativen Struktur, der ‚Substanz‘, entweder der betroffenen Laute selber oder aber ihres Kontexts, hat in der Phonologie zur Überwindung rein formaler Theorien geführt. Der formale Aufbau der Lautstruktur einer Sprache ist abhängig vom ‚Stoff', aus dem er gemacht ist. Dasselbe gilt für den formalen Aufbau der Sinnstruktur.

Bei den Adjektiven, die eine räumliche Ausdehnung kontrastiv beschreiben, fällt auf, daß durchweg von *groß* und *klein* über *hoch* und *niedrig*, *lang* und *kurz*, *dick* und *dünn* bis *weit* und *eng* dasjenige Adjektiv merkmallos ist, das mehr Ausdehnung anzeigt. Es besteht eine größere Affinität und ein ungebrocheneres Verhältnis zwischen beispielsweise *lang* und der Ausdehnungsdimension, die *lang* und *kurz* kontrastiv näher bestimmen, als zwischen *kurz* und dieser Dimension. Die Dimension wird denn auch bezeichnenderweise *Länge* genannt. Wenn wir jemandem das Wort *Länge* zu erklären haben, seinen Unterschied etwa zu *Breite*, *Höhe* und *Weite*, wählen wir Gegenstände, die auch im kontrastiven Sinn möglichst lang sind. Ein langer, nicht-kurzer Gegenstand ist der bessere, natürlichere, typischere Repräsentant für die Ausdehnungsdimension, die mit dem Wort *Länge* bezeichnet wird, als ein kurzer. Das Verhältnis zwischen dieser Ausdehnungsdimension und *kurz* ist ein gebrochenes. Etwas Kurzes weist die Ausdehnung, die als *Länge* bezeichnet wird, auf und ist gleichzeitig in dieser Ausdehnung beschränkt. Jemand, der das Wort *kurz* lernt, muß schon wissen, was *lang* in Sinn von ‚in einer bestimmten, meist der dominierenden Dimension ausgedehnt' ist, und muß fähig sein, in bezug darauf, eine Einschränkung vorzunehmen. Wer das Wort *kurz* mit Verständnis, nicht blind gebraucht, hat einen relativ komplexen kognitiven Prozeß bewältigt. Das erklärt, warum *kurz* der merkmalhaltige Ausdruck ist und von Kindern später als *lang* beherrscht wird. Für *lang* genügt es zu wissen, daß mit ihm eine Ausdehnung gemeint ist, die prägnant, beispielhaft in einer bestimmten Dimension realisiert ist.

Gleiches gilt für alle räumlichen Adjektive. So ist es verständlich, daß der Satz

Die Schwimmhalle ist ebenso *eng* wie die Turnhalle

informativer ist als der Satz

Die Schwimmhalle ist ebenso *weit* wie die Turnhalle.

Der erste Satz unterstellt, daß die Turnhalle relativ eng ist. Der zweite enthält keine solche Stellungnahme.

Nun gibt es in bezug auf das Adjektiv *eng* eine bemerkenswerte und allein inhaltlich erklärbare Umkehrung in der Merkmalhaltigkeitsbeziehung. Der Satz

Peter ist mit Petra ebenso *eng* befreundet wie mit Paula

ist weniger informativ als der Satz

Peter ist mit Petra ebenso *lose* befreundet wie mit Paula.

Der erste Satz verrät nichts über die Enge der Beziehung, der zweite unterstellt, daß das Verhältnis nicht gerade ein intimes ist. In diesem Satzpaar steht nicht eine räumliche Ausdehnung zur Diskussion, sondern eine menschliche Beziehung, eine Verbindung, wie man sagt. Ein enges Verhältnis ist ein besserer, natürlicherer, typischerer Repräsentant für eine solche Verbindung als ein loses Verhältnis. Wenn wir jemand zu erklären haben, was eine Verbindung ist, wählen wir als Beispiel eine möglichst enge Verbindung. So fungiert das Adjektiv *eng* in Abhängigkeit von dem, was mit ihm näher beschrieben wird, wenn es um eine Ausdehnung geht, als merkmalhaltiger, wenn es aber um eine Verbindung geht, als merkmalloser Ausdruck.

Die objektive, in der Struktur der Sache liegende Begründung für die Richtung des Symmetriebruchs ist bei den Raumadjektiven intuitiv erfaßbar. Was sie bezeichnen, weist eine besonders einfache und auch anschauliche Struktur auf. Bei der Übernahme der qualitativen Begründung des Symmetriebruchs in der Merkmalhaltigkeitsbeziehung im Rückgriff auf eine besondere Affinität, eine bessere strukturale Verträglichkeit zwischen dem, was der merkmallose Ausdruck beinhaltet, und der Dimension, die sowohl ihm als auch seinem merkmalhaltigen Gegenbegriff zugrundeliegt, auf die Asymmetrie zwischen männlichen und weiblichen Sprachformen sträuben wir uns — zurecht. Es geht nicht an, die geschichtlich vorherrschende Behauptung einer besonderen Affinität, einer besseren strukturalen Verträglichkeit zwischen den vom Adjektiv *männlich* abgedeckten Eigenschaften und den für Menschen allgemein charakteristischen Eigenschaften zu behaupten. Wenn die Grammatik der allermeisten Sprachen dies unterstellt, dann ist daran zu erinnern, daß die Sprachen die Welt nicht schlicht so wiedergeben, wie sie tatsächlich ist, sondern wie sie — bewußt und mehr noch unbewußt — von den Sprachbenutzern wahrgenommen wird, das heißt immer auch in Abhängigkeit von ihren Vormeinungen, ihren Interessen, ihren Einstellungen.

Ob *lang* oder *kurz* ungebrochener mit der Ausdehnungsweise zu tun hat, die von den beiden Wörtern kontrastiv beschrieben wird, berührt unsere Interessen wenig. So ist es nicht verwunderlich, daß ihr asymmetrischer Gebrauch angemessen widerspiegelt, was sie bezeichnen, zumal der Bruch der Symmetrie unbewußt erfolgt. Mit *männlich* und *weiblich* werden relevantere und zugleich komplexere Eigenschaftsgruppen charakterisiert. Jeder Symmetriebruch wird bei ihnen daher von vornherein strittiger sein, nicht nur in welcher Richtung er erfolgt, sondern auch, daß überhaupt einer erfolgt.

Variationen sind jedoch unverzichtbar und gehören zur Freiheit, welche die Sprache eröffnet, auch Variationen der Menschlichkeit. Ein Bruch in der Symmetrie ist dann eine Bereicherung der kulturellen Vielfalt, wenn er nicht durchgehend in dieselbe Richtung erfolgt, umkehrbar bleibt und angemessene Kompensationen zuläßt.

Ein letztes, (onomato-)poetisches Beispiel mag dies illustrieren. Symmetrische Zuordnungen von Lautgebilden zu Sachverhalten, die sie bezeichnen, finden selten einhellige Zustimmung. Der Grund: Die Laute und die gemeinten Sachverhalte sind beide mehrdimensionaler Natur. Das gilt auch für die beliebte synästhetische Zuordnung von Vokalen und Farben. Ein Konsens läßt sich im allgemeinen nur erreichen, wenn man sich auf eine Eigenschaftsdimension, möglichst binär gliedert, konzentriert. Dann etwa wird einstimmig *i* einer hellen und *u* einer dunklen Farbe zugeordnet.

Eben aufgrund dieser Verbindung der Vokale *i* und *u* mit hell und dunkel störte den Dichter Mallarmé das dunkle *u* im französischen Wort für Tag (*jour*) und das helle *i* im Wort für Nacht (*nuit*). Lévi-Strauss ließ sich durch das, was sich wie eine lautliche Perversion ausnimmt, nicht von anderen Assoziationen, die von anderen Dimensionen derselben Laute ausgehen, ablenken. Das *u* in *jour* ist nicht nur dunkel, es ist auch lang und das *ui* in *nuit* abrupt. So verband Lévi-Strauss *jour* mit etwas, das dauert, mit einem Zustand, und *nuit* mit einem Ereignis, das hereinbricht, wie es die Redeweise *la nuit tombe* (die Nacht fällt herein) zum Ausdruck bringt.

Welche Symmetrien wir entdecken, und wie sie gebrochen werden, darüber entscheidet zuletzt unsere eigene Sensibilität.

Anmerkung

Symmetrieerscheinungen in den natürlichen Sprachen sind am offensichtlichsten in den ikonischen Beziehungen zwischen der Sprache und dem Besprochenen auszumachen. Daß ihre Erforschung nicht länger wie in der älteren Sprachwissenschaft auf die lautmalerischen Verhältnisse beschränkt bleibt, ist zu einem guten Teil das Verdienst von Roman Jakobson, der in der Poesie auf die Rolle der ikonischen Entsprechungen zwischen der grammatischen Form und dem semantischen Inhalt gestoßen ist. Bei deren Analyse hielt er sich in späteren Jahren (1965) an Peirce. Von Jakobson stammt auch ein wesentlicher Beitrag (1932) zur Aufdeckung der merkwürdig gebrochenen Symmetrie zwischen dem merkmallosen und dem merkmalhaltigen Glied der Gegensatzbeziehungen, die auf allen Ebenen der Sprache nachweisbar ist. Schließlich ist Jakobson meines Wissens der einzige Sprachwissenschaftler, der diese Regelmäßigkeiten in die Beziehung zur Symmetrieforschung in der Physik brachte. Jedem Kenner seines Werks wird deutlich sein, wie sehr meine Darlegungen von ihm angeregt worden sind.

Im einzelnen vergleiche man zur Diskussion der strukturalen Entsprechungen in der Mikro- und in der Makrobiologie Weisskopf 1969, Jakobson 1970b: 682 und Jacob 1974; zur Rolle von Isomorphien in der Dichtung Jakobson 1960 und Holenstein 1976b; zum ikonischen Ausdruck von zwischenmenschlichen Beziehungen Haiman 1983, von zeitlichen Sequenzen Clark & Clark 1977:240, von logischen Verhältnissen Keenan 1978; zur Reihenfolge der Adjektive die Diskussion in Posner 1980 und Holenstein 1985a: 100ff.; zur ‚Alkoholregel' Ross 1980; zum Verhältnis von Form und Stoff in natürlichen Systemen (in natürlicher Sprache und Intelligenz) Holenstein 1985b; zur Merkmalhaltigkeitsbeziehung die Diskussion in Holenstein 1976a: 66ff. und 1985a: 64ff.; zu Mallarmés und Lévi-Strauss' unterschiedlicher lautsymbolischer Deutung von *jour* und *nuit* Lévi-Strauss 1976: 17 (zu 119 im selben Band). Karcevskij 1929 schließlich ist eine geistreiche Diskussion von asymmetrischen Verschiebungen im Bedeutungswandel sprachlicher Ausdrücke.

Eine funktionale Erklärung der Häufigkeit symmetrischer Strukturen vertritt in der Biologie Eigen und mit überrachend ähnlichen Argumenten in der Soziologie Simmel. Der funktionale Vorteil von symmetrischen Strukturen liegt in der höheren Evolutionsgeschwindigkeit, die sie erlauben. Eine vorteilhafte Mutation wirkt sich in ihnen auf alle Untereinheiten gleichzeitig, in den asymmetrischen nur auf eine Untereinheit, die in der die Veränderung auftritt, aus

(Eigen & Winkler 1975:151). Und eine nachteilige? Nach Simmel (1896) erlaubt eine symmetrische Gesellschaftsstruktur – in Übereinstimmung mit der angeführten evolutionstheoretischen Analyse – eine effiziente Beherrschung der ganzen Gesellschaft: „Die symmetrische Anordnung macht die Beherrschung der Vielen von einem Punkt aus leichter." Asymmetrien hingegen sind der Eigenständigkeit und dem Widerstand förderlich.

Eine Erfahrung, die sich in der Dichtkunst einstellt, mag bei der Diskussion gesellschaftlicher Systeme (unter dem Symmetrieaspekt) zu einer differenzierteren Sicht führen. Minderwertige Poesie unterscheidet sich von hochwertiger dadurch, daß in ihr relativ simple und leicht wahrnehmbare, wenn nicht penetrant sich aufdrängende symmetrische Verhältnisse auszumachen sind, in guter Poesie dagegen ein meist dichtes Geflecht von oft latenten und in einem Spannungsverhältnis zueinander liegenden Symmetrien. Der Gegensatz ist nicht so sehr der zwischen *Symmetrie und Asymmetrie* als vielmehr der zwischen *mono- und multisymmetrischen Verhältnissen*. Analog scheinen sich auch despotische Gesellschaftsformen weniger dadurch von liberalen zu unterscheiden, daß sie symmetrisch strukturiert sind und die liberalen asymmetrisch, als dadurch, daß in ihnen patente und statische monosymmetrische Verhältnisse vorherrschen, in den liberalen dagegen mehr latente und dynamisch aufeinander bezogene multisymmetrische Verhältnisse, ein System von *checks and balances* und von wechselnden Koalitionen. Überdies sind es eher die totalitären Gesellschaften, die durch eine auffällige Asymmetrie gekennzeichnet sind, die Asymmetrie zwischen ‚oben' und ‚unten'. In demokratischen Verhältnissen ist ‚unten' nicht von ‚oben', sondern ‚oben' auch von ‚unten' abhängig. Die Umkehrbarkeit des Verhältnisses zwischen Regierungs- und Oppositionspartei bringt Symmetrie in diese an sich asymmetrische Beziehung.

Delius (1986:57) versucht, Symmetrien auf höherer Ebene weder von Symmetrien auf niederer Ebene (wie es Weisskopf und Jakobson ins Auge fassen) noch von einem funktionalen Vorteil her abzuleiten (wie es Simmel und Eigen vorschlagen), sondern als ein struktural bedingtes Nebenprodukt von vorangehenden funktionalen Entwicklungen zu verstehen. Die bei Tauben analog wie bei Menschen ausgezeichnete Symmetrieerkennung könnte als Nebenprodukt aus der Notwendigkeit entstanden sein, vielschichtige neuronale Netzwerke zu entwickeln, welche die flächenhafte visuelle Information, die von der Netzhaut kommt, gleichmäßig zu verarbeiten vermag. – Corballis & Beale (1976:112ff.) schließlich führen die auffallende biologische Asymmetrie von Menschen und vielen Tieren (Lateralität des Gehirns, Händigkeit usw.) auf eine grundlegende zytoplasmische Asymmetrie zurück und nicht auf eine genetische Determination. Genetische Einflüsse können freilich mit dem positionalen zytoplasmischen Constraints interagieren.

Bibliographie

Clark, Herbert H., Clark, Eve V.: 1977, Psychology and language, New York: Harcourt
Corballis, Michael, Beale, Ivan L.: 1976, The psychology of left and right, Hillsdale, NJ: Erlbaum

Delius, Juan D.: 1986, „Komplexe Wahrnehmungsleistungen bei Tauben", Spektrum der Wissenschaft, April 1986: 46—58
Eigen, Manfred, Winkler, Ruthild: 1975, Das Spiel, München: Piper
Haiman, John: 1983, „Iconic and economic motivation", Language *59:* 781—819
Holenstein, Elmar: 1976a, Linguistik — Semiotik — Hermeneutik, Frankfurt: Suhrkamp
Holenstein, Elmar: 1976b, „Linguistische Poetik", Roman Jakobson, Hölderlin, — Klee — Brecht, Frankfurt: Suhrkamp, 7—25
Holenstein, Elmar: 1985a, Sprachliche Universalien, Bochum: Brockmeyer
Holenstein, Elmar: 1985b, „Natural and Artificial Intelligence", Descriptions, ed. by Don Ihde and Hugh J, Silverman, Albany: State University of New York Press, 162—174
Jacob, François: 1974, „Le modèle linguistique en biologie", Critique *322:* 197—205
Jakobson, Roman: 1932, „Zur Struktur des russischen Verbums", Selected Writings II, The Hague: Mouton, 1971:3—15
Jakobson, Roman: 1960, „Linguistics and poetics", Selected Writings III, The Hague: Mouton, 1981: 18—51. Deutsch: Poetik, Frankfurt: Suhrkamp, 1979: 83—121
Jakobson, Roman: 1965, „Quest for the essence of language", Selected Writings II, The Hague: Mouton, 1971: 345—359
Jakobson, Roman: 1970a, „Subliminal verbal patterning in poetry", Selected Writings III, The Hague: Mouton, 1981: 136—147. Deutsch: Poetik, Frankfurt: Suhrkamp, 1979: 311—325
Jakobson, Roman: 1970b, Main trends in the science of language, New York: Harper 1974; Selected Writings II, The Hague: Mouton, 1971: 655—722
Karcevskij, Sergei: 1929: „Du dualisme asymétrique du signe linguistique", Travaux du Cercle linguistique de Prague *1:* 33—38
Kennan, Edward L.: 1978, "On surface form and logical form", Studies in the linguistic sciences *8:* 163—203
Lévi-Strauss, Claude: 1976, "Préface", Roman Jakobson, Six leçons sur le son et le sens, Paris: Minuit, 7—18
Posner, Roland: 1980, „Zur natürlichen Stellung der Attribute", Semiotik *2:* 57—82
Ross, John R.: 1980, „Der Ton macht die Bedeutung", Semiotik *2:* 39—56
Simmel, Georg: 1896, „Soziologische Ästhetik", Theorien der Kunst, hg. von Dieter Henrich und Wolfgang Iser, Frankfurt: Suhrkamp, 1982: 252—259
Weisskopf, Victor F.: 1969, "The role of symmetry in nuclear, atomic and complex structures", Nobel Symposium *11,* 35—39

Diskussion

zu den Vorträgen von Adolf Max Vogt, Louis Michel und Elmar Holenstein
in Verbindung mit dem Thema
„Die Rolle der Symmetrie für das Verhältnis von Form und Substanz"

Diskussionsleitung: Gernot Böhme

Diskussionsteilnehmer: Max Bächer, Elmar Holenstein, Egbert Kankeleit, Louis Michel, Adolf Max Vogt

Böhme: Ich glaube, es ist nötig, daß ich das Thema „Die Rolle der Symmetrie für das Verhältnis von Form und Substanz" erläutere. Normalerweise spricht man von „Form und Inhalt" oder „Form und Materie". Das Thema ist ein Kompromiß, da hier verschiedene Disziplinen zusammenkommen. Symmetrie gehört auf die Seite der Form wie auch die Asymmetrie. Nun kann man sich fragen: Form von was? Was geschieht demjenigen, das als symmetrisch angesprochen wird oder das durch Symmetrie beherrscht wird? Welche Funktion hat die Symmetrie für dasjenige, was symmetrisch ist? In der Physik gibt es zum Beispiel Atome, Elementarteilchen, Moleküle, die können symmetrische Strukturen aufweisen. Was bedeutet Symmetrie für diese Dinge? Im Bereich der bildenden Kunst, in der Architektur gibt es Bilder, Skulpturen, Häuser, Städte. Was bedeutet hier Symmetrie? Im Bereich der Sprache hat man das Gedicht. Was bedeutet Symmetrie für das Gedicht? In den Vorträgen, die Sie gehört haben, ist dieses Was, auf das sich die Symmetrie bezieht, häufig auch weiter verstanden worden zum Beispiel als „unsere Umgebung" oder „die Natur". Der Ausdruck „Symmetrie" und „Asymmetrie" braucht sich nicht unbedingt auf ein abgrenzbares Ding zu beziehen, sondern kann auch eine Globalstrukturierung eines ganzen Bereichs sein: „die Natur", „die Sprache", „unsere Umgebung", „die Gesellschaft" und so weiter. Im Referat von Herrn Holenstein ist, soweit ich sehe, das Problem „Symmetrie und Sprache" in zweierlei Weise behandelt worden. Als erstes ging es hauptsächlich um das, was ich „innersprachliche Symmetrien" nennen würde, also Symmetrien der Sprachgebilde selbst. Da hätte ich die Frage: Was bedeutet eigentlich die Sprachgestalt für das sprachliche Gebilde, insbesondere für das Gedicht? Ist dabei Symmetrie das Zugrundeliegende und nicht das Besondere? Als zweites hat Herr Holenstein von symmetrischen Beziehungen zwischen Sprachstruktur und Sachstruktur gesprochen. Hier möchte ich fragen, ob die Sprachstruktur, also die symmetrische-asymmetrische Sprachstruktur, gewissermaßen konstitutiv ist auch für den Sachbereich?

Holenstein: Zur Frage nach dem Besonderen der Poesie hätte mein Lehrer Jakobson spontan geantwortet: Was der Sprachwissenschaftler uns beizubringen hat, ist, daß wir alle, nicht wie es bei Molière heißt, nicht wissen, daß wir auch Prosa schreiben können, sondern, daß wir auch Poesie schreiben. Es gibt die romantische These vom Ursprung der Sprache aus der Poesie und aus dem Gesang. Derart romantischen Thesen gegenüber sind wir zu Recht skeptisch geworden, aber man kann ihnen bis zu einem gewissen Grade einen empirischen Kern nachweisen. Es ist eine Tatsache, daß erstens Poesie ein Universale ist – in allen Sprachen gibt es poetische Texte – und daß zweitens, noch interessanter, Kinder von sehr früh an poetisch sprechen. Es gibt ausgesprochen viele Symmetrien in der Kindersprache, eine eigentliche Vorliebe für Symmetrie. Auf Heideggers These „Nur als Gespräch ist Sprache wesentlich?" hat Jakobson geantwortet: „Nur als Dichtung ist Sprache wesentlich". Wenn die Sprache zu sich selber findet, wird sie poetisch. Die Symmetrie, die in der Sprache feststellbar ist, ist freilich fast immer nur bilaterale Symmetrie, eine Symmetrie zwischen der Sprache und dem Gesprochenen, Gleichheit oder dann Chiasmus, spiegelbildliche Verhältnisse.

Kankeleit: Die Frage nach der Spiegelsymmetrie beschäftigt uns Physiker seit der Entdeckung ihrer Verletzung in der sogenannten „schwachen Wechselwirkung" ganz besonders. Wurde doch hier geradezu ein Tabu durchbrochen, das zumindest für mich als Experimentalphysiker schwer zu akzeptieren war, obwohl ich mich in Experimenten mit dieser Frage intensiv auseinandergesetzt habe: sehr vereinfacht ausgedrückt, warum sollte eine Rechtsschraube nicht genauso gut festhalten wie eine Linksschraube, oder warum sollte rechtsdrehendes Licht nicht genauso aus einem Kern ausgesandt werden wie linksdrehendes, – eine Frage, zu der ich über viele Jahre Experimente durchgeführt habe. Was Herr Michel nur kurz ansprach, das sind die Beziehungen der Symmetrien zu den Erhaltungssätzen. Als Student hat mich sehr fasziniert, daß z. B. aus der Translationsinvarianz des Raumes die Impulserhaltung abgeleitet werden kann. Heute ist in dieser Richtung eine weitergehende Dimension eröffnet. Eich- oder – besser gesagt – Phaseninvarianzen und Symmetriebrechungen führen zu den Ursachen der Kräfte in der Natur – ich meine eine der schönsten und wichtigsten kulturellen Errungenschaften der letzten Jahre. Noch einige Bemerkungen zu diesem Symposium: Diese Tagung ist geprägt durch viele Symmetriebrechungen und diese auch schon in der Vorbereitungsphase. Mein Plädoyer, das Spannungsverhältnis von Symmetrie und Symmetriebrechung in den Vordergrund zu stellen, ist auf wenig Gegenliebe gestoßen: bereits die Diskussion zu diesem Thema hat zu einer „Symmetriebrechung" geführt, für eine Thematisierung im Rahmen dieser Tagung schon interessant genug. Ich sehe aber auch im Verlauf dieser Tagung eine Symmetriebrechung zwischen Jung und Alt. Die Älteren, wenn ich das vorsichtig sagen darf, haben eher Schönheit, Ruhe und Gelassenheit – diese Begriffe wurden genannt – in Zusammenhang mit Symmetrie gebracht. Für die Jüngeren scheint die Symmetriebrechung im Vordergrund zu stehen, dies bis zu Fragen unserer sozialen Umwelt. Ein weiterer Punkt, der kaum angesprochen wurde, betrifft die Symmetriebrechung als Voraussetzung von Information und Kommunikation, und wenn man diesen Gedanken weiterspinnt, auch zur Voraussetzung von biologischem Leben und schließlich Tod. Ein punktförmiges Wesen in einem unendlich ausgedehnten Kristall würde ein hohes Maß an Symmetrie vorfinden, aber es hätte kaum etwas zu sagen. Erst wenn Störungen, Fehlstellen, Berandungen etc. auftreten, entstehen Dynamik und Information. Ist das nicht auch ein Problem dieser Tagung: das Spannungsverhältnis von Statik, Information, Leben und Tod?

Michel: Let me mention one problem: In the fundamental equations of physics there is no asymmetry between past and future. I would like to know what the philosophers think about it. Let me explain it in one sentence: the fundamental equations of physics are the same if we change the sign of time, if we change right and left and if we change matter and anti-matter. It was a big problem in the history of science to understand how, from the fundamental equations which are symmetrical between past and future, we make a physics which has an essential asymmetry between past and future.

Bächer: Ich würde gerne an die Fragen anschließen, die Herr Kankeleit aufgeworfen hat, an die Frage nach der Analogie von Tod und Symmetrie. Ich möchte aber der Aufforderung folgen und mich über die Rolle der Symmetrie für das Verhältnis von Form und Substanz äußern. Die unglückselige Trennung zwischen Inhalt und Form hat schon Nietzsche als eine typisch deutsche Eigenschaft kritisiert. Für den Architekten ist in der Regel Inhalt und Form untrennbar. Es gibt auch Behauptungen in der Architektur, Form sei gleich Inhalt. Ich halte das für eine theoretische Überspitzung. Bei Symmetrie fallen mir keine Machtgebärden, sondern einfachste Bauten, wie die Feldscheunen und die Tabakscheuern ein, die links und rechts der Autobahn zwischen Weinheim und Darmstadt stehen. Das einfache Haus ist meist ein ganz simples symmetrisches Gebilde aus Vernunft und Zweckmäßigkeit. Damit das Wasser vom Dach herunterfließe, läßt man die beiden Dachflächen sich neigen, man schneidet gleich Balken von einer Länge, man legt Räume nach Osten und nach Westen, der Sonne folgend. Daraus entsteht ein einfaches Bauwerk von Symmetrie. Eine Hundehütte ist zum Beispiel ein solches Bauwerk, das den archaischen Typus Haus verkörpert. Ich habe keine Angst vor einer Schutzhütte im Wald, weil sie symmetrisch ist; vor einer Hundehütte jedoch habe ich Angst, aber natürlich nicht vor ihrer symmetrischen Form, sondern vor dem Hund, der darin sitzt, dem Inhalt also. Vielleicht noch ein Beispiel, wo sich in der Architektur Inhalt in Symmetrie ausdrückt. Wenn wir davon ausgehen, daß ein Programm gegeben sei, das zum Beispiel aus zwei gleich großen Sälen — sagen wir einmal Hörsälen — besteht, und in der Mitte soll ein Eingang über eine gemeinsame Halle sein, eine gemeinsame Garderobe und getrennte Toiletten für Damen und Herren, dann ergibt sich aus dem symmetrischen Programm ein symmetrischer Bau, sofern die Umwelt- und Situationsbedingungen neutral sind. Auf dem Schemaplan entsteht z. B. das Krankenhaus mit dem Männerflügel und dem Frauenflügel und in der Mitte die gemeinsamen OP-Räume und die Schwesternstation. In dem Augenblick aber, wo das Gelände sich neigt, wo der Ausblick eine Bedeutung hat, löst sich die Symmetrie, und da beginnen die Probleme der Architektur. Wir reagieren auf die Umwelt, reagieren auf die Einflüsse von Licht und Sonne, von Erschließung und Ausblick. Sie verändern das Schema, das zunächst nichts weiter als ein Organisationssystem ist. Da steht die kleine Scheune auf der Wiese, dort steht eine kleine Kapelle auf dem Acker. Und dann pflanzt man einen Holunderbaum daneben, der das Gebäude mit der Landschaft verbindet, und die Symmetrie bekommt einen Kontrapunkt. Der Schatten des Baumes wandert über die Fassade und überlagert ihre Symmetrie. Ich wollte damit sagen, daß Symmetrie in der Architektur eigentlich kein Thema ist, sondern ein Handwerksmittel, wie die Asymmetrie. Architekten gehen oft von symmetrischen Formen aus und differenzieren über Reihen, Schichtungen, Ordnungen und so weiter bis hin zur Asymmetrie. Die Symmetrie ist die einfachste Form der Architekturordnung – ich möchte fast sagen, sie ist telefonierbar. Aber sie eignet sich nur selten für sehr differenzierte Programmstellungen oder vielfältig geprägte Situationen. Da würde sie zum willkürlichen Zwang.

Kankeleit: Ich möchte noch einmal die naturwissenschaftliche Vorstellung in die Diskussion bringen: daß aus unstrukturierten Systemen höchster Symmetrie, wie eine unendlich ausgedehnte Gaswolke, Strukturen geringerer Symmetrie durch Symmetriebruch entstehen können, wie z.B. ein Spiralnebel.

Bächer: Den von Herrn Kankeleit erwähnten Symmetrieaspekt definiert bereits Hegel in seiner „Ästhetik" so, daß Symmetrie erst durch Asymmetrie wahrgenommen wird. Symmetrien allein sind alltäglich, haben eigentlich keine besondere Bedeutung. Für die Architektur ist es interessant, wenn aus einer Notwendigkeit heraus eine Störung der Symmetrie entsteht, Gewichtsverlagerungen auftreten und plötzlich etwas in Bewegung kommt. Symmetrie ist Ruhezustand. Alte Architekten kehren häufig zur Symmetrie zurück.

Böhme: Es ist merkwürdig, daß mehr über die Abweichung von der Symmetrie als über die Symmetrie selbst gesprochen wird. Dabei glaube ich, daß man eigentlich über Asymmetrie nicht sprechen kann, wenn man nicht schon verstanden hat, was Symmetrie ist. Wie sollte man denn überhaupt Asymmetrie als solche definieren? Symmetrie kann man als solche definieren. Insofern möchte ich ein bißchen abwehren, das Thema Symmetrie aus dem Zentrum des Interesses zu verdrängen, und auf das Thema zurückkommen: Was bedeutet die Symmetrie für dasjenige, was symmetrisch ist? Zum Beispiel in der Physik? Ist es nicht so, daß es überhaupt bloß Dinge gibt, weil es Symmetrie gibt?

Kankeleit: Lassen Sie mich die Frage nach Bedeutung der Symmetrie in der Physik am Atomaufbau erläutern. Viele Nichtphysiker haben leider aus den Schulbüchern immer noch das falsche Bild vor Augen, daß beim Wasserstoff-Atom das Elektron wie ein Planet um das Proton kreist. Der Vergleich mit einem schwingenden Gasballon oder einer schwingenden Gitarrensaite ist viel angebrachter. Die Eigenschwingung einer Saite ist durch ihre feststehenden Knoten charakterisiert und erfüllt somit gewisse Symmetriebedingungen. Ähnlich ist die Eigenschwingung der Wellenfunktion des Elektrons im Atom festgelegt und führt dazu, daß eben ein Wasserstoffatom von einem anderen ununterscheidbar wird. Das ist die eine Form, in der Symmetrie ins Spiel kommt. Die andere Symmetrie, die von Herrn Michel angesprochen wurde, betrifft das seltsame Verhalten von identischen Teilchen bei ihrem Austausch. Damit hängt zusammen, daß z.B. zwei Elektronen nicht gleichzeitig an einem Ort sein können. Ohne dieses Symmetrieprinzip wäre der Aufbau der Atome in der wohldefinierten Weise und damit die Struktur unserer Welt nicht möglich. Wie diese Symmetrieprinzipien so führen weitere, wie das der Materie-Antimaterie — wir leben in einer symmetriegebrochenen Materiewelt — in Bereiche, die wir nicht mehr anschaulich erleben und verstehen können, in die wir aber im Wechselspiel von Theorie und Experiment immer tiefere Einblicke erhalten. Die Frage nach den Symmetrien wurde zum zentralen Gegenstand der heutigen Hochenergiephysik und somit zu einer der kostspieligsten aber auch wertvollsten kulturellen Bemühungen.

Böhme: Von der Physik her kann man sagen: Daß es überhaupt bestimmte Teilchen gibt, liegt daran, daß es Stabilitätsformen für die schwingende Energie gibt. Ich würde gerne die Kollegen, die von der Kunst herkommen, fragen, ob man ähnliches dort auch sagen kann. Also zum Beispiel: Ein Haus ist erst ein Haus, wenn irgendwelche Symmetrien vorliegen. Oder: Ein Gedicht fängt erst da an, wo Struktur ist.

Vogt: Wenn Sie den Satz „Dinge gibt es nur, wenn Symmetrien da sind" etwas mildern, dann würde ich Anknüpfungspunkte im Kunstbereich sehen. Ich glaube, jedes Bild, jedes Haus wird erst dann (im Sinne von Elmar Holenstein) einen poetischen Wert mitführen, wenn es ein intensives, ein verdichtetes Verhalten zu der Problematik Symmetrie — Asymmetrie hat.

Holenstein: Man mag den Eindruck haben, daß es in der Entwicklung der Kunst und auch der Poesie eine Tendenz zur Asymmetrie gibt. Aber wenn man näher hinschaut, scheint es mir eher so zu sein, daß es eine Tendenz zur Realisation von komplexeren symmetrischen Verhältnissen gibt. Die Sprache ist voller symmetrischer Beziehungen: In einem Bericht wird zum Beispiel das Frühere früher und das Spätere später genannt: „Nachdem er gegessen hatte, spielte er". Dazu gibt es eine Umkehrung: „Bevor er spielte, aß er". Statt das zeitlich Frühere zuerst und das zeitlich Spätere nachher zu nennen, wird das Wichtigere zuerst und das weniger Wichtige nachher genannt. Statt zwischen zwei Reihenfolgen gibt es nun eine Symmetrie zwischen Rangfolge und Reihenfolge. Wenn wir den Eindruck haben, daß Asymmetrie zunimmt, kann es sein, daß eine schlichte Symmetrie von einer weniger schlichten Symmetrie abgelöst wird.

Bächer: Ich glaube, es hängt mit dem Zweck zusammen. Je einfacher die Aufgabe, das Problem, desto mehr neigt es zur Symmetrie. Je differenzierter, desto mehr weicht es von der Symmetrie ab und wird auch entsprechend komplexer. Man kann feststellen, daß in der Architektur der größte Teil der Behausungen bei Urvölkern und einfachen Völkern auf symmetrischer Basis aufgebaut ist: Kreis oder Quadrat oder Symmetrieachse, was zunächst auf Sparsamkeit und Zweckmäßigkeit beruht. Herr Gombrich sagte zum Typus Grabkapelle, je deutlicher man einen Inhalt zum Ausdruck bringen will, desto mehr nähert sich die Form der reinen Symmetrie. Das gilt, solange sie allein steht, kommt jedoch ein Krematorium hinzu, bedarf es eines Schornsteins und weiterer Einrichtungen, wodurch eine höhere Differenzierung entsteht, die ein Wechselspiel aus Symmetrien und Asymmetrien hervorbringt, oder nur durch Asymmetrien besteht.

Aus dem Publikum: Ich habe eine Frage an Herrn Holenstein. Mein Eindruck ist, daß die Begriffe doch wenig klar sind. Inwieweit ist Symmetrie ein

Ordnungsprinzip neben anderen? Ist Asymmetrie oder Brechung der Symmetrie gleich Chaos oder eine andere Form der Symmetrie?

Holenstein: Symmetrie habe ich gelernt als Invarianz zu definieren. Was invariant ist bei einer Transformation, das nenne ich Symmetrie. Solche Invarianten spielen eine bedeutende Rolle im Gebrauch und Verständnis von Sprache. Ich bin weniger sicher, wieweit man Symmetrie und Ordnung gleichsetzen soll. Was Antisymmetrie und Asymmetrie betrifft, kann ich nur wiederholen, daß in der Sprache Symmetrie und Antisymmetrie sich nicht ausschließen, sondern sich wechselseitig bedingen und fördern.

Böhme: Ich möchte mein Schlußwort an eine Bemerkung von Herrn Michel anhängen, der etwas kritisch gesagt hat: Was ist das eigentlich für eine Diskussionsrunde, was hat denn die Architektur mit der Physik zu tun? Von seiten der Veranstalter möchte ich sagen, daß es die Absicht war, über die Fächergrenzen hinweg ins Gespräch zu kommen. Das Thema Symmetrie ist sichtlich ein Thema, das wie kein anderes quer durch die Disziplinen verläuft, jedoch normalerweise disziplinär auseinandergerissen wird. Der Symmetriebegriff ist wie kein anderer ein interdisziplinärer Begriff, ein Begriff, der sich dazu eignet, die Disziplinen zusammenzubringen.

Symmetry and Quasisymmetry

Nicolaas G. de Bruijn

1. Classical crystallography considers structures with very definite forms of periodicity and symmetry. It is only very recently (Schechtman et al. [9]) that quasicrystals were discovered as a form of matter that has some, but not all, of the characteristics of ordinary crystals. They seem to miss the lovely flat light-reflecting surfaces that the layman finds so typical for a crystal, but if X-ray analysis is applied, the similarity with ordinary crystals is most striking.

Quasicrystals display, in X-ray analysis as well as in electron microscopy, a kind of five-fold symmetry that was unknown in classical crystallography. In classical crystallography certain requirements on symmetry and periodicity had been formulated, and it was shown at the beginning of this century that these requirements lead to an exhaustive finite list of possibilities; none of these displayed the five-fold symmetry that modern quasicrystals seem to have. So the quasicrystals cannot possibly be actually periodic and symmetric: they force us to weaken those notions. Without specifying exactly what we mean, we shall use the vague terms quasiperiodicity and quasisymmetry. Some mathematics is needed in order to formulate the proper notions.

2. It is one of those strange coincidences in the history of science that less that 10 years before the discovery (or maybe rather: production) of quasicrystals, the mathematician and theoretical physicist R. Penrose discovered very beautiful patterns in planar geometry with the same kind of quasiperiodicity and quasisymmetry that was to turn up later in the material world. We refer to Penrose's own papers [7], [8], and to M. Gardner's beautiful survey [6]. That survey also mentions a number of important contributions by J. H. Conway. For further material, in particular for the pentagrid approach, we refer to [2].

It is on these Penrose patterns that the larger part of this paper will concentrate. It is a matter of speculation, at least at present, to what extent this kind of patterns provides an acceptable mathematical description for the actual quasicrystals.

3. Penrose patterns are a particular kind of tilings of the plane which use two different pieces only. There can be various sets of such pieces, and it is arbitrary which ones we take as a starting point. Here we choose to start with

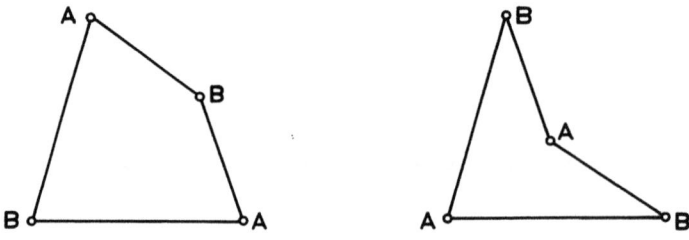

Fig. 1. The kite and the dart

the *kites* and *darts*, depicted in Fig. 1. In this picture, all the angles are multiples of 36°.

Of course there is a very trivial way to tile the plane with them: kite and dart fit into each other, forming together a rhombus, and it is very easy to tile the plane with such rhombuses. These all-too-easy possibilities are excluded by an extra "matching rule": the points marked A (of either kites or darts) are not allowed to fit to points marked B. This restricts the number of possibilities dramatically. Besides, what is more important to us, the only tilings we are left with are tilings with a very strong, albeit queer, kind of regularity. The $A-B$ matching rule forces the quasiperiodicity and quasisymmetry we are interested in.

Figure 2 shows a piece of such a pattern.

Fig. 2. A kite-and-dart pattern

4. One can succeed in covering larger and larger pieces of the plane by means of kites and darts, assuming there is an infinite supply of each. All the time the $A-B$ matching rule is required; we shall not mention this again, and just speak about "kite-and-dart tiling". The word "tiling" means that no point of the plane is covered twice, although one admits that points be covered by boundary points of two or more (up to five) tiles. During the tiling process one may have to retract a few steps occasionally, but then the game goes on again. Actually, it can be proved that there are tilings of the whole infinite plane.

In spite of the fact that playing the game is not trivial, the number of possibilities is tremendous. Let us agree that the first piece – a dart, say – is prescribed, in order to exclude arbitrary shifts and rotations of the whole tiling. Then the number of possible ways of tiling the whole plane still has the power of the continuum, which means that it is equivalent to the number of possible ways of selecting an arbitrary real number. This is definitely larger than the number of possible ways of selecting an arbitrary integer.

5. We now delve into the question of repetition of finite pieces of tilings. If in a kite-and-dart tiling we consider a connected finite piece, let us say of 100 tiles, then copies of this piece appear infinitely often in the tilings. If we take a bigger piece, of 1000 tiles, say, then there are still infinitely many copies of it, only they are farther apart than in the previous case.

The repetition of finite pieces of kite-and-dart patterns also applies if we compare two different infinite tilings. If two persons have each constructed an infinite kite-and-dart tiling, then they have a hard time if they want to convince each other that their productions are essentially different. If one of them shows any finite piece, however big, then the other one just inspects his pattern, and finds an exact copy of that piece. This means that they are unable to exclude the possibility that the tiling of the second person can be obtained by just shifting the one of the first person. On the other hand we know that in general this is not the case: the number of patterns that are shift-equivalent to a given one is much smaller than the total number of patterns.

6. Let us try to see how we can get to kite-and-dart tilings of the plane. To facilitate the discussion, we shall use the term "finite kite-and-dart pattern" for any finite connected set of kites and darts matched according to the $A-B$ rule. The term "infinite kite-and-dart pattern" will mean the same as what we called kite-and-dart tiling of the plane.

· We can try to make bigger and bigger finite kite-and-dart patterns by trial and error, all the time pasting new tiles to those we already have, but that does not give us a clear picture of how this can go on for ever. Penrose took an entirely different approach, not depending on the method of getting bigger patterns by mere extensions of smaller ones. His idea was very clever: he invented an operation, called deflation, that turns a finite piece of a kite-and-dart pattern into a finite piece of a new kite-and-dart pattern, covering about the same area, but with smaller kites and smaller darts. The size of the new kites and darts is τ times the size of the old ones, where τ is the golden ratio number: $\tau = (-1 + \sqrt{5})/2 = .618033989$. The area of the new kite is τ^2 times

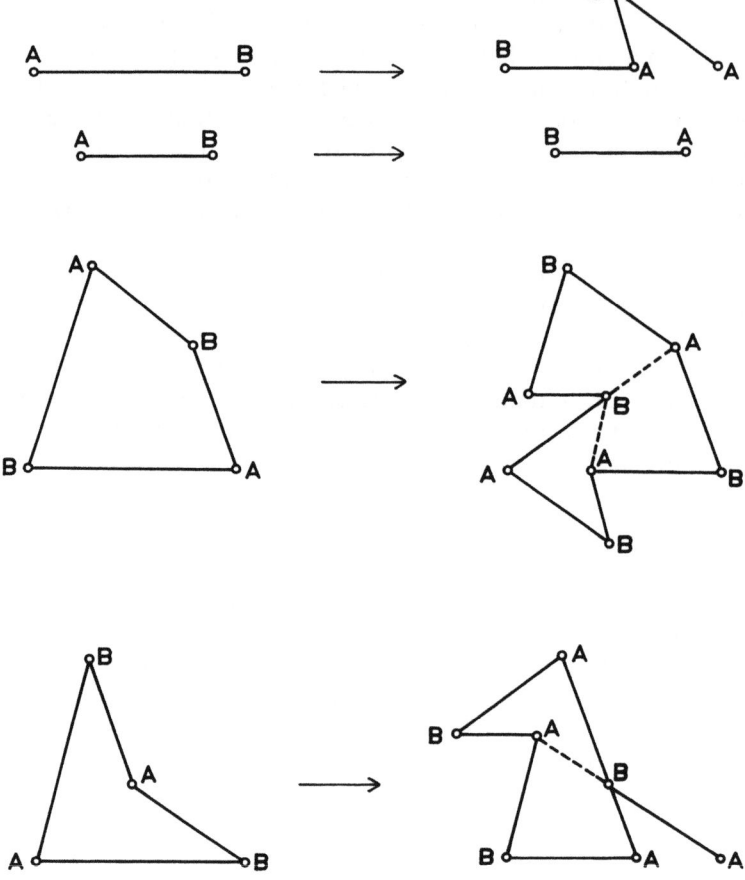

Fig. 3. Deflation of kite and dart

the area of the old kite, and similarly for the dart. So if the old piece had N tiles, then the new piece has about N/τ^2, which equals 2.61803 N. The rule for obtaining this deflation is purely local: from every old dart we derive a new kite and a new dart, and from every old kite we derive two new kites and one new dart. This is not done merely by dissecting the old kites and darts: it is slightly more complex. The new kites and darts leave some parts of the old ones unused, but on the other hand they use some territory outside the border of the old ones. All the old darts are treated in the same way, and all the old kites are treated in the same way.

Figure 3 illustrates how this is done exactly. It is an example of the "Escher trick", which we shall explain in more detail in Section 9. The edges of the original pattern are of two kinds: (i) long edges AB (length 1) and (ii) short edges AB (length .61803). The figure shows how a long edge is to be transformed into a broken line $BABA$ (a long, short and long edge of the deflated pattern), and the short edge AB is replaced by the single edge BA (i.e., a long edge in the deflated pattern). The charming thing about the operation is that if old kites and darts fit together in accordance with the $A-B$ matching rule, then the new pieces again fit together according to this rule. The new tiles do not overlap each other anywhere and are again kites and darts, although smaller in size. This explains how the old tiling deflates into a new one, with more, but smaller, tiles.

It is easy to get from the new tiling to another one with tiles of the original size: we just apply the simple geometric operation of multiplication by $1/\tau$ with respect to some point. Let us call this pattern the enlarged deflation of the original one.

From now on, we can talk about tilings with tiles, of the original size, and forget about the smaller ones.

Repeating the process of taking enlarged deflations, we can get to bigger and bigger finite kite-and-dart patterns. However, that does not mean that we have produced an infinite pattern. We have to note that the enlarged deflation of a pattern need not be an extension of that pattern. By the way, we have not made any arrangements concerning the positioning of the enlarged deflation (this depends on the center of multiplication, for which we did not actually make a choice). So we have to say that it is by no means sure that there is a position of the enlarged deflation that is an extension of the original pattern.

7. In order to show that infinite kite-and-dart patterns exist, we have to express our production scheme a little more precisely.

First we note that only the very smallest finite kite-and-dart pattern consists of kites only, or of darts only. Thus we do not lose anything by placing one dart in the plane (let us call it the initial dart) and requiring that all our kite-and-dart patterns use this initial dart. In the following, we shall denote these patterns by Greek letters, possibly provided with an index.

One of the vertices of the initial dart is chosen as the center of the circles we are going to consider. The length of the long edges of the kites and darts is taken as the unit of length.

A finite kite-and-dart pattern is called a sub-pattern of another if all tiles of the first one are also tiles of the second.

For any positive integer n we define the class $C(n)$. This is the class of all finite kite-and-dart patterns that cover completely the circle with radius n and are contained in the circle with radius $n+2$.

It is easy to understand that for every n the class $C(n)$ contains at most a finite number of patterns. And the deflation method shows that $C(n)$ always contains at least one pattern. Furthermore, if k and n are positive integers, with $k < n$, then every pattern in $C(n)$ has a sub-pattern belonging to $C(k)$.

Let us call a finite kite-and-dart pattern π "infinitely extendable" if there are infinitely many values of n for which there exists a pattern in $C(n)$ that has π as a sub-pattern. The above observations can be used to show that for every k the class $C(k)$ contains at least one infinitely extendable pattern.

We can now show that if π is an infinitely extendable pattern in $C(k)$ then $C(k+1)$ contains an infinitely extendable pattern σ that has π as a sub-pattern.

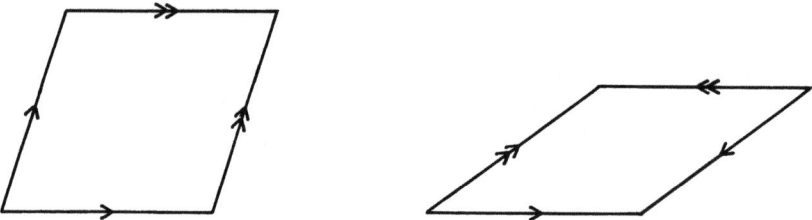

Fig. 4. The arrowed rhombuses

As a consequence, we can select a sequence of infinitely extendable patterns $\pi_1, \pi_2, \pi_3, \ldots$, where π_k belongs to $C(k)$, and where π_k is always a sub-patterns of π_{k+1}. The union of all these patterns is an infinite kite-and-dart pattern.

One might feel that this ingenious proof of the existence of infinite kite-and-dart patterns is quite complicated: there are many details that have to be taken care of. This may be the reason for the fact that, as it seems, no complete mathematical proof, free of hand-waving, has ever been published.

On the other hand, it must be said that the deflation method is truly a method, since it can be applied to many other kinds of tiling, even in higher dimensional spaces. For non-mathematicians it should be explained that the originality of the proof above lies in the deflation idea; the way of getting to infinite patterns is just a matter of applications of a standard selection method from mathematical analysis.

The deflation method does more than just reveal the existence of infinite kite-and-dart patterns: it can also be used to prove the statements we made on the cardinality of the set of solutions and on the repetition of sub-patterns.

8. The kites and darts are very pretty tiles, but there are many advantages in replacing them by two other pieces, Penrose's *arrowed rhombuses*. These are shown in Fig. 4: the thick rhombus (with angles of 72° and 108°), and the thin rhombus (with angles of 36° and 144°). The edges are all of length 1, and are provided with two kinds of arrows — single arrows and double arrows — in the way shown in the figure. The condition for fitting these tiles together is not expressed in terms of the vertices but in terms of the edges: when two tiles have an edge in common, then the arrows should have the same direction and be of the same kind (both single or both double). (We follow the convention of [2], but it should be noted that compared to [8] the roles of the double and single arrows have been unfortunately interchanged.)

An example of a piece of an arrowed rhombus pattern is shown in Fig. 5.

9. It is quite easy to pass from an arrowed rhombus pattern to a kite-and-dart pattern. The operation is purely local. The transition from arrowed rhombuses to kites and darts is easily explained by the same trick we had in Figure 3. We shall call it the Escher trick, after the well-known graphic artist M. C. Escher. We take two points separated by a distance 1 and connect them in some fashion by a line, not necessarily straight. We put an orientation on this line, and we now replace all single-arrowed edges by this new line. We do

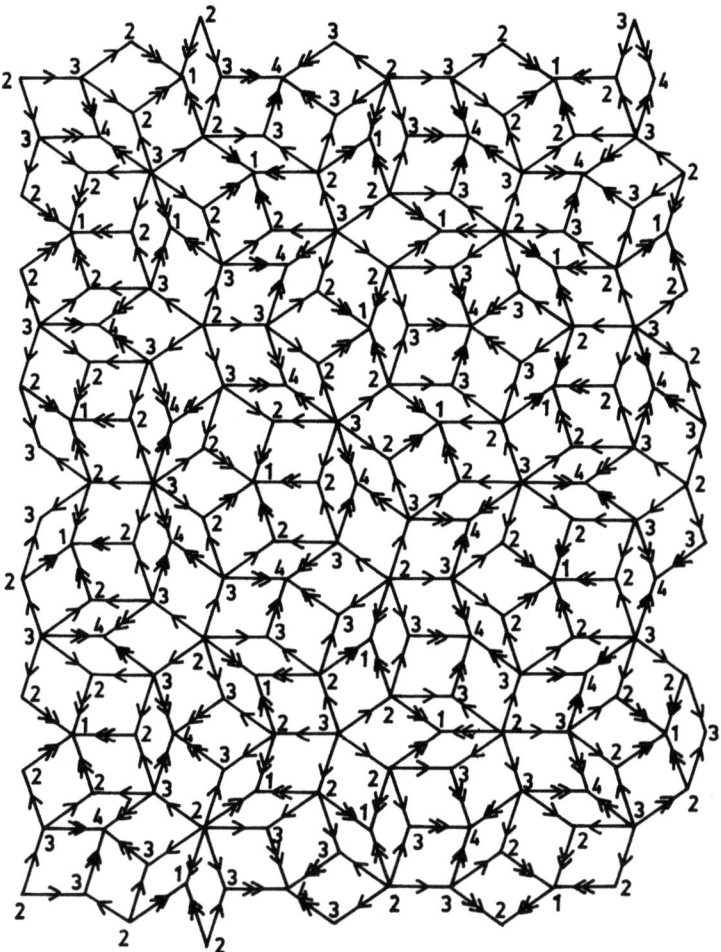

Fig. 5. An arrowed rhombus pattern. The numbers 1, 2, 3, 4 are the levels discussed in section 19.

this a second time, possibly with another line, for all double-arrowed edges. In this way the rhombuses of the tiling turn into Escher animals, possibly after subdividing them into smaller animals. We have to take care, however, that we do not allow the new lines to get too far out of the straight line they are to replace, otherwise we may get something that is no longer a tiling, i.e., some pieces of the plane covered more than once, and some pieces not covered at all.

It is indicated in Fig. 6 how the Escher trick has to be applied in order to get kites and darts. A thin rhombus turns into a kite (with a thin tail that will vanish between the other pieces), and a thick rhombus turns into a chess knight (head and neck of a horse). The chess knight can be subdivided into a kite and a dart as shown.

The chess knights can give pictures that seem to be even nicer than the kite-and-dart patterns. A nice way to present them is to paint them in five

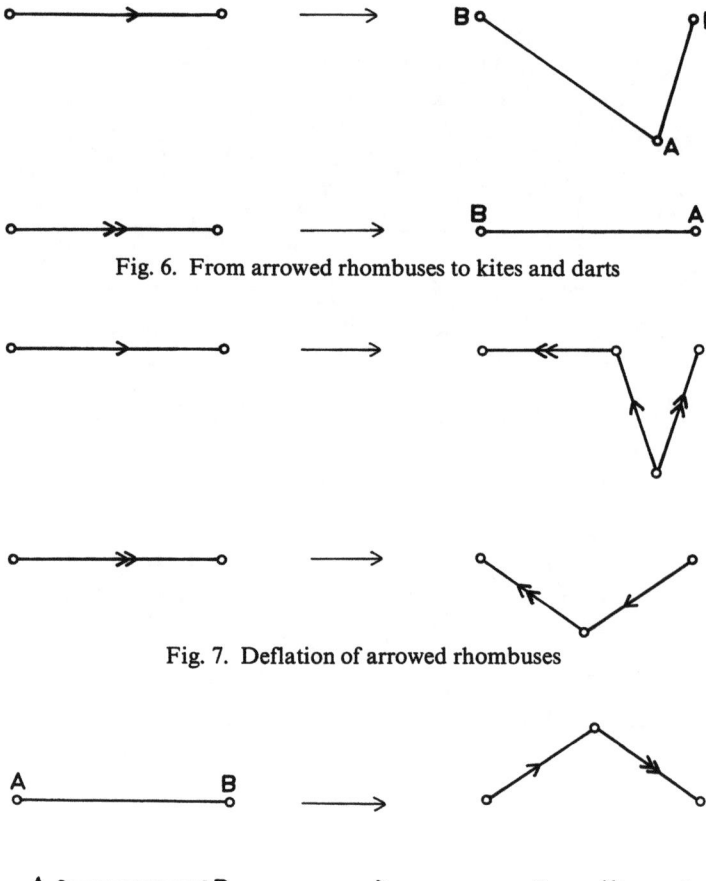

Fig. 6. From arrowed rhombuses to kites and darts

Fig. 7. Deflation of arrowed rhombuses

Fig. 8. From kites and darts to arrowed rhombuses

colors according to the five possible directions of the neck of the animal, and to leave the kites (those arising from the thin rhombuses) as holes (or color them black). This gives an illusion of patterns with only one kind of piece.

Another application of the Escher trick is shown in Fig. 7. It produces the deflation for arrowed rhombuses. A thin rhombus is transformed into a thick one and a thin one, and a thick rhombus is transformed into a thin one and two thick ones. The new rhombuses are a factor τ smaller than the old ones.

Penrose [8] remarked that the arrowed rhombus patterns are mid-way between the kites and darts and their deflations. This can be illustrated by Fig. 8 which shows an operation for getting from kites and darts to arrowed rhombuses. A kite turns into a thick rhombus plus a thin rhombus, and a dart turns into a thick rhombus. If we apply first Fig. 8, and then Fig. 6, to a kite-and-dart pattern, we get the deflation of that pattern. If we apply first Fig. 6, then Fig. 8, to an arrowed rhombus pattern, then we get the deflation of that pattern.

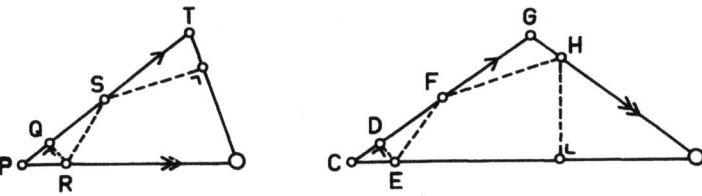

Fig. 9. The billiard ball tracks leading to Ammann bars

10. Everything we have said thus far for the kite-and-dart patterns can be said for the arrowed rhombus patterns too, for example, the existence of infinite tilings. This can be done just by direct translation, but instead, one might also tell the story for the arrowed rhombuses independently.

The arrowed rhombuses have a clear advantage for the mathematician: they are much easier to handle if we want formulas for the vertices, and they enable us to do the dualization that turned out to be such a successful way of describing the patterns. But before starting to consider that, we show a few more things that can be demonstrated directly with the pieces, without referring to the pattern structure.

11. A very beautiful thing about the Penrose tilings was discovered by R. Ammann. This can be presented for the kites and darts as well as for the rhombuses; the results can be translated into each other. We show it for the rhombuses, and we start from the point of view of a billiard game. The rhombuses are considered to be billiard tables, and the broken lines can be the paths of a billiard ball bouncing infinitely often. Actually we can even do this for rhombus halves. Figure 9 shows half a thin and half a thick rhombus, with a billiard ball track. The broken lines are positioned in such a way that $PQ = CD$ (whence $PR = CE$, $PS = CF$) and $PR = GH$. The latter equality is achieved by making $PS=ST$.

The essential thing about this billiard game is that at the points where the ball reflects we have equal angles. If we now take an infinite arrowed rhombus pattern and draw the billiard ball track on each rhombus, then the equality of those angles guarantees that every line that meets an edge can be extended as a straight line on the other side of that edge. In this way we get five sets of infinite parallel straight lines over the arrowed rhombus pattern. They are called the Ammann bars, and they reveal something of the structure of the pattern at large.

The Ammann bars are not equidistant, and should not be confused with the pentagrid bars (to be discussed below). It turns out that there are two different spacings between consecutive parallel Ammann bars: large and small.

12. Most of the things we can say about the Penrose tilings in the plane can already be said about a one-dimensional analog. Here, we do not have something like a tiling, but we do have the same kind of quasiperiodicity, we have a deflation operation playing the same role as in the Penrose case, and we have an algebraic description that foreshadows what can be done in higher dimensions.

The objects to be studied are not tilings, but doubly infinite sequences of zeros and ones, like

$$\ldots 1010010\underline{1}0010101001010010 \ldots$$

One of the entries is underlined, in order to distinguish this sequence from sequences like the one we get by shifting this one a distance 1 to the right.

We can get from such sequences to (finite or infinite) tilings of the infinite line if we take two different tiles, a long one and a short one, and then interpret every 1 in a sequence as a long tile and every 0 as a short one. But this does not reveal very much: we do not have a matching rule, and that takes the fun of the game away.

We explain what is meant by a deflation of such a sequence. We replace every 0 by 1, and every 1 by 10. This can already be done with finite sequences: 00100100001 becomes 11101110111110. In the case of infinite sequences, the deflation rule does not say which digit of the new sequence has to be underlined. If it is done in such a way that the underlined digit ($\underline{0}$ or $\underline{1}$) is replaced by $\underline{1}$ or by $\underline{1}0$, we speak about the "main" deflation.

13. Not every sequence is a deflation of another. An example is the sequence consisting of 0's only. But there are other sequences which are extremely good in this respect. Let us call them ideal sequence. Such a sequence is not just a deflation of another, but the other is a deflation of a third, and that is a deflation of a fourth, etc., etc., to infinity. As a first consequence we mention that a deflation of an ideal sequence is again an ideal sequence, and that an ideal sequence is a deflation of an ideal sequence.

These ideal sequences can be compared to the Penrose tilings. The construction of Penrose tilings by means of deflation, followed by a selection principle, can be immediately copied. We start with a single 1, we apply deflation repeatedly, now and then shifting arbitrarily (we do not want to run risk of the sequence growing to the left only, or to the right only). This leads to an ideal sequence.

Penrose used an argument for the non-periodicity of his tilings. It is a statistical argument that can be easily understood in the case of the ideal sequences. If in a long sequence we have p ones and q zeros, then the deflation shows p' ones and q' zeros, with $p' = p + q$, $q' = p$. Putting $x = p/(p+q)$ we have $x' = 1/(x+1)$. A little analysis shows that if we repeat this, we get $x, x', x'', \ldots$, converging to τ. It follows that the relative density of the 1's in an ideal sequence is τ. This is an irrational number; if an ideal sequence were periodic, the relative density of the 1's would be just the relative density inside a period, and that would be a rational number. Therefore the ideal sequences are non-periodic.

14. Before we go on, we explain the notions "floor" and "roof", and their notations. If x is a real number then $\lfloor x \rfloor$ (the floor of x) is the largest integer $\leq x$, and $\lceil x \rceil$ (the roof of x) is the smallest integer $\geq x$. Examples are $\lfloor 2\frac{1}{2} \rfloor = 2$, $\lceil 2\frac{1}{2} \rceil = 3$, $\lfloor -\frac{1}{2} \rfloor = -1$, $\lceil -\frac{1}{2} \rceil = 0$, and $\lceil 5 \rceil = \lfloor 5 \rfloor = 5$.

Let γ be any real number, rational or irrational. Then we define an infinite sequence, to be denoted by p_γ. The n-th entry of that sequence (where n can be any integer, positive, negative, or zero) is given by

$$p_\gamma(n) = \lceil \gamma + (n+1)\,\tau \rceil - \lceil \gamma + n\,\tau \rceil.$$

If x and y are two real numbers with $0 < y - x < 1$, then the difference $\lceil y \rceil - \lceil x \rceil$ is either zero or one. Therefore the sequence p_γ consists entirely of zeros and ones. As an example we display part of the sequence $p_{\sqrt{3}}$:

... 10110110101101101011010110110101101101101...

The underlined entry shows the position of $n = 0$.

We also define the sequence q_γ, in almost the same way p_γ was defined, by

$$q_\gamma(n) = \lfloor \gamma + (n+1)\,\tau \rfloor - \lfloor \gamma + n\,\tau \rfloor.$$

Let us call a number γ singular if it has the form $k + h\tau$, where k and h are integers. Most real numbers are non-singular. If γ is non-singular, then there is no difference at all between p_γ and q_γ; if γ is singular, then there are exactly two values of n where $p_\gamma(n)$ and $q_\gamma(n)$ are different. If $\gamma = k + h\tau$, then $p_\gamma(-1-h) = 0$, $q_\gamma(-1-h) = 1$, and $p_\gamma(-h) = 1$, $q_\gamma(-h) = 0$.

15. For the sequences p_γ and q_γ it is possible to evaluate the deflation in closed form. We omit the details, and just give the result. If δ and ε are defined by

$$\delta = -(\gamma - \lceil \gamma \rceil + 1)\,\tau,$$
$$\varepsilon = -(\gamma - \lfloor \gamma \rfloor)\,\tau,$$

then it can be shown that the main deflation of p_γ is q_δ, and the main deflation of q_γ is p_ε.

From these formulas it follows that every sequence p_γ and every sequence q_γ is a deflation of another one. This can be continued, and we see that all p_γ and all q_γ are ideal sequences.

The converse is also true (it was proved in [1]): the only ideal sequences are the p_γ's and q_γ's.

It is now relatively easy to get a number of properties which we explained previously in the context of the Penrose patterns. First we note that the set of ideal sequences has the power of the continuum (cf. Section 4), just because different γ's lead to different ideal sequences. And what we said about repetition of finite sections of a pattern can be obtained from the fact that we can get as close to zero as we wish with $k + h\tau$ by taking suitable integers k and h, with $h \neq 0$. If $k + h\tau$ is very small, less than .001, say, then k almost acts as a period. We have, for most values of n,

$$p_\gamma(n+k) = p_\gamma(n);$$

the only candidates for exceptions are the values of n for which either $\gamma + (n+1)\,\tau$ or $\gamma + n\,\tau$ is a distance less than .001 from the nearest integer.

Now assume that two people have each selected an ideal sequence. One has p_γ, the other has p_β. Now they have a hard time showing that their sequences are different. If the integer k is chosen such that $\gamma - \beta + k\tau$ is a distance less than .00001 from the nearest integer, then if the first person shifts his sequence over a distance k, it is hard to distinguish his sequence from that of his opponent. We have almost always $p_\gamma(n+k) = p_\beta(n)$. The only candidates for exceptions are values of n where either $\beta + (n+1)\tau$ or $\beta + n\tau$ is closer than .00001 to the nearest integer.

16. Let us now look at the sequence p_0:

...10110101101101011010$\underline{1}$10110101101101011101...

This is symmetric around the 0$\underline{1}$ in the center, but the whole sequence is not completely symmetric. Its mirror image is the sequence q_0:

...10110101101101011011$\underline{0}$101101011011101101...

A completely symmetric sequence is $p_{-\tau/2}$:

...011011010110101101101$\underline{0}$1101101011010110110...

Now take any sequence p_γ. We can show that it is "almost" symmetric, not around the old center, but around some other point. In order to see this, we suppose that we have an opponent who selected the sequence p_β with $\beta = -\tau/2$. From the end of Section 15 it follows that p_γ has almost-symmetry around centers far away.

It is clear that if we replace our bound .00001 by something smaller, like .00000001, then we may have to go much farther out in order to find a new center for the symmetry, but our reward is that then the set of exceptions is much thinner. This may explain what we meant by using the vague term "quasisymmetry" in the case of the Penrose patterns, for there we can make the same kind of statements.

17. Let us now get back to the arrowed rhombus patterns. Or, rather, let us forget the arrowing for a moment, and just discuss rhombus patterns.

If we have tiled the plane with rhombuses (or, more generally, with parallelograms), then we can form what we shall call the *skeleton* of the tiling. We connect within every rhombus the mid-point of each edge with the mid-point of the opposite edge by means of a dotted line, which is not necessarily straight, but which should stay within the rhombus. The totality of the dotted lines in the plane is what we shall call the skeleton of the tiling (sometimes the term "topological dual" is used). Figure 10 shows such a skeleton.

The skeleton consists of a number of infinite curved lines, and to each one of them belongs a vector, which indicates the length and the direction of the edge in the rhombuses from which the line originated (note that opposite edges in a parallelogram lead to the same vector).

Let us imagine the skeleton lines as just threads, with no rigidity at all. We can deform the whole system of threads arbitrarily, but we are careful never to shift a thread over a point of interaction of two other threads. For each thread we still have the vector; we do not allow these vectors to take part in the deformation. The funny thing is that after the deformation we are still

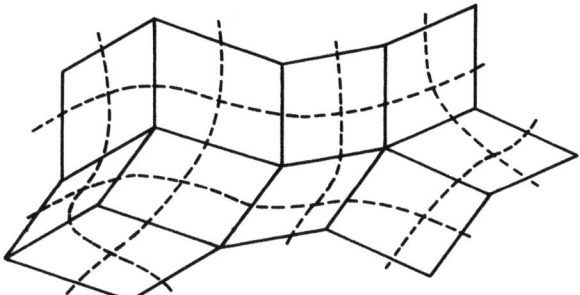

Fig. 10. Skeleton of a parallelogram tiling

able to find the old tiling again. The one we reproduce may have another position in the plane, but that is all — just a shift.

We have described the skeleton starting from a tiling, but we can also start from an arbitrary set of dotted curves in the plane, with arbitrary vectors attached to them. Then in the same way in which we got our tiling back in the case where we started with a tiling, we now still get a tiling, without having started from one. Admittedly, we have to add some extra precautions in order to avoid the tiles overlapping, or pieces of the plane being uncovered, but the general idea is simple. It is a nice game to play: start with a few lines and vectors, draw parallelograms according to our general scheme, and watch how beautifully they fit together. If we take all vectors to be of equal length, then the parallelograms become rhombuses. If, moreover, we admit that the directions of the vectors only make angles which are multiples of 36°, then we get exactly Penrose rhombuses. Figure 11 displays how a skeleton of five lines, with vectors of equal length and all perpendicular to their own line, produces a rhombus tiling of a decagon.

18. The skeleton method, or dual method, gives us all possible parallelogram tilings. The question is, which of them can be provided with arrows according to Fig. 4. Before delving into this question, we first study rhombus patterns in general. By rhombus we now mean those of Fig. 4, but without arrows. The length of the edges is to be taken as the unit of length.

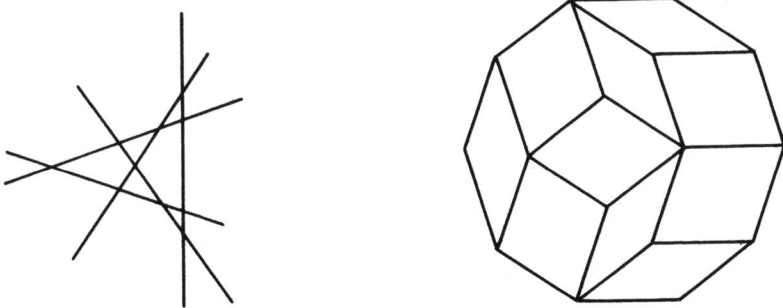

Fig. 11. The dual of a figure of five lines

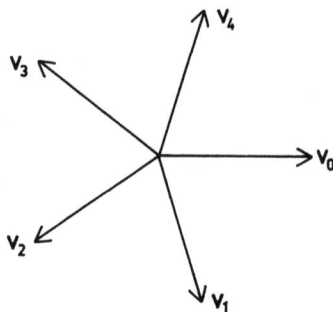

Fig. 12. The vectors v_0, v_1, v_2, v_3, v_4

In order to describe the patterns, we fix a point in the plane, to be called the origin. Starting from the origin we draw five vectors, v_0, v_1, v_2, v_3, v_4, making angles which are multiples of 72° (see Fig. 12). Note that the vector that can be drawn between v_0 and v_1, making angles of 36° with each, can be described as $-v_3$. So, taking steps of 36° in a clockwise direction, we get

$$v_0, -v_3, v_1, -v_4, v_2, -v_0, v_3, -v_1, v_4, -v_2$$

and back to v_0.

Let k_0, k_1, k_2, k_3, k_4 be arbitrary integers. If we start at the origin, and then take k_0 steps of length 1 in the direction of the vector v_0, and then k_1 steps in the direction of v_1, ..., and finally k_4 steps in the direction of v_4, then we get to a point we can denote by

$$k_0 v_0 + k_1 v_1 + k_2 v_2 + k_3 v_3 + k_4 v_4. \qquad (1)$$

Unfortunately the k's are not uniquely determined: a point can be described by different sets of k's. We have the relation $v_0 + v_1 + v_2 + v_3 + v_4 = 0$ between the v's, and essentially that is the only relation with integral coefficients relating them. This means that if we add one and the same integer to each k_i, then (1) keeps representing the same point of the plane.

We now consider any rhombus tiling, and move it so that a vertex falls in one of the points (1), and the edges leaving that vertex fall in the set of 10 vectors of our clock. We can reach any other vertex of our tiling by a sequence of steps of length 1 in the direction of the vectors of the clock, and therefore any vertex of the tiling has the form (1).

In spite of the non-uniqueness of the k's in general, we can attach a unique 5-tuple $(k_0, ..., k_4)$ to every vertex of our tiling, just going step by step from vertex to vertex. At every step we merely have to add one of the 10 vectors of our clock, which means adding either 1 or -1 to just one of the k_i's. It can be proved that if we arrive a second time at a vertex, we get the same 5-tuple (and not the same k_i's with one and the same integer added to all).

19. We now specialize to the case when the rhombuses are arrowed according to Fig. 4. The question can be asked what the characteristics are of the set of all 5-tuples $(k_0, ..., k_4)$ which are involved. We can, of course, just experiment a bit with not too small finite patterns, and then we discover the sur-

prising fact that the sum $k_0 + \ldots + k_4$ (which we shall abbreviate to k) takes four different values only. This is not hard to prove. We show that it is possible to attach an element from the set $\{1,\ldots,4\}$ to every vertex (that element will be called the level of that vertex) in such a way that if we step from one point to another one in one of the directions v_0, v_1, v_2, v_3, v_4, then the level increases by 1, and if we step in one of the directions $-v_0$, $-v_1$, $-v_2$, $-v_3$, $-v_4$ the level decreases by 1. First we consider arrows in one of the directions v_0, v_1, v_2, v_3, v_4. The levels are taken such that an arrow runs from 2 to 3 if it is a single arrow, and from 3 to 4 if it is a double one. Arrows in the directions $-v_0$, $-v_1$, $-v_2$, $-v_3$, $-v_4$ run from 3 to 2 for single arrows and from 2 to 1 for double ones. One might fear that the label of a point depends on the arrow it is considered to be the head or the tail of, but just by inspecting which arrowed rhombuses can meet at a point, we can check that there is no such dependence.

Once we have these levels, we take any point with level 1, and choose the origin in the plane such that for this point $k = k_0 + \ldots + k_4 = 1$. It follows that for every vertex the level is equal to $k_0 + \ldots + k_4$.

This result concerning the four levels led R. M. Wieringa (in 1980) to the remark that every arrowed rhombus pattern can be considered as the projection of a three-dimensional figure consisting of rhombuses of just one size: the golden rhombus. We put the arrowed rhombus pattern in a horizontal plane, and just raise the points with level j vertically over a distance $j/2$. The rhombuses in space which project into the thick rhombuses in the plane have their short diagonals horizontal, and those which project into thin rhombuses have their long diagonals horizontal.

With these so-called Wieringa roofs we are very close to the three-dimensional tilings with two different rhomboids (see Section 25).

20. The information we have obtained about the set of 5-tuples $(k_0, \ldots, k_4)$ that we get in an arrowed rhombus pattern, viz. the fact that the sum of the k_i's is so restricted, can be considerably extended. Let us interpret the 5-tuples as points in a 5-dimensional space. Actually they can be called the lattice points of that space. The space can be filled with unit cubes, each having its center in a lattice point. Now we can express an amazing and very useful result (as long as we forget about the singular cases to be mentioned later): we can find a two-dimensional plane with the property that the 5-tuples arising from the arrowed rhombus pattern vertices are just the centers of all the cubes which are hit by that plane!

This result can be obtained from the pretty form of the duals of the arrowed rhombus patterns, which we shall describe in the next sections.

21. Let us first explain the notion of a *pentagrid*.

We start with the five vectors v_0, v_1, v_2, v_3, v_4 in a plane. We draw a line through the origin perpendicular to the vector v_0, and an infinite set of lines parallel to this one, with distance 1 between each line and its neighbors. This set of lines is called the basic grid. Next we take five real numbers γ_0, γ_1, γ_2, γ_3, γ_4, which we call the grid parameters.

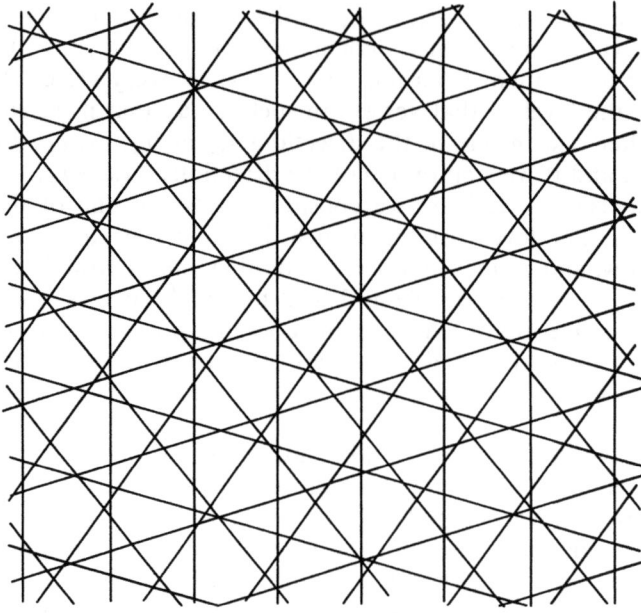

Fig. 13. A pentagrid

We shift the basic grid over a distance γ_0 in the direction of the vescot v_0. This gives the first component of the pentagrid we are building. After this, we rotate the basic grid clockwise over 72°, then shift it over a distance γ_1 in the direction of v_1, which gives us the second component of the pentagrid. Similarly we get the third, fourth and fifth components. A picture of a pentagrid is given in Fig. 13.

22. We can restrict the pentagrids by an extra condition:

$$\gamma_0 + \ldots + \gamma_4 \text{ is an integer.} \tag{2}$$

If (2) holds, we speak of *zero-sum pentagrids*. (In [2] these zero-sum pentagrids were simply called pentagrids.)

A pentagrid is called singular if somewhere it has three lines through a point. If that happens with a zero-sum pentagrid then there is an entire line in the pentagrid where all intersections with lines from other pentagrid components come in pairs. And finally there are exceptionally singular pentagrids, where there is a point through which lines from five components pass. In that case, the five grid lines through that point are singular themselves. There are also other cases of singularity if (2) does not hold, but we will not discuss them here.

23. Pentagrids will be taken as skeletons: we are forming the duals in the obvious way. To every skeleton line we have to attach a vector; we always take the one from the set $v_0, \ldots, v_4$ that is perpendicular to the line.

The importance of the zero-sum pentagrids is that their duals lead to the arrowed rhombus patterns, and that all arrowed rhombus patterns can be obtained in this way. These statements are not yet entirely correct: we have to be rather more precise.

The construction of the dual of a skeleton fails if somewhere three or more skeleton lines pass through a point. We have to exclude these. For non-singular zero-sum pentagrids it can be proved (see [2]) that the edges of the rhombuses in the dual can be provided with single and double arrows so that the rhombus tiling becomes an arrowed rhombus pattern. Actually this is unique: it is not hard to show that a rhombus tiling can be arrowed in at most one way.

If we only take the duals of non-singular zero-sum pentagrids we do not yet get all arrowed rhombus patterns. There are exceptional cases for which we do need the singular pentagrids.

We devote some attention to perturbations of a pentagrid. Let us first discuss the case when the parameters $\gamma_0, \ldots, \gamma_4$ lead to a non-singular zero-sum pentagrid. Next, we alter the parameters a very little, but still fulfill the relation (2). This alteration will only have an effect on the dual far away. Trouble can arise only if at some moment during the alteration of the γ's three grid lines pass through a point. That will change the tiling. In a certain hexagon, the way in which it was tiled with three rhombuses turns into another one: the hexagon flips around without changing the arrowing on the circumference. But if the variation of the γ's is very small, this will only happen very far away. And if we want a big piece of the rhombus pattern to be undisturbed by the perturbation, then this can be guaranteed by choosing a small number and requiring the variation of the parameters to be less than that number.

If the parameters $\gamma_0, \ldots, \gamma_4$ of a zero-sum pentagrid lead to a singular case, we can manage to alter them by just a very small amount and get cases of non-singularity. In the case when the singularity is of the type of one line with three-fold intersections (let us think of that line as being vertical), then a perturbation may shift the line so that it runs everywhere to the left of the two-fold intersections it went through before. If the perturbation is very small, then it does not matter how small, since, just as in the regular case, the influences are only felt far away. But, if instead of shifting the line to the left we make it shift to the right, then we get a different pattern. The difference between the two tilings lies only in the way in which the infinite pile (corresponding to the singular line) of hexagons is filled. If we pass from the left to the right, that pile flips around its central line, and nothing else changes in the tiling.

The arrowed rhombus patterns with a singular line as just described show the same kind of incomplete symmetry as the ideal sequences p_0 and q_0, discussed in Section 16.

Apart from these singular pentagrids with a single singular line, there is still the exceptionally singular zero-sum pentagrid. The essential case is the one with $\gamma_0 = \ldots = \gamma_4 = 0$. Now five lines pass through the origin, and instead of two different perturbations, we get ten, and ten different arrowed rhombus patterns. A piece is depicted in Fig. 14. The central decagon is the same as in Fig. 11; that figure can be considered as the dual of a perturbation of a skeleton consisting of five lines through a point.

The pattern is called a cartwheel. Radiating from the central part we have ten spokes, consisting of piles of hexagons. If we rotate the wheel over 36°,

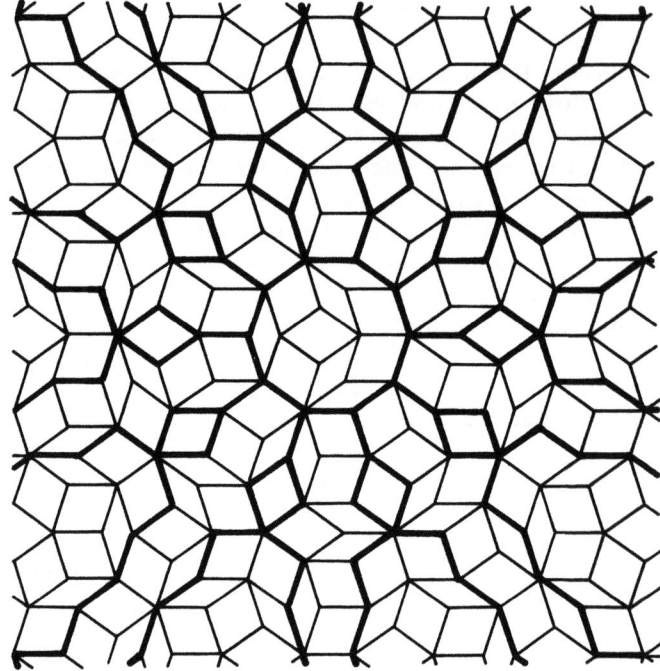

Fig. 14. The cartwheel

then the decagon changes its interior and some of the spokes flip round, but nothing changes in the spaces between the spokes. The ten sectors between the spokes are all the same, and they are symmetric in themselves.

24. It can be proved that what we have described thus far is exhaustive: every arrowed rhombus pattern can be obtained from either a regular zero-sum pentagrid by dualizaton, or by dualization of infinitesimal perturbations of a singular one. This was proved in [2], using the deflation technique.

Knowing this, we have an easy way into the study of the arrowed rhombus patterns. Properties like symmetry and quasiperiodicity are easy to formulate and derive for pentagrids; the results are easily translated into results for the tilings.

In particular we can show that two zero-sum pentagrids are always equivalent in the same sense in which we claimed that any two ideal sequences are equivalent. Any finite portion of the one can be found in the other, possibly far away. This can be translated to the tilings, and in particular we see that every arrowed rhombus pattern contains arbitrarily large pieces of a cartwheel.

25. It is quite easy to generalize the pentagrid method, and get many other kinds of tilings. In particular (see [5]) one can replace the vectors v_0, v_1, v_2, v_3, v_4 by vectors v_0, v_1, v_2, v_3, v_4, v_5 in three-dimensional space, with direc-

tions along the 6 main diagonals of an icosahedron. Instead of the 5 sets of parallel lines, we now take 6 sets of parallel planes. The dual of this hexagrid becomes a tiling of the space with only two kinds of building blocks: a thick rhomboid and a thin rhomboid. It is this kind of space tiling that is believed to describe the structure of the actual quasicrystals with icosahedral symmetry. The symmetry is the beautiful symmetry of the X-ray diffraction pattern, which a mathematician describes by the Fourier transform of the tiling.

For an extensive account of the multigrid method we refer to [4], and for an account of the Fourier theory of quasicrystals to [3].

References

1. de Bruijn, N. G.: Sequences of zeros and ones generated by special production rules. Kon. Nederl. Akad. Wetensch. Proc. Ser. A *84* (= Indagationes Mathematicae *43*), 27–37 (1981)
2. de Bruijn, N. G.: Algebraic theory of Penrose's non-periodic tilings of the plane. Kon. Nederl. Akad. Wetensch. Proc. Ser. A *84* (= Indagationes Mathematicae *43*), 38–66 (1981)
3. de Bruijn, N. G.: Quasicrystals and their Fourier transforms. Kon. Nederl. Akad. Wetensch. Proc. Ser. A *89* (= Indagationes Mathematicae *48*), 123–152 (1986)
4. de Bruijn, N. G.: Dualization of multigrids. In: Proceedings of the International Workshop Aperiodic Crystals, Les Houches 1986. Journal de Physique *47*, Colloque C3, supplement nr. 7, 9–18, July 1986
5. Kramer, P., Neri, P.: On periodic and non-periodic space fillings of E^m obtained by projection. Acta Cryst. A *40*, 580–587 (1984)
6. Gardner, M.: Mathematical games. Extraordinary nonperiodic tiling that enriches the theory of tiles. Scientific American, Jan. 1977, pp. 110–121
7. Penrose, R.: The role of aesthetics in pure and applied mathematical research. Bull. Inst. Math. Appl. *10*, 266–271 (1974)
8. Penrose, R.: Pentaplexity. Math. Intelligencer *2* (1), 32–37 (1979)
9. Shechtman, D., Blech, I., Gratias, D., Cahn, J. W.: Metallic phase with long-range orientational order and no translational symmetry. Phys. Rev. Lett. *53* (20), 1951–1953 (1984)

Schlußdiskussion

zum Thema
„Die aktuelle Bedeutung von Symmetrie"

Diskussionsleitung: Rudolf Wille

Diskussionsteilnehmer: Rudolf Arnheim, Nicolaas G. de Bruijn, Elmar Holenstein, Peter Kramer, Helga de la Motte-Haber, Adolf Max Vogt

Wille: Da uns die fächerverbindende Zusammenschau am Thema Symmetrie auf diesem Symposion am schwersten gefallen ist, möchte ich das Thema „Die aktuelle Bedeutung von Symmetrie" weiter fassen zu der Frage, wie weit wir als Wissenschaftler in einem kontrollierten Diskurs über Symmetrie sprechen können. Das betrifft vor allem die Frage: Was ist Symmetrie, und was bedeutet Symmetrie?

Arnheim: Ich fände es durchaus verständlich, wenn nach einem solchen viertägigen Ausflug mit all diesen reichen Darbietungen man das Bedürfnis hätte, ein schön handlich eingepacktes Ergebnis nach Hause mitzunehmen, so daß man klar mitbekommen hat, was Symmetrie ist. Meiner Ansicht nach ist das nicht das wahrscheinliche Ergebnis solcher Symposien und vielleicht auch gar nicht das wünschenswerte. Für mich ist es immer das Kreuzfeuer der Anregungen, die von so sehr verschiedenen Seiten ausgehen, die man sich selbst allmählich aussortiert und die dann zu einer großen Bereicherung führen. Trotzdem scheint es mir sinnvoll, zu fragen: Was ist denn nun aus dem Begriff der Symmetrie geworden in diesen vier Tagen? Vielleicht kann ich Ihnen zwei Modelle vorschlagen. Nehmen Sie ein Glas Wasser und tun Sie ein Stück Zucker hinein. Dann wird sich der Zucker verflüssigen, und eine Süße wird den ganzen Behälter durchziehen. Das wäre ein Modell. Und das andere wäre eine Salzlösung, wie wir sie aus Stendhals Buch „Über die Liebe" kennen, wo ein Faden in eine Salzlösung hereingelassen wird und sich dann ein wunderschöner Salzkristall in dem Behälter bildet. Das sind zwei mögliche Endformen. Ich muß sagen, daß, je reicher der Begriff wurde im Laufe der Tage — und er hat sich ungeheuer bereichert —, je mehr hat er sich verflüchtigt. Schuld daran ist zum Teil die Terminologie, die wir anwenden, was wir Symmetrie nennen und was wir nicht Symmetrie nennen. Ich will ein Beispiel herausgreifen aus dem, was wir gehört haben, um das zu illustrieren. Mit großem Interesse habe ich Herrn Holenstein zugehört, der im wesentlichen zwei Anwendungen auf die Literatur diskutiert hat. In einem Fall sprach er, wenn ich ihn recht verstanden habe, über die strukturelle Ähnlichkeit zwischen Wortformen und Inhalt. Er sagte, daß dieselben Wortformen, zum Beispiel in der zeitlichen Folge, dem gleichen Inhalt entsprechen oder nicht entsprechen können. Ich würde das niemals Symmetrie nennen. Ich würde das Analogie nennen, oder vielleicht im Sprachgebrauch der Gestaltpsychologie würde ich das einen Isomorphismus nennen, aber keine Symmetrie. Hingegen, wenn er sehr interessant ein japanisches Haiku zerlegte, in dem die zwei kurzen Linien symmetrisch sind zu der längeren Linie in der Mitte, so haben wir da in der Tat eine visuelle Symmetrie vor uns. Diese ist dann aber von einem Zeitvektor überlagert, weil ja in jeder sprachlichen Aussage die Wörter aufeinander folgen. Diese Zeitdimension ist es auch, die uns fragen läßt, ob es in einer musikalischen Tonfolge überhaupt Symmetrie geben kann. Ich möchte nur sagen, daß der Begriff Symmetrie und die Definition der Symmetrie nicht zufällig und nicht unserer Willkür ausgesetzt ist, sondern daß es darauf ankommt, wieviele Begriffe wir brauchen, was wir auseinanderhalten müssen, was wir in einen Begriff zusammensetzen können.

Holenstein: Es mag sein, daß die Form der Ähnlichkeit, die Sie erwähnt haben, besser mit dem Begriff der Analogie abgedeckt wird als mit dem der Symmetrie. Aber ich habe in der Beschäftigung mit Symmetrie auch gelernt, soweit ich die Naturwissenschaftler und Mathematiker verstanden habe, daß Symmetrie in einem sehr weiten Sinn gebraucht wird für alles, was invariant bleibt bei Transformationen. In diesem weiten Sinn ist Symmetrie nur ein anderer Begriff für Invarianz.

de la Motte-Haber: In diesen Tagen wurde sehr oft geäußert, daß offensichtlich keine Verständigung über den Symmetriebegriff zu erreichen wäre. Für mich war die Diskussion relativ einheitlich und abgeschlossen. Das, was hier zu Schwierigkeiten in der Verständigung geführt hat, ist der Umstand, daß der Begriff Symmetrie leicht erkenntnistheoretische Probleme aufwirft in dem Sinne, daß Symmetrien als Kategorien der Anschauung zu konstruieren offensichtlich zu den grundlegenden Modalitäten des menschlichen Denkens gehört und vielleicht sogar die erste Stufe des Erkennens beim Kind ist. Zumindest was das Erkennen bei akustischen Phänomenen anbelangt, unterscheiden Kinder zunächst einmal nur „identisch" – „nicht identisch", sie unterscheiden noch nicht „heller" – „dunkler" oder „höher" – „tiefer" bei Tönen, was darauf hinweist, daß Invarianz zu erkennen oder – um einen umgangssprachlichen Begriff zu benutzen – daß Gleichheit zu erkennen grundsätzlich unser Erkenntnisvermögen ausmacht. In dem Moment, wo wir sagen, es ist möglicherweise etwas, was unser Erkenntnisvermögen im Alltagsleben und was unser Erkenntnisvermögen dann auch im wissenschaftlichen Bereich ausmacht und was, wie immer gestört, dann die geistigen Projektionen in Form von Kunst wiederum bestimmen könnte, in dem Moment können wir den Begriff dann auch nicht mehr so leicht ganz rein definiert und ideologiefrei benutzen. So würde ich doch sagen, daß die etwas ausgeweitete und manchmal für mich mit etwas zu heftigen Reaktionen begleitete Diskussion etwas ist, was diesen Begriff sanktioniert.

Wille: Wie manche von Ihnen vielleicht gesehen haben, habe ich einen Beitrag in dem Katalogband zur Symmetrie-Ausstellung mit dem Titel „Symmetrie – Versuch einer Begriffsbestimmung" veröffentlicht. Dort ist der Versuch einer lexikalischen Definition von Symmetrie gemacht, die sicherlich in der Kürze leicht mißverständlich ist — insofern kann ich nur darauf verweisen, das genauer nachzulesen —; sie lautet: Symmetrie ist Gleichheit von Teilen als Ausdruck eines Ganzen. Damit ist Symmetrie nicht im vollen Bedeutungssinn entfaltet, sondern eher gegenüber anderen Begriffen wie Ordnung und Hierarchie abgegrenzt. Das sagt nicht, wie weit derartige Begriffe auseinanderfallen, es sagt auch nicht, welche Bedeutungsebenen dort mitschwingen oder sogar unveränderbar mit dem Begriff Symmetrie verbunden sind, sondern es ist nur ein Angebot für eine Begriffsdefinition auf gemeinsprachlicher Ebene.

Kramer: Ich meine, wenn diese Tage etwas aus meiner Sicht sehr Wichtiges gebracht haben, dann ist es die Darstellung der Diversität, die in Symmetrie, aus Symmetrie entwickelt werden kann, der möglichen Differenzierung, wenn dieser Begriff entwickelt wird, was natürlich nicht heißt, daß wir die Dinge auseinanderfallen lassen. Vom Standpunkt des Naturwissenschaftlers, genauer des Physikers, sind natürlich solche Unterscheidungen im Symmetriebegriff auch schon innerhalb der Physik unbedingt notwendig. Erlauben Sie mir, ganz kurz auf einige deutliche Unterschiede hinzuweisen. In einem Beispiel, das Herr Gombrich in seinem Vortrag anführte, argumentierte er etwa so: Kepler habe versucht, mit den platonischen Körpern durch Einbettung der Himmelssphären nachzuweisen, wie denn nun die Abstandsgesetze der Planeten auf ihren Kugelsphären mit Symmetrieprinzipien zu erklären seien. Er führte dann weiter aus, daß Kepler später gezwungen war, anhand der Beobachtungen von Tycho Brahe diese Sphären aufzugeben und an ihre Stelle Ellipsenbahnen zu setzen. Das war natürlich ein großer Bruch, weil ja aus der Antike her die Symmetrie des Kreises und der Kugel ein zentrales Motiv war. An dieser Stelle möchte ich das, was Herr Gombrich sagte, fortsetzen. Kepler hat in diesem Moment etwas wirklich Entscheidendes entdeckt, nämlich daß die Symmetrie nicht im Phänomen vorliegen muß, in der elliptischen Bahn, sondern im Gesetz. Es ist tatsächlich so, daß das Keplersche Gesetz Ausdruck genau der Drehsymmetrie ist, die man im äußeren Erscheinungsbild eben zunächst einmal nur auf die Kugel bezieht. Wie Herr Michel in seinem Vortrag betont hat, unterscheiden wir in der Physik zwischen Symmetrie des Phänomens und Symmetrie des Gesetzes. Ein weiterer Schnitt innerhalb der Physik ist ohne Zweifel der zwischen makroskopischen und mikroskopischen Phänomenen, in denen sich eben auch die Symmetrie in sehr verschiedener Weise spiegelt: so hat man etwa in der Thermodynamik Symmetrien in vielteiligen, komplexen Systemen ganz anders als bei Einzelphänomenen. Andererseits zeigt die Physik die Verknüpftheit der kosmischen Phänomene mit den isolierten Einzelphänomenen und versucht so, wieder Zusammenhänge herzustellen. Sie geht schließlich davon aus, daß in der präzisen Formulierung und Ausarbeitung des Symmetriebegriffs auch die Möglichkeit der Erweiterung steckt; dabei helfen die Mathematiker den Physikern, weil sie die allgemeine Struktur dieser Begriffe aufhellen. Nun, ich will hier nicht weiter über Physik sprechen, sondern auf das wichtigere Thema kommen: die Verbindung zwischen Naturwissenschaften, Geisteswissenschaften und Kunst. Man darf sicher nicht den gegenwärtigen Begriff der Symmetrie aus der Naturwissenschaft als Paradigma sehen, den alle anderen zu akzeptieren hätten. Ich meine im Gegenteil, daß wir einen fruchtbaren

Dialog brauchen, wie wir ihn auf diesem Symposium an vielen Stellen, nicht nur in den Plenarvorträgen, sondern auch in den Workshops, gehabt haben. Lassen Sie mich ein Beispiel dazu nennen. Gestern abend hatten wir einen Vortrag von Herrn Weitzel über Farbsymmetrie in der Kristallographie und in der Kunst. Es war dabei aufregend zu sehen, wie Phänomene einander ähnlich sind, die einerseits aus einer sehr präzisen Wissenschaft stammen und andererseits der schöpferischen Entfaltung von Farben auf der Leinwand entstammen. Eine letzte Bemerkung zur Funktion des Visuellen: Ich hatte den Eindruck, daß in vielen Vorträgen die Verbindung zwischen Symmetrie und dem, was man sieht, der Anschauung, sehr stark dominiert. Es ist natürlich so, daß man in der Naturwissenschaft gezwungen ist, über den Bereich der visuellen Wahrnehmung hinauszugehen. Man möchte eben auch die Symmetrie eines Knäuels verstehen und nicht bloß die eines schönen Dreiecks. Ich glaube allerdings andererseits, daß die Naturwissenschaft – zumindest möchte ich das für die Physik sagen – in vielen Punkten notwendig zu dem Visuellen zurückkehren muß, einfach deshalb, weil die Dominanz des Augensinnes beim Menschen so wesentlich ist, daß wir immer wieder versuchen – auch in der Naturwissenschaft – uns ein Bild zu machen von der neuen Struktur, die wir verstehen möchten. In diesem Sinne meine ich, daß es ein wichtiges Verbindungsglied zwischen Naturwissenschaft, Geisteswissenschaft und Kunst gibt.

Vogt: Was Herr Kramer angesprochen hat, das Zusammenwirken der beiden Bereiche Naturwissenschaft und Geisteswissenschaft, das ist eine ganz seltene Sache. Auch wenn sie de facto durchgespielt wird, heißt das noch lange nicht, daß durch die Bereitschaft zum Austausch eine Annäherung erreicht wird. Doch auf diesem Symposion ist es geschehen.

De Bruijn: Ich glaube, daß es nützt, ein Wort wie Symmetrie in verschiedenen Fachgebieten zu vergleichen, doch denke ich auch, daß man zur Mathematik gehen soll, um den Begriff wirklich zu verstehen. In der Mathematik besteht große Einigkeit über das, was der Begriff ist. Wenn man hier zehn Mathematiker fragen würde, was Symmetrie ist, dann bekäme man achtmal etwa dieselbe Antwort. Das ist vielleicht die Ursache dafür, daß viele Leute denken, daß Symmetrie ein mathematischer Begriff ist. Das ist er nicht, nirgendwo in der Mathematik ist er definiert. Symmetrie ist ein Wort aus der Methodologie, vergleichbar mit anderen Wörtern der Methodologie wie Theorie oder Definition, die auch keine mathematischen Begriffe sind.

de la Motte-Haber: Ich möchte, für einige sicherlich etwas langweilig, aber doch vielleicht klärend, einen Exkurs in die Geistesgeschichte wagen, um die Differenzierung zwischen Natur- und Geisteswissenschaften etwas aufzulösen. Wir haben seit der Antike bis in die Neuzeit eine Disziplin gehabt, die allen Disziplinen umfassend vorgeordnet war, das war die Mathematik, als philosophische Disziplin, weil eben geglaubt wurde, daß in allem, in der Natur, im Menschen, in den Kunstprodukten, irgendwie die Zahl sich als regulierendes Prinzip findet. Im 19. Jahrhundert haben wir dann einen extremen Niedergang der Philosophie und das unglaubliche Aufblühen der Naturwissenschaften. Ich weiß nicht, wen man alles zitieren könnte, mir fällt vor allen Dingen Hermann von Helmholtz ein, mir fällt Fechner ein, mir fällt aber auch mit Riemann ein sehr berühmter Musiktheoretiker ein. Es sind alles Leute, die an sich von der

Philosophie ausgegangen sind, dann aber gesehen haben, daß mit den allgemeinen Kategorien die Welt nicht mehr faßbar ist. So haben sie versucht, im Detail zu gucken, ob man nicht doch die Welt erkennen könnte, vielleicht nur ganz partikelchenweise. Das ist schon thematisiert im Vorwort der „Tonpsychologie" von Stumpf. Wir haben andere Ansätze, insbesondere das monistische Programm, wo man geglaubt hat, aus den Naturgesetzen, weil alles eine Sache sei, die geistigen Gebilde erklären zu können. Das war der große Anspruch der Naturwissenschaften im 19. Jahrhundert, der um 1890 gescheitert gewesen ist. Dann kam die Heidelberger Schule, Windelband und Rickert, die gesagt haben: Die Naturwissenschaftler, die fragmentieren ja die Wirklichkeit nur. Damit kam die Kategorie der Geschichte und die Kategorie des Lebens in den Vordergrund. Der Begriff der Geisteswissenschaften, von der Heidelberger Schule kreiert, ist ein polemischer Begriff; aus diesem Grund lehne ich ihn ab. Es war natürlich klar, daß diese wenigen Philosophen, wie bedeutend sie auch immer sind, nicht die inzwischen auch etablierten Naturwissenschaften und die sich im Gefolge der Naturwissenschaften etablierenden Sozialwissenschaften entthronen konnten. Bei der dummen Diskussion um Natur- und Geisteswissenschaften fragt sich, wo die Sozialwissenschaften, die vielleicht die vordringlichsten Wissenschaften in unserem Jahrhundert sind, bleiben sollen. Wir haben heute nicht mehr eine Diskussion um Kategorien, sondern eine Diskussion um Methoden. Daß Wissenschaftler solche spezialisierten Methoden benützen, sollte nicht hindern, daß wir doch einen einheitlichen Begriff von Wissenschaft haben, den ich nach wie vor an dem Begriff der Erkenntnis definieren würde. Das heißt, daß man an Richtigkeit oder Falschheit von Ergebnissen die Wissenschaft mißt und sie nicht weiter in Sektoren aufteilt, wie immer spezialisiert der einzelne arbeiten muß.

Wille: Schönen Dank für diesen Exkurs. Vielleicht können wir das mit in die Diskussion nehmen, wenn wir zurückkommen auf das Thema „Die Bedeutung von Symmetrie". Wir haben bisher sehr stark Symmetrie als Erkenntnisprinzip angesprochen. Auf diesem Symposion haben wir jedoch durchaus andere Bedeutungen von Symmetrie kennengelernt: Ordnungsprinzip, Orientierungsprinzip, Zweckmäßigkeitsprinzip, Gestaltungsprinzip. Für mich ist die Frage auch hier, wieweit der Bereich der Wertungen und Deutungen mit diesen Prinzipien zusammenhängt.

Aus dem Publikum: Ich möchte zunächst Frau de la Motte vollkommen zustimmen in ihrer Kritik an einer völlig antiquierten Ausdeutung von Natur- und Geisteswissenschaften. Die ist meiner Ansicht nach längst überholt. Ich sehe mittlerweile eine ganz andere Polarität. Denken Sie daran, wie Herr Arnheim den schönen Christus von Autin analysiert hat als schön und ebenmäßig. Ist ihm da nicht bewußt geworden, daß man mit derselben Argumentation die Gestalt einer Bombe analysieren kann? Die ist ja auch sehr schön ausgewogen. Nehmen Sie ein anderes Beispiel: Während sich hier Herr Gombrich in einer sublimen Betrachtung über die japanische Blumensteckkunst in einem sehr überzeugenden Vortrag, den ich selber beklatscht habe, ergangen hat, da wurde vielleicht im selben Moment ein ganzes Areal von tropischem Regenwald abgeholzt, was ein Stück unserer zukünftigen Vernichtung bedeutet. Ich glaube, an dieser Stelle müßte die Kritik, die konstruktive Selbstkritik dieses Symposions ansetzen. Deswegen finde ich, daß solche Sprüche „Ich bin begeistert" und „Es hätte gar nicht besser sein können" etwas überzogen sind.

Arnheim: Das ist natürlich ein sehr überzeugender Punkt. Es klingt so, als ob wir uns in einer weltfremden Tätigkeit befunden haben. Ich möchte dazu nur einen erzieherischen Gesichtspunkt anführen. Wenn es sich darum handelt, Kinder oder junge Menschen zu erziehen, dann haben wir im Grunde zwei einander entgegengesetzte Möglichkeiten. Eine ist zu sagen: „Die Welt ist grauenhaft, die Welt ist voller Schrecken, die Welt ist voller Unordnung. Deshalb müssen wir die Kinder oder die jungen Leute sogleich und intensiv damit befassen." Das ist dann eine Art erster Einführung in die Schrecken der Welt. Dann gibt es eine andere Möglichkeit, in der man sagen kann: „Was du am meisten brauchst, um die Welt zu verstehen, zu beurteilen und – wenn Sie wollen – zu verurteilen, ist ein Begriff dessen, was die Welt sein sollte." In diesem Sinne ist die Kunst im traditionellen Verständnis tätig. Andererseits sind die Künste auch der Versuchung anheimgefallen, die Zerstörung der Welt, die Sinnlosigkeit der Welt nicht zu interpretieren, sondern einfach zu vergrößern. Es erscheint mir als eine sehr wesentliche erzieherische Entscheidung, die wir zu treffen haben: Wie bereiten wir denn unsere Kinder am besten auf die Welt vor, über deren Schwierigkeiten und Entsetzlichkeiten wir ja alle einer Meinung sind?

Holenstein: Bei der Vorbereitung auf das Symposion bin ich auf einen kurzen Aufsatz von nur fünf Seiten von Georg Simmel, einem Soziologen der Jahrhundertwende, gestoßen, auf den Aufsatz „Soziologische Ästhetik" von 1896. Da findet man die These, daß nicht eine Affinität bestehe zwischen einer Diktatur und Kunstformen, die mit Symmetrie zu tun haben, wie das gestern in der Diskussion vertreten wurde, sondern viel ärger, viel stärker, eine Affinität zwischen Diktatur und symmetrischen Gesellschaftsstrukturen. Die symmetrische Anordnung mache die Beherrschung vieler von einem Punkt aus leichter, d.h. eine symmetrische Gesellschaftsstruktur mache eine effiziente Beherrschung der ganzen Gesellschaft möglich. Dagegen würden Asymmetrien der Eigenständigkeit und dem Widerstand förderlich sein. Was mir zu denken gegeben hat, war, daß ich bei dem Biologen Manfred Eigen eine ganz ähnliche Begründung für symmetrische Strukturen in der Biologie gefunden habe. Eigen schreibt, daß der funktionale Vorteil von symmetrischen Strukturen darin liege, daß sie eine höhere Evolutionsgeschwindigkeit erlauben. Eine vorteilhafte Mutation wirke sich in ihnen auf alle Untereinheiten gleichzeitig, in den asymmetrischen dagegen nur auf eine Untereinheit aus. Ich frage mich, ob diese Zuordnungen von Diktatur und Symmetrie sowie Demokratie und Asymmetrie nicht zu einfach sind. Ich komme immer mehr zu der Überzeugung, daß dasjenige, was eine totalitäre Gesellschaft von einer demokratischen Gesellschaft, wie sie uns als Ideal vorschwebt, unterscheidet, nicht so sehr der Unterschied zwischen Symmetrie und Asymmetrie ist, als der Unterschied zwischen oberflächlichen *mono*symmetrischen Verhältnissen (im totalitären Staat) und dynamischen, latenten *multi*symmetrischen Verhältnissen (in der Demokratie). Es gibt in totalitären Staaten ganz eindeutig eine Oben-Unten-Asymmetrie. Demokraten sind hingegen dadurch ausgezeichnet, daß nicht nur Unten von Oben abhängig ist, sondern Oben immer auch von Unten und daß man das ganze Verhältnis umkehren kann, daß die Opposition z. B. die Regierung übernimmt und die Regierung in die Opposition muß. Es gibt eine Reihe von symmetrischen Beziehungen, die in demokratischen Gesellschaften ein dichtes Geflecht bilden und sich ausbalancieren.

Aus dem Publikum: Bei einem Workshop, der sich mit der Symmetrie in der Kunst beschäftigt hat, wurde eine Definition verwendet, die ich für eine weiterführende Veranstaltung für außerordentlich reizvoll hielte. Sie beinhaltete, daß es zwischen Symmetrie und Asymmetrie nur einen graduellen Unterschied zwischen Gleichgewicht und gerichteten Kräften gibt. In dieser Richtung fände ich eine Fortsetzung dieser Diskussion sehr interessant, wobei die Sozialwissenschaften stärker einbezogen werden müßten, denn auf diesem Symposion waren Naturwissenschaft und Kunst doch ein bißchen schwergewichtig. Vielleicht wäre das ein Anfang für einen Dialog, der dann auch in der politischen Aktualität Bedeutung hat.

Wille: Wenn auch das Symposion zu wenig Sozial- und Geisteswissenschaften einbezogen haben mag, möchte ich zum Schluß doch anmerken, daß das Engagement für dieses Symposion aus diesem Bereich seinen stärksten Impuls bekommen hat. Es war vor allem Hartmut von Hentig (leider hat er an diesem Symposion nicht teilnehmen können), der uns angeregt hat, hier an der Hochschule seit Jahren fächerverbindend zu arbeiten. Geholfen hat uns dabei sein Buch „Magier oder Magister?", das den Untertitel trägt „Über die Einheit der Wissenschaft im Verständigungsprozeß". Seine Kollegen haben ihn gerade zum sechzigsten Geburtstag ein Buch gewidmet mit dem Titel „Ordnung und Unordnung". Dieses Thema klang vielfach bei unseren Diskussionen an. Vielleicht kann es uns anregen, in einem zukünftigen Symposion die begonnene Auseinandersetzung fortzusetzen.

Programm des Symmetrie Symposions

Freitag, den 13. Juni 1986

16.15 Eröffnung des Symposions unter Mitwirkung des Kammerorchesters der Technischen Hochschule Darmstadt
Begrüßung und Ansprachen: der Staatssekretär des Hessischen Ministeriums für Wissenschaft und Kunst, der Oberbürgermeister der Stadt Darmstadt, der Präsident der Technischen Hochschule, der Leiter des Symposions

PLENUM

17.00 Rudolf Arnheim (Ann Arbor): „Stillstand in der Tätigkeit"
19.00 Empfang der Stadt Darmstadt in den Ausstellungsräumen auf der Mathildenhöhe

Samstag, den 14. Juni 1986

9.00 Helga de la Motte-Haber (Berlin): „Sie bildet regelnd jegliche Gestalt/ Und selbst im Großen ist es nicht Gewalt — Regelmaß und Einmaligkeit als ästhetische Prinzipien"
10.30 Heinz-Otto Peitgen (Santa Cruz): „Symmetrie im Chaos — Selbstähnlichkeit in komplexen Systemen"
11.30 Podiumsdiskussion zu den Vorträgen in Verbindung mit dem Thema: „Die Bedeutung der Symmetrie für das Denken und Fühlen des Menschen"
Diskussionsleitung: Helmut Böhme (Darmstadt)
Diskussionsteilnehmer: Rudolf Arnheim (Ann Arbor), Bernhard Ganter (Darmstadt), Helga de la Motte-Haber (Berlin), Heinz-Otto Peitgen (Santa Cruz), Rainer Schmidt (Darmstadt), Helmut Striffler (Darmstadt)

WORKSHOP 1: Philosophie und Geschichte des Symmetriebegriffs
Leitung: K. Mainzer (Konstanz)

14.00 K. Mainzer (Konstanz): „Symmetrie in Mathematik, Philosopie und Kunst" (Antike — Mittelalter — Renaissance)

14.50 W. G. Saltzer (Frankfurt): „Symmetrie und Leibnizens Ars inveniendi"

15.40 W. Kaiser (Mainz): „Symmetrieprinzipien der romantischen Physik" (Schelling, Oerstedt, Faraday u. a.)

WORKSHOP 2: Symmetrie als Denkfigur im Recht
Leitung: A. Podlech (Darmstadt)

14.00 Einführung und kurzer Überblick über die Funktion der Symmetrie für die rechtliche Regelung sozialer Probleme und über die sozialen und politischen Bedingungen der Durchsetzung rechtlicher Symmetrie. Anschließend Diskussion

WORKSHOP 3: Symmetrien in der Musik
Leitung: A. Riethmüller (Freiburg)

14.00 A. Riethmüller (Freiburg): Begrüßung und Einleitung

14.30 R. Platz (Köln): „Symmetrie-Rezeption in der Musik – Hört man das überhaupt?"

15.15 R. Wille (Darmstadt): „Symmetriemuster bei Polyrhythmen"

15.45 A. Riethmüller (Freiburg): „Die Wurzeln des Symmetriebegriffs in der antiken Musiktheorie"

WORKSHOP 4: Symmetriegruppen in der Mathematik
Leitung: K. H. Hofmann (Darmstadt)

14.00 P. J. Cameron (Oxford): „Symmetry and Regularity in Mathematics"

15.00 J. H. Conway (Cambridge): „Symmetry Groups in Geometry"

WORKSHOP 5: Symmetrie, Selbstähnlichkeit und Computergraphik
Leitung: J. Parisi (Tübingen)

14.00 C. Weijer (München): „cAMP-Wellen und Dictyostelium-Entwicklung"

14.40 A. Fuchs (Stuttgart): „Synergetik, Selbstähnlichkeit und Computergraphik"

15.20 D. Krömker (Darmstadt): „Anwendung der graphischen Datenverarbeitung zur geometrischen Analyse eines Meisterwerkes der Renaissance: Raffaels Schule von Athen"

16.00 T. Dietrich (Darmstadt): „Selbstähnliche Systeme in der Bodenmechanik"

WORKSHOP 6: Die Rolle der Symmetrie in der Teilchenphysik
Leitung: F. Beck (Darmstadt)

14.00 J. Wess (Karlsruhe): „Symmetrien und Quantenfeldtheorie"

14.45 H. Rollnik (Bonn): „Ideen und Grundlagen des Skyrme-Modells"

15.30 F. Scheck (Mainz): „Innere Symmetrien der Elementarteilchenphysik als Spiegel einer höherdimensionale Welt?"

WORKSHOP 7: Symmetrie als Unterrichtsgegenstand
Leitung: B. Artmann (Darmstadt)

14.00 H. Schumann (Weingarten): „Achsensymmetrie: Operative Übungen an und mit Achtecken"

15.00   H. Reiffert (Darmstadt): „Theorie und Anwendungen des Eckenspiegels"

PLENUM

17.00   Hermann Haken (Stuttgart): „Die Rolle der Symmetrie in der Synergetik: „Spontane Entstehung von Strukturen in Natur und Technik"
19.00–23.00   „Treffpunkt Symmetrie"

Sonntag, den 15. Juni 1986

9.00   René Thom (Bures-sur-Yvette): „On the Stability of Symmetry"
10.30   Michael Gazzaniga (New York): „Fact and Fiction in Brain Asymmetry"
Podiumsdiskussion zu den Vorträgen in Verbindung mit dem Thema: „Symmetrie und Symmetriestörungen in der belebten und unbelebten Natur"
Diskussionsleitung: Friedrich Beck (Darmstadt)
Diskussionsteilnehmer: Hans Ulrich Engelmann (Darmstadt), Michael Gazzaniga (New York), Hermann Haken (Stuttgart), Heinz Horner (Heidelberg), Henning Scheich (Darmstadt), René Thom (Bures-sur Yvette)

WORKSHOP 1: Philosophie und Geschichte des Symmetriebegriffs
Leitung: K. Mainzer (Konstanz)
14.00   J. J. Burkhardt (Zürich): „Einführung des Symmetriebegriffs in Mathematik und Kristallographie" (18./19. Jh.)
14.50   E. Scholz (Wuppertal): „Gruppentheorie, Geometrie und Kristallographie" (19. Jh.)
15.40   B. Szaniszlo (Budapest): „New Double Friezes in the Avarian Communal Art"

WORKSHOP 3: Symmetrien in der Musik
Leitung: A. Riethmüller (Freiburg)
14.00   U. Siegele (Tübingen): „Die Fuge c-Moll aus J. S. Bachs Wohltemperierten Klavier I"
15.15   F. Goebels (Detmold): „Formproportion und Temporelation in der Klaviermusik"

WORKSHOP 5: Symmetrie, Selbstähnlichkeit und Computergraphik
Leitung: J. Parisi (Tübingen)
14.00   O. E. Rössler (Tübingen): „Cloud Attractors"
14.40   W. Metzler (Kassel): „Symmetrien bei der Iteration gekoppelter logistischer Gleichungen"
15.20   J. Peinke, B. Röhricht und J Parisi (Tübingen): „Strukturbildung und Chaos beim Ladungstransport in Halbleitern"
16.00   J. Brickmann (Darmstadt): „Computermovie"

WORKSHOP 7: Symmetrie als Unterrichtsgegenstand
Leitung: B. Artmann (Darmstadt)

14.00 P. Klein (Hamburg): „Das Symmetriekonzept zur pädagogischen Vermittlung von Strukturgesetzen der Erfahrungswelt mit allgemeinen Gesetzen des Denkens"

15.00 B. Andelfinger (Karst): „Unterrichtserfahrungen mit dem Symmetriekonzept"

15.45 K. E. Wolff (Darmstadt): „Ordne mit Symmetrien: Beispiele aus der Graphentheorie"

WORKSHOP 8: Symmetrie und bildende Kunst
Leitung: H. Knell (Darmstadt)

14.00 Podiumsdiskussion mit den Teilnehmern: O. Bätschmann (Freiburg), K. Clausberg (Hamburg), B. Otto (Innsbruck), K. Wolbert (Darmstadt)

WORKSHOP 9: Repetition und Metamorphose
Leitung: H. Haken (Stuttgart)

14.00 A. Wunderlin (Stuttgart): „Erhaltungssätze und Symmetrie"

15.15 M. Bestehorn, R. Friedrich (Stuttgart): „Symmetrien und Symmetriebrechungen in der Flüssigkeitsdynamik" (mit Bildern und Film)

WORKSHOP 10: Kristallographische Symmetrie
Leitung: H. Wondratschek (Karlsruhe)

14.00 H. Genz (Karlsruhe): „Symmetrie: computererzeugte ebene Muster"

14.30 W. E. Klee (Karlsruhe): „Topologische und isometrische Symmetrie"

15.00 H. von Philipsborn (Regensburg): „Koinzidenzsymmetrie — kommensurable und inkommensurable"

15.30 P. Kramer (Tübingen): „Die Ordnung nichtperiodischer Quasikristalle" (anschließend: Besichtigung des räumlichen Modells „Quasikristall")

POSTER (Sonntag und Montag)
H. G. Bigalke (Celle): „Zur Struktur regulärer Parkettierungen"
A. Haake (Frankfurt): „Symmetrie in Textilien — nicht immer freiwillig" und „Rolle der Symmetrie in traditionellen javanischen Batiken"
H. Heesch (Hannover): „Zweidimensionale Kristallographie"

PLENUM

17.00 Sir Ernst Gombrich (London): „Symmetrie, Wahrnehmung und künstlerische Gestaltung"

19.00–23.00 „Treffpunkt Symmetrie"

Programm des Symmetrie Symposions

Montag, den 16. Juni 1986

9.00 Frei Otto (Stuttgart): „Symmetrie zwischen Biologie und Architektur"
10.30 István Hargittai (Budapest): „Real Turned Ideal through Symmetry"
11.30 Podiumsdiskussion zu den Vorträgen in Verbindung mit dem Thema: „Ordnung und Orientierung durch Symmetrie"
Diskussionsleitung: Hans Gassen (Darmstadt)
Diskussionsteilnehmer: Rudolf Arnheim (Ann Arbor), Sir Ernst Gombrich (London), István Hargittai (Budapest), Frei Otto (Stuttgart), Peter Paulitsch (Darmstadt), Hans-Gerd Schumann (Darmstadt)

WORKSHOP 1: Philosopie und Geschichte des Symmetriebegriffs
Leitung: K. Mainzer (Konstanz)
14.00 M. Stöckler (Heidelberg): „Zur Philosophie und Geschichte des Symmetriebegriffs in der Quantenelektrodynamik und den Eichtheorien"
15.00 D. Nagy (Tempe): „Symmetrie — Bridge between Science and Art"

WORKSHOP 3: Symmetrien in der Musik
Leitung: A. Riethmüller (Freiburg)
14.00 H. U. Engelmann (Darmstadt): „Symmetrie-Störungen"
15.15 G. Mazzola (Darmstadt): „Die Konstruktion einer Sonate aus Symmetrien"

WORKSHOP 9: Repetition und Metamorphose
Leitung: H. Haken (Stuttgart)
14.00 W. Güttinger (Tübingen): „Analogy and Symmetry Breaking as a Source of Knowledge"
15.15 H. Bunz (Stuttgart): „Symmetrieübergänge bei menschlichen Handbewegungen im Sinne der Synergetik"

WORKSHOP 10: Kristallographische Symmetrie
Leitung: H. Wondratschek (Karlsruhe)
14.00 G. Deicha (Paris): „Symmetrie-Vollendung in der Mineral-Kristallogenese"
14.45 H.-J. Bunge (Clausthal-Zellerfeld), C. Esling (Metz): „Symmetrien vielkristalliner Medien"
15.30 M. Kirchmayer (Heidelberg): „Die Symmetrien der Quarzkristall-Aggregate in Schriftgraniten"
16.00 B. Otto (Innsbruck): „Punktsymmetrien minoischer Siegelbilder"

WORKSHOP 11: Symmetrie in der Architektur
Leitung: M. Bächer (Darmstadt)
14.00 Diskussion von Studentenbeiträgen zu dem Thema: „Eine neue Fassade für das Rathaus im Luisenzentrum" mit W. Förderer (Thayn-

gen/Karlsruhe), K. Kollhoff (Berlin), A. von Kostelac (Seeheim) und Studenten des Fachbereichs Architektur der TH Darmstadt

WORKSHOP 12: Verborgene Symmetrie
Leitung: P. Kramer (Tübingen)

14.00 Vortrag von H. Lalvani (New York): „Non-periodic spacestructures"

15.15 R. W. Haase (Wien): „Polyhedra and quasi lattices associated with the icosahedral group"

WORKSHOP 13: Symmetrie auf molekularer Ebene
Leitung: J. Brickmann (Darmstadt)

14.00 Brickmann (Darmstadt): Einführung

14.15 E. Ruch (Berlin): „Über die Faszination des Wechselspiels zwischen Mathematik und Chemie"

15.15 K. Mislow (Princeton, USA): „Molecular Symmetry and Structure Classification"

16.00 Video: „Molekülstruktur und Computergraphik" (J. Brickmann, H. Bertling, B. Bussian, T. Götze, M. Knoblauch, D. Meisel M. Waldherr-Techner, alle Darmstadt)

PLENUM

17.00 Adolf Max Vogt (Zürich): „Rotunde und Panorame — Steigerung der Symmetrie-Ansprüche seit Palladio"
19.00—23.00 „Treffpunkt Symmetrie"

Dienstag, den 17. Juni 1986

 9.00 Louis Michel (Bures-sur-Yvette): „Symmetry in Physics"
10.30 Elmar Holenstein (Bochum): „Symmetrie und Asymmetrie in der Sprache"
11.30 Podiumsdiskussion zu den Vorträgen in Verbindung mit dem Thema: „Die Rolle der Symmetrie für das Verhältnis von Form und Substanz"
Diskussionsleitung: Gernot Böhme (Darmstadt)
Diskussionsteilnehmer: Max Bächer (Darmstadt), Elmar Holenstein (Bochum), Egbert Kankeleit (Darmstadt), Louis Michel (Bures-sur-Yvette), Adolf Max Vogt (Zürich)

15.00 Nicolas G. de Bruijn (Eindhoven): „Symmetrie und Quasisymmetrie"
16.15 Schlußdiskussion zum Thema: „Die aktuelle Bedeutung von Symmetrie"
Diskussionsleitung: Rudolf Wille (Darmstadt)
Diskussionsteilnehmer: Rudolf Arnheim (Ann Arbor), Nicolas G. de Bruijn (Eindhoven), Elmar Holenstein (Bochum), Peter Kramer (Tübingen), Helga de la Motte-Haber (Berlin), Adolf Max Vogt (Zürich)

Vortragende und Diskussionsteilnehmer

Prof. Dr. Bernhard Andelfinger, Rosenstr. 19 F, 4044 Kaarst 1
Prof. Dr. Rudolf Arnheim, 1133 South Seventh Street, Ann Arbor,
   MI 48103, USA
Prof. Dr. Benno Artmann, FB Mathematik, TH Darmstadt, Schloßgartenstr. 7,
   6100 Darmstadt
Prof. Dr. Max Bächer, FB Architektur, TH Darmstadt, Petersenstr. 15,
   6100 Darmstadt
Prof. Dr. Oskar Bätschmann, Inst. f. Kunstgeschichte, Univ. Freiburg,
   7800 Freiburg
Prof. Dr. Friedrich Beck, FB Physik, Inst. f. Kernphysik, TH Darmstadt,
   Schloßgartenstr. 5, 6100 Darmstadt
H. Bertling, Inst. f. Physikalische Chemie, TH Darmstadt, Petersenstr. 20,
   6100 Darmstadt
M. Bestehorn, Inst. f. Theor. Phys., Univ. Stuttgart, 7000 Stuttgart
Prof. Dr. Hans Bigalke, Inst. f. Mathematik u. ihre Didaktik, Univ. Hannover,
   Bismarckstr. 2, 3000 Hannover
Prof. Dr. Gernot Böhme, Inst. f. Philosophie, TH Darmstadt, Residenzschloß,
   6100 Darmstadt
Prof. Dr. Helmut Böhme, Präsident der TH Darmstadt, Karolinenplatz 5,
   6100 Darmstadt
Prof. Dr. Jürgen Brickmann, Inst. f. Physikal. Chemie, TH Darmstadt,
   Petersenstr. 20, 6100 Darmstadt
Prof. Dr. Nicolaas G. de Bruijn, Dept. of Math., Technical Univ. Eindhoven,
   Niederlande
Prof. Dr. H. J. Bunge, Inst. f. Metallkunde, Univ. Clausthal,
   3392 Clausthal-Zellerfeld
H. Bunz, Inst. f. Theor. Phys., Universität Stuttgart, 7000 Stuttgart
Prof. Dr. Johann Burckhardt, Bergheimstr. 4, CH-8032 Zürich
Dr. Bernd Bussian, Inst. f. Physikalische Chemie, TH Darmstadt,
   Petersenstr. 20, 6100 Darmstadt
Prof. Dr. Peter Cameron, Merton College, Oxford, England U.K.
Dr. Karl Clausberg, Menzelstr. 4, 2000 Hamburg
Prof. Dr. John H. Conway, Dept. of Pure Math. and Math. Statistics,
   16 Mill Lane, Cambridge CB2 1SB, England
Prof. Dr. Thomas Dietrich, FB 14 Grundbau, Boden- und Felsmechanik,
   TH Darmstadt, Hochschulstr. 1, 6100 Darmstadt

Prof. Dr. Georges A. Deicha, Univ. P. & M. Curie, Tour 26, 5E, 4 Place Jussieu, F-75252 Paris, Cedex 05
Prof. Dr. Hans Ulrich Engelmann, Park Rosenhöhe 15, 6100 Darmstadt
Prof. Dr. Claude Esling, Univ. Metz, F-57045 Metz-Cedex 1
Prof. Dr. Walter Förderer, Chenglerweg 2, CH-8240 Thayngen
R. Friedrich, Inst. f. Theor. Physik, Univ. Suttgart, 7000 Stuttgart
Prof. Dr. A. Fuchs, Inst. f. Theor. Phys. I, Univ. Stuttgart, 7000 Stuttgart
Prof. Dr. B. Ganter, Fachbereich Mathematik, TH Darmstadt, Schloßgartenstr. 7, 6100 Darmstadt
Prof. Dr. Hans Günter Gassen, FB 9 Inst. f. Biochemie, TH Darmstadt, Petersenstr. 22, 6100 Darmstadt
Prof. Dr. Michael Gazzaniga, Dept. of Neurology, The New York Hospital-Cornell Medical Center, New York, NY 10021, USA
Prof. Dr. H. Genz, Inst. f. Theor. Phys., Univ. Karlsruhe, Kaiserstr. 12, 7500 Karlsruhe
Prof. Dr. H. Goebels, An der Pyramideneiche 9, 4390 Detmold
Thomas Götze, FB 7 Physikal. Chemie, TH Darmstadt, Petersenstr. 20, 6100 Darmstadt
Prof. Dr. Sir Ernst Gombrich, 19 Briardale Gardens, GB London N.W. 3 7PN
Prof. Dr. W. Güttinger, Inst. f. Informationsverarbeitung, Univ. Tübingen, 7400 Tübingen
Dr. R. Haase, Inst. f. Theor. Physik d. TU Wien, Karlsplatz 13, A-1040 Wien
Annegret Haake, Inst. f. Kristallographie, Univ. Frankfurt, 6000 Frankfurt
Prof. Dr. Herrmann Haken, Inst. f. Theor. Phys., Univ. Stuttgart, Pfaffenwaldring 57/IV, 7000 Stuttgart 90
Prof. Dr. István Hargittai, Res. Lab. of Inorganic Chemistry, Hungarian Acad. of Sci. P.O. Box, H-1088 Budapest, Hungary
Prof. Dr. Heinrich Heesch, FB Math., TU Hannover, Welfengarten 1, 3000 Hannover
Prof. Dr. Karl Heinrich Hofmann, FB Mathematik, TH Darmstadt, Schloßgartenstr. 7, 6100 Darmstadt
Prof. Dr. Elmar Holenstein, Inst. f. Philosophie, Univ. Bochum, Postfach 10 21 48, 4630 Bochum 1
Prof. Dr. Heinz Horner, Inst. f. Theor. Physik d. Univ. Heidelberg, 6900 Heidelberg
Prof. Dr. Walter Kaiser, FB Math., Univ. Mainz, Fontanestr. 26, 6500 Mainz 31
Prof. Dr. Egbert Kankeleit, FB 5 Inst. f. Kernphysik, TH Darmstadt, Schloßgartenstr. 9, 6100 Darmstadt
Prof. Dr. Martin Kirchmayer, Mineralog.-Petrograph. Inst. d. Univ. Heidelberg, 6900 Heidelberg
Prof. Dr. Wilfried E. Klee, Inst. f. Kristallographie, Univ. Karlsruhe, 7500 Karlsruhe
Prof. Dr. Peter Klein, FB 6 Erziehungswissensch., Univ. Hamburg, Von Mette Park 8, 2000 Hamburg
Prof. Dr. Heiner Knell, FB 6 Kunstgeschichte und Klassische Archäologie, TH Darmstadt, Petersenstr. 15, 6100 Darmstadt

Martin Knoblauch, FB 7 Physikal. Chemie, TH Darmstadt, Petersenstr. 20,
  6100 Darmstadt
Prof. Hans Kollhoff, Hochschule d. Künste, Fasanenstr. 70, 7500 Karlsruhe
Ante von Kostelac, Frankensteiner Str. 59, 6101 Seeheim
Prof. Dr. Peter Kramer, Inst. f. Theor. Phys., Auf der Morgenstelle 14,
  7400 Tübingen
Dietrich Krömker, FB 20 Graph. Interaktive Syst., TH Darmstadt,
  Alexanderstr. 24, 6100 Darmstadt
Prof. Haresh Lalvani, Post Office Box 1538, New York NY 10116, USA
Prof. Dr. Klaus Mainzer, Philosoph. Fakultät d. Universität Konstanz,
  Postfach 55 60, 7750 Konstanz
Dr. Guerino Mazzola, Wangenstr. 11, CH-8600 Dübendorf
D. Meisel, FB 7 Physikal. Chemie, TH Darmstadt, Petersenstr. 20,
  6100 Darmstadt
Dr. W. Metzler, AG Mathematisierung, GSH Kassel, 3500 Kassel
Prof. Dr. K. Mislow, Dept. of Chemistry, Princeton Univ., Princeton NJ 08544,
  USA
Prof. Dr. Louis Michel, Inst. des Hautes Etudes Sci., F-91440 Bures-sur-Yvette
Prof. Dr. Helga de la Motte-Haber, Musikwissensch. Inst.,
  Straße d. 17. Juni 135, 1000 Berlin 12
Prof. Denes Nagy, Coll. of Engineering, Arizona St. Univ., Tempe, AZ 85287,
  USA
Dr. Brinna Otto, Lehrstuhl f. Klass. Archäologie, Univ. Innsbruck,
  A-6020 Innsbruck
Prof. Dr. Frei Otto, Inst. f. Leichte Flächentragwerke, Univ. Stuttgart,
  Pfaffenwaldring 14, 7000 Stuttgart
Dr. Jürgen Parisi, Lehrstuhl f. Experimentalphysik, Universität, 7400 Tübingen
Prof. Dr. Peter Paulitsch, FB 11 Mineralogie u. ungew. Gesteinskunde,
  TH Darmstadt, Schnittspahnstr. 9, 6100 Darmstadt
Joachim Peinke, Phys. Inst. II, Univ. Tübingen, 7400 Tübingen
Prof. Dr. Heinz-Otto Peitgen, Dept. of Math., Univ. of California, Santa Cruz,
  CA 95064, USA
Prof. Dr. H. von Philipsborn, Abt. f. Kristallographie, Univ. Regensburg,
  8400 Regensburg
Robert Platz, Johannes-Müller-Str. 26, 5000 Köln 60
Prof. Dr. Adalbert Podlech, FB 1 Öffentl. Recht, TH Darmstadt,
  Hochschulstr. 1, 6100 Darmstadt
Dr. Hans Reiffert, Reichenbergerstr. 29, 6105 Ober Ramstadt
Prof. Dr. Albrecht Riethmüller, Musikwiss. Seminar, Univ. Freiburg,
  Werthmannplatz, 7800 Freiburg
Prof. Dr. B. Röhricht, Phys. Inst. II, Univ. Tübingen, 7400 Tübingen
Prof. Dr. O. E. Rössler, Inst. f. Phys. u. Theor. Chemie, Univ. Tübingen,
  7400 Tübingen
Prof. Dr. Horst Rollnik, Inst. f. Theor. Phys. d. Univ. Bonn, Nußallee 12,
  5300 Bonn
Prof. Dr. Ernst Ruch, Inst. f. Quantenmechanik, FU Berlin, Holbeinstr. 48,
  1000 Berlin 45

Prof. Dr. Walter G. Saltzer, Inst. f. Geschichte d. Naturwiss., Univ. Frankfurt,
  6000 Frankfurt
Prof. Dr. F. Scheck, Inst. f. Phys. d. Univ. Mainz, Postfach 3980, 6500 Mainz
Prof. Dr. Henning Scheich, FB 10 Zoologie, TH Darmstadt,
  Schnittspahnstr. 10, 6100 Darmstadt
Prof. Dr. Rainer Schmidt, FB 3, Allg. Psychologie, TH Darmstadt,
  Hochschulstr. 1, 6100 Darmstadt
Dr. Erhard Scholz, Didaktik d. Mathematik, Bergische Univ. Gesamthochsch.,
  5600 Wuppertal
Prof. Dr. Hans-Gerd Schumann, FB 2, Politikwissensch., TH Darmstadt,
  Residenzschloß, 6100 Darmstadt
Prof. Dr. Heinz Schumann, Gehrenäcker 8, 7981 Waldburg
Prof. Dr. Ulrich Siegele, Musikwiss. Seminar d. Univ. Tübingen,
  7400 Tübingen
Prof. Dr. Manfred Stöckler, Philosoph. Seminar, Univ. Heidelberg,
  6900 Heidelberg
Prof. Dr. Helmut Striffler, FB 15, Entwerfen u. Gebäudekunde, TH Darmstadt,
  Petersenstr. 15, 6100 Darmstadt
Prof. Dr. Berci Szaniszlo, Dept. of General Technics, Univ. Budapest,
  Rakoczi ul. 5, H-1088 Budapest
Prof. Dr. René Thom, Inst. des Hautes Etudes Sci., F-91440 Bures-sur-Yvette
Prof. Dr. Adolf Max Vogt, Malergasse 3, CH-8001 Zürich
M. Waldherr-Techner, FB 7, Physikal. Chemie, TH Darmstadt, Petersenstr. 20,
  6100 Darmstadt
Dr. Cornelius J. Wejer, Zoolog. Inst., Univ. München, Luisenstr. 14,
  8000 München 2
Prof. Dr. Julius Wess, Inst. f. Theor. Physik, Kaiserstr. 12, 7500 Karlsruhe
Prof. Dr. R. Wille, Fachbereich Mathematik, TH Darmstadt,
  Schloßgartenstr. 7, 6100 Darmstadt
Prof. Dr. Karl Erich Wolff, FB MN, FH Darmstadt, 6100 Darmstadt
Dr. Klaus Wolpert, Inst. Mathildenhöhe, 6100 Darmstadt
Prof. Dr. Hans Wondratscheck, Inst. f. Kristallographie, Univ. Karlsruhe,
  Postfach 6380, 7500 Karlsruhe
A. Wunderlin, Inst. f. Theor. Physik, Universität Stuttgart, 7000 Stuttgart

Danksagung

Für die Überlassung von Abbildungen sowie die Unterstützung bei der Beschaffung der Abdruckgenehmigungen gilt der Dank allen Autoren sowie den Herren Manfred Kage, Dr. Leslie Orgel (San Diego), Dr. med. Hans Ritter, den Verlagen Atlantis (Zürich), Herder Verlag, Parkland Verlag, Psychologie Unions Verlag, John Wiley & Sons (New York) und den Gesellschaften Agénce Hoffmann (Paris), Cordon Art (De Baarn), VAAP (Moskau).

H. Götze, R. Wille (Hrsg.)

Musik und Mathematik

Salzburger Musikgespräch 1984 unter Vorsitz von Herbert von Karajan

1985. 16 Abbildungen. IX, 97 Seiten. (8 Seiten in Englisch). Broschiert DM 22,–. ISBN 3-540-15407-8

Inhaltsübersicht: *Heinz Götze:* Einführung in das Musikgespräch. – *Rudolf Wille:* Musiktheorie und Mathematik. – *Helga de la Motte-Haber:* Rationalität und Affekt – Über das Verhältnis von mathematischer Begründung und psychologischer Wirkung der Musik. – *Wolfgang Metzler:* Schöpferische Tätigkeit in Mathematik und Musik. – *Karin Werner-Jensen:* Mathematik und zeitgenössische Komposition – eine Umfrage. – *Dana Scott:* From Helmholtz to Computers. – *Guerino Mazzola:* Sechs Thesen zur Rolle der Mathematik für die Musik. – *Violeta Dinescu:* Gedanken zum Thema „Kompositionstechnik und Mathematik". – *David Epstein:* Mathematics, Structure and Music: Performance as Integration. – Ausschnitte aus dem Gespräch der Teilnehmer. – Vorstellung rechnergesteuerter Musikinstrumente. – *Guerino Mazzola:* $\mathbb{M}(2,\mathbb{Z})\backslash\mathbb{Z}^2$-o-scope. – *Bernhard Ganter, Hartmut Henkel, Rudolf Wille:* MUTABOR.

Das faszinierende Thema „Musik und Mathematik" war Gegenstand des 15. Salzburger Musikgespräches 1984 unter Vorsitz von Herbert von Karajan.
Die Teilnehmer repräsentieren ein breites Spektrum von der Musikwissenschaft bis zur Musikinterpretation und Komposition, von der Mathematik bis zur Informatik.
Der vorliegende Band dokumentiert dieses Ostersymposium und stellt eine einzigartige Synopsis des lebendigen Verhältnisses von Musik und Mathematik dar. Für Mathematiker und Naturwissenschaftler, Musiker bis hin zu Musikliebhabern bietet das Buch eine Fülle von Wissenswertem und von Anregungen, sich weiter mit dem Spannungsfeld Musik und Mathematik zu beschäftigen.

Springer-Verlag
Berlin Heidelberg
New York London
Paris Tokyo

MIX
Papier aus verantwortungsvollen Quellen
Paper from responsible sources
FSC® C105338

If you have any concerns about our products,
you can contact us on
ProductSafety@springernature.com

In case Publisher is established outside the EU,
the EU authorized representative is:
**Springer Nature Customer Service Center GmbH
Europaplatz 3, 69115 Heidelberg, Germany**

Printed by Libri Plureos GmbH
in Hamburg, Germany